Static

Headspace-Gas Chromatography
Theory and Practice

静态顶空–气相色谱
理论与实践

原著第二版 　　（德）布鲁诺·科尔布（Bruno Kolb）
　　　　　　（美）莱斯利 S. 埃特雷（Leslie S. Ettre）　著

王　颖　范子彦　等译

化学工业出版社

·北京·

内容提要

静态顶空技术与传统气相色谱技术相结合，可以实现多种复杂基质中挥发性有机化合物的检测。本书围绕顶空技术，对 HS-GC 的原理、方法与技术等做了详尽的阐解，对样品处理及相关的定性、定量分析方法的建立也都有专门的讨论，提取新技术如固相微萃取、吹扫捕集和多级顶空萃取等都结合应用实例予以介绍等。本书是法医、环境、药学及工业（如烟草）领域的分析检测技术人员认识仪器、操作仪器、开发方法的重要参考书籍。

Static Headspace-Gas Chromatography: Theory and Practice, 2nd Edition /by Bruno Kolb and Leslie S. Ettre

ISBN 9780471749448

Copyright© 2006 by John Wiley & Sons Inc. All rights reserved.

All Rights Reserved. This translation published under license with the original publisher John Wiley & Sons, Inc.

本书中文简体字版由 John Wiley & Sons Inc. 授权化学工业出版社独家出版发行。

未经许可，不得以任何方式复制或抄袭本书的任何部分，违者必究。

北京市版权局著作权合同登记号：01-2020-3056

图书在版编目（CIP）数据

静态顶空-气相色谱理论与实践/（德）布鲁诺·科尔布（Bruno Kolb），（美）莱斯利 S. 埃特雷（Leslie S. Ettre）著；王颖等译. —北京：化学工业出版社，2020.8

书名原文：Static Headspace-Gas Chromatography: Theory and Practice

ISBN 978-7-122-37106-5

Ⅰ.①静… Ⅱ.①布… ②莱… ③王… Ⅲ.①气相色谱 Ⅳ.①O657.7

中国版本图书馆 CIP 数据核字（2020）第 092380 号

责任编辑：李晓红　　　　　　　　　　装帧设计：王晓宇

责任校对：王　静

出版发行：化学工业出版社(北京市东城区青年湖南街 13 号　邮政编码 100011)

印　　装：中煤（北京）印务有限公司

710mm×1000mm　1/16　印张 21　字数 352 千字　2020 年 9 月北京第 1 版第 1 次印刷

购书咨询：010-64518888　　　　　　售后服务：010-64518899

网　　址：http://www.cip.com.cn

凡购买本书，如有缺损质量问题，本社销售中心负责调换。

定　　价：148.00 元　　　　　　　　　　　　版权所有　违者必究

译者人员名单

王　颖　国家烟草质量监督检验中心

范子彦　国家烟草质量监督检验中心

刘珊珊　国家烟草质量监督检验中心

杨　飞　国家烟草质量监督检验中心

张水锋　浙江方圆检测集团股份有限公司

李中皓　中国烟草总公司郑州烟草研究院

纪　元　国家烟草质量监督检验中心

邓惠敏　国家烟草质量监督检验中心

陶智麟　中国烟草总公司郑州烟草研究院

徐　亮　中国烟草总公司郑州烟草研究院

王　源　上海市烟草质量监督检测站

王　菲　河南省烟草质量监督检测站

师默闻　国家烟草质量监督检验中心

柯　伟　国家烟草质量监督检验中心

边照阳　国家烟草质量监督检验中心

唐纲岭　国家烟草质量监督检验中心

译者前言

现代分析化学发展日新月异，新技术、新设备层出不穷。但是，顶空-气相色谱技术仍占据重要的一席之地。这是一项历久弥新的技术。然而，纵观国内外分析化学类工具书，关于顶空-气相色谱分析的著作非常罕见。在已刊出的多种顶空原理介绍的资料中，本书被引频次之高令人惊叹。在顶空分析技术论坛上，关于此书中文版出版的呼声也是此起彼伏。

很幸运，我们在实际研究工作中，在查阅相关文献的过程中遇到此书。作为译者，同时也作为读者，在阅读此书的过程中感到受益匪浅。本书详尽介绍了静态顶空分析的发展历史与工作原理、对样品处理、方法开发与定量计算的方方面面都进行了描述与介绍。书中涉及的图和公式均达到百个以上。所列举的很多实例，迄今为止对我们的实际工作还具有非常重要的指导意义。很多应用经过进一步的发展与完善，可以适应更多场景条件下的检测分析。在目前出版的最新版SCI期刊文献中，仍然可以见到本书中所介绍的很多方法的身影。目前看来，此项技术发展的深度和宽度都具有较大的延续空间。希望本书中文版的面世，可以为更多对顶空技术感兴趣的读者打开一扇窗户，通过答疑释义，使读者能够知其然，知其所以然，同时对顶空技术的进步有所推动。

本书的第1章和第2章为顶空技术的简介与应用背景；第3章为顶空-气相色谱技术的详细介绍；第4章为样品制备；第5章为顶空技术的定量分析研究；第6章和第7章分别为方法开发和非平衡态下的顶空分析；第8章为顶空-气相色谱的定性分析；第9章为顶空分析中一些特殊的测定介绍。

本书的翻译工作主要由来自国家烟草质量监督检验中心化学检验室的研究人员完成，译者们长期从事色谱分析研究，具有较为扎实的专业基础知识。作为主要译者与牵头完成人员，本人对任务的安排与分配实施进行了统筹，且完成了部分章节的翻译。本书的校对由浙江方圆检测集团股份有限公司的张水锋博士协助完成。本书中文版的出版，离不开这些科研工作者的共同努力，在此，向他们表示诚挚的感谢！

译者在翻译中，力求准确传达原著者的思想和内容，并使文字通顺易读，但由于时间关系及水平所限，译文中难免存在疏漏或不当之处，恳请读者批评指正。

王　颖
2020 年 7 月

前　言

这本书的第一版是 1997 年出版的。在这一版中，我们不仅尝试介绍顶空-气相色谱的理论和仪器，还提供了许多示例，对其在相当广泛领域中的使用进行了说明，揭示其优化后的最佳测试条件。与此同时，我们尽力通过一步一步地展示讲解，向这些技术的潜在应用者说明，在面对一个特定问题的时候，如何去选择一个最佳的解决方案。我们很荣幸看到我们所推荐方法的成功应用；甚至在今天，第一版图书出版八年后，从事色谱工作的实际应用者仍然发现我们的书在他们的日常工作中非常有用。

然而，八年，对于仪器分析的发展来讲，是一个较长的时间，在此期间，更加先进的仪器模型已经建立并引入，基于不同原理的仪器系统也已经开发出来。这个情况对于顶空-气相色谱也是如此；完善的技术得到进一步改进，新的技术和系统也引入进来。因此，我们感到有必要将这本书修订为内容更新、所涉范围更大的版本。

在这些新技术中，固相微萃取（SPME）是最重要的一项技术。它可以应用在以下两种场景中：即将覆膜的纤维萃取头浸入至液体样品中，或在液体或固体样品的上方顶空取样。通过这些取样方式，可以对完善的静态顶空采样技术进行补充。其它一些传统的顶空取样技术——如动态顶空取样（吹扫捕集），在过去的十年内，它的应用也经历了一个急剧发展的过程，现在已经成为许多官方标准程序的推荐方法。此外，最近还开发了将其原理与静态顶空采样相结合的系统。这些顶空进样方式的拓展促使我们对这两种气体提取技术进行了全面概述，并将这些技术与静态顶空进样进行了比较说明。

一方面，静态顶空取样技术和固相微萃取都是针对密闭小瓶中一定体积的顶空气体进行操作；另一方面，吹扫捕集法则代表着气体的全提取，对样品中全部的挥发性蒸气进行收集，进一步浓缩后，再分析。第四种顶空取样技术——多级顶空萃取（MHE），则将气体提取的更为完全，但是它的操作是按照静态顶空操作的步骤，根据顺序一步一步完成的，而不是像吹扫捕集那样持续不断地进行。MHE 具有很多突出的优势。它允许通过一个单一的蒸气标准，简化定量操作中重要的步骤，从而使定量变得简单易行。与此同时，它还有助于对未知样品进行分类识别，并建立实现平衡状态所需的最重要的分析参数（例如时间和温度）。另外，它还可以提供对测定中的线性和精确度进行评估所需要的数据，可以对检测器的一些特性，如线性工作范围和检测限进行评估。MHE 还有一个特别的优势，就是它可以自动化操作（如：过夜），不需要使用者守着仪器。在本书的第一版中，已经对 MHE 的原理和应用作了详细的说明。那么在新版本中，我们仍旧保留这部分讨论内容，并且进一步强调了其在常规测定中的优势。

在过去的十年中，确定各种样品中痕量浓度的需求大大增加了。此类测量需要使用大体积的惰性气体进行采样和提取，并且这些大体积的惰性气体必须在引入气相色谱仪之前先从目标化合物中分离出来。可以通过两种手段来达到这个目的，即吸附-脱附或者是冷凝。使用吸附技术时，需要谨慎选择吸附剂和分析条件。富集的化合物受到热应力的作用，首先是吸附能，而后是为了实现快速脱附所设置的高温，在此期间，不稳定的化合物很容易分解，从而在分析的最终样品中产生干扰。另一方面，冷凝（低温捕集）只需要低温，那么热分解就可以避免。在这本书的第一版中对很多低温捕集技术进行了详述，但是在新版中对这部分讨论又进行了较大的扩展，主要是对简单的低温冷凝和先进的冷聚焦技术之间差别的解释。后一种技术利用了较低温度下气相色谱柱中固定相的溶解特性，并在捕集和加热过程中通过温度梯度实现了附加的谱带聚焦。冷聚焦也不需要非常低的温度，因此也就避免使用冷凝剂（只需用低温空气来代替即可）。在我们看来，这种技术具有很大的前景，因此，采用了很多例子对其进行阐述。但是现在，这种技术还没有商品化的仪器出售。我们希望这一更广泛的讨论将促使该技术作为自动化仪器的组成部分而进一步发展。

今天，所有的分析实验室都面对着日益增长的样品量。在这种情况下，自动化则变得越来越重要，特别是对于常规分析。顶空-气相色谱对于这类测定是一个理想的选择。因此，在准备此新版本时，要重点考虑各种应用示例的选择及其对自动化的适用性。

当然，我们也考虑了 HS-GC 的最新发展，并在必要时添加了一些新的应用示例。然而，我们认为没有必要替换第一版中已经包含的大量示例，只是对相关的参考文献日期进行了更新。这里给出的所有示例都是经过大量和繁琐的开发工作所得到的结果；直到今天，它们都是完全有效和常新的，几乎不可能找到具有足够详细数据的等效新示例。除非另有说明，否则所有应用示例都是我们之前的实验室（BK）科研活动的成果之一。

这本书的主题是静态顶空-气相色谱。最近，顶空进样在其它仪器分析技术中的使用有所增加，应该注意，本书中讨论的技术是普适的，可应用到其它方面。但是，目前我们还不能在这本书中对这些应用进行详述。希望在十年左右的时间里，有人会开始讨论这个话题，并对通用型的顶空采样进行更全面的讨论。

BRUNO KOLB

LESLIE S. ETTRE

2005 年 11 月

第一版前言

顶空-气相色谱技术不是一项新技术，在气相色谱发展之初，其在实践中已经有应用。然而，很明显，由于每个分析实验室都需要降低成本，因此人们对这项技术的兴趣还是日益增加的。这就要求分析步骤的每一个部分都要实现自动化。包括自动进样器和数据系统在内的计算机控制的自动化分析仪器是该自动化过程的第一步，仪器制造商已经高效地使这一步骤变为现实。虽然在这种情况下，分析过程实际所使用的时间已经极大地缩短了，但是样品前处理仍然是一个耗时的工作。尽管实验室之间存在着差异，但是，根据我们的经验（已经通过统计学分析得到证实），在所有的实验过程中，约有三分之二的时间是耗费在样品前处理过程中的，只有百分之十的时间是实际用来分析测试的，剩余的时间则是用来整理文件和组织实验。无论何时，要提高分析实验室的工作效率，考察和从样品处理开始着手都是有意义的。

大多数样品需要根据特定分析技术的特定要求进行处理。这些净化过程大多数都使用某种类型的初始萃取步骤，例如溶剂萃取、固相萃取或超临界流体萃取。但是，如果我们要对高挥发性成分进行测定，就要采用一些惰性气体；气体是挥发性成分的理想"溶剂"，因为它易于处理，并且比大多数有机溶剂具有更高的纯度，这对于痕量分析尤其重要。气体提取非常适合气相色谱分析，这两种技术的组合则称为"顶空-气相色谱技术"（HS-GC）。气体提取技术可以通过以下几种方式来实现：单次（静态顶空）或逐步重复萃取（多级顶空萃取），以及通过连续吹入惰性吹扫气体来去除挥发物（动态顶空）。由于历史原因，所有的这些气体提取技术都被称为顶空（"顶空"这个名称最初是指在食品罐头顶部形成的凸起中的气体含量，当时不得不对其成分进行分析）。

对于一个特定的样品，如果我们认为对其而言气体提取是较为合适的净化方式，那么我们可能会问，最终应该使用这些技术中的哪一种。这里给出一些参照标准，有助于做决定选取：

- 操作的容易程度；
- 自动化程度；
- 变化需求的灵活性；
- 灵敏度；
- 定量。

静态 HS-GC 的简单性是任何其它净化技术所无法比拟的：将样品（气体、液体或固体）填充到顶空瓶中，该瓶立即密封并保持封闭状态，直到等分试样从封闭的瓶中取出并直接转移到气相色谱系统中，从而确保了样品的完整性。这种简单性使整个步骤的早期自动化得以实现。一个很有趣的现象需要指出的是，1967年，Perkin-Elmer 公司的 Bodenseewerk 实验室就为气相色谱推出了顶空自动化进样器，这一时间早于所有液体自动化进样器的推出时间。自动化也有助于克服静态 HS-GC 的唯一缺点，即有时候需要较长的平衡时间。

如果实验室接收不同类型的样品进行分析，那么系统适应各种样品特性的灵活性也是节省时间的重要因素。静态顶空在这一点上显然比动态更有优势：它的参数较少，可以针对特定的样品特性进行定制和优化,而在动态 HS-GC 的情况下，则较为复杂，如需要选择各种吸附剂对阱进行填充。原则上，静态 HS-GC 仅需要确定纯粹的物理参数（如时间和温度）即可在小瓶中达到必要的平衡状态。

至于说到灵敏度和定量分析的可能性，我们还要首选动态 HS-GC。因为相对于静态 HS-GC，这个技术本身的目的就是实现全提取，因此，最终所得到的气提物的组成经常被认为是和原始样品中的一致。正如这本书所示，现代的冷聚焦技术还可以继续扩展灵敏度范围，以测定低至万亿分之几（10^{-12}）或千万亿分之几（10^{-15}）的浓度。

使用静态 HS-GC，定量方面常常由于有些未知的基质影响而变得困难，或至少变得复杂。这里有几句话需要说明。自动化 HS-GC 的首次应用就是对血液中乙醇的定量测定。如此众多的独立专家尚未在全世界范围内对其它分析技术进行过精确度、准确性、可靠性和鲁棒性的调查和测试。如果静态 HS-GC 对于血液这种复杂的基质都可以很好地测定，那么我们没有理由不相信其对于其它样品和基质也能够较好地处理。因此，静态 HS-GC 的定量也是本书作者主要关注的方向。

在许多顶空培训，如标题为"顶空-气相色谱法：平衡和吹扫捕集分析"的课程（在连续几年的匹兹堡分析化学和应用光谱学会议上讲过）中，作者认识到有必要对 HS-GC 中气体、液体或固体样品的所有可能的校准技术进行全面讨论。这其中的很多问题和参会者的讨论促使我们撰写此书，我们希望这是一本具有实践意义的参考书。因此，我们列出了很多实例以及原始数据，以使感兴趣的读者能够进行所有计算，并将这些数据用于所选定的方法。我们已经比较了各种校准技术的定量结果，证明可行的替代技术经常是存在的。

尽管这本书强调的是技术、方法和步骤，而不是应用，但我们也选择了许多实例，至少涵盖了静态 HS-GC 在环境、聚合物和食品分析以及其它一些热门领域中重要的应用。所有的这些应用，如果没有指出参考文献，都是在 Perkin-Elmer 公司的 Bodenseewerk 气相色谱实验室进行的，这是一个自动化 HS-GC 技术的前沿实验室，它的许多结论都是没有公开发表过的。因此，这些实例也是通过 Perkin-Elmer 顶空进样器专用的"平衡压力顶空进样技术"完成的。然而，这些在很多图示中未明确提及，因为顶空样品实际上是气体样品，并且将气体样品引入气相色谱仪的任何其它技术原则上也应该是适用的。因此，不应将使用特定取样技术视为偏向偏好。

　　没有这个 GC 实验室中许多同事的大力投入，这本书是不可能完成的。我们感谢 Maria Auer 和 Petr Pospisil，他们在不仅在仪器工程而且在技术应用方面也提供了宝贵的资料。这本书中包含了许多有用的实用提示，这要归功于 Auer 夫人娴熟的实验技能和操作经验，本书中的大多数定量示例都是由她完成的。 我们还要感谢 Meredith Harral Schulz 为手稿所做的准备，感谢 Albert Grundler 为许多插图所做的设计。

BRUNO KOLB

LESLIE S. ETTRE

缩略语和物理量符号列表

通常，我们遵循国际纯粹与应用化学联合会（IUPAC）的色谱命名法[1]的建议；对于该术语中未包含的新符号，我们会尽可能尝试根据其原理对其命名。

在符号中，通过使用某些下标来提供进一步的区分：通常，将 1、2 等用于后续测量；i 通常表示分析物；st 表示标准品；ex 表示外标。下标 o，S 和 G 分别表示初始状态、样品相和气相。下标 o 也可能指示色谱柱出口处的情况或基本情况。

应避免使用上标，除非要对样品和校准测量进行专门区分时。此时，校准测量用上标 c 表示。还有一些符号用上标表示，如饱和蒸汽压（p^o）和混合能量（ΔG^M）。

在浓度的表示中，采用百分之一（如 mg/L），十亿分之一（如 μg/L），万亿分之一（如 ng/L）来写。

缩　略　语

AA	乙醛
ASTM	美国材料与试验学会
AT	吸收管
BF	反冲技术
BFB	1-溴-4-氟苯
bp	沸点
BTEX	苯、甲苯、乙苯和二甲苯
CEN	欧洲标准化委员会
DIN	德国工业标准
DMA	二甲基乙酰胺
DMF	二甲基甲酰胺
DVD	二乙烯基苯
EC	平衡常数
ECD	电子捕获检测器

---

[1] 纯粹应用与化学联合会，65，819-972（1993）。

EF	富集系数
EG	乙二醇
EHA	丙烯酸 2-乙基己酯
ELCD	电导检测器
EN	欧盟标准
EO	环氧乙烷
EPA	美国环境保护署
FDA	美国食品药品监督管理局
FET	全汽化技术
FID	火焰离子化检测器
FPD	火焰光度检测器
FTIR	傅里叶变换红外光谱分光光度计
GC	气相色谱
GPA	气相添加
HPLC	高效液相色谱
HS	顶空
HSA	顶空分析
HS-GC	顶空-气相色谱
HS-SPME	顶空-固相微萃取
IC	离子化常数
I.D.	内径
IF	改善因子
INCA	针内毛细管吸收阱
ISO	国际标准化组织
IUPAC	国际纯粹与应用化学联合会
KF	卡尔·费休滴定
LN_2	液氮
MDQ	最小检测质量
MEK	甲基乙基酮
MHE	多级顶空萃取
MHI	多级顶空进样技术
MS	质谱
MTBE	甲基叔丁基醚
NPD	氮磷检测器（热离子检测器）

OVI, OVIs	挥发性有机杂质（杂质）
PA	聚丙烯酸酯
PAH, PAHs	多环芳烃
PCB, PCBs	多氯联苯
PDMS	聚二甲基硅氧烷（有机硅）
PET	聚对苯二甲酸
PFB-Br	五氟苄基溴
PFBHA	五氟苄基羟胺
PFPDE	1-(五氟苯基)重氮乙烷
PFPH	五氟苯肼
PGC	碳酸丙烯酯
PID	光离子化检测器
PRV	相比变化法
PS	聚苯乙烯
P&T	吹扫捕集
PTV	程序升温蒸发器
PVA	聚乙烯醇
PVC	聚氯乙烯
RF	响应因子
RR	释放率
RSD	相对标准偏差
SC	稳定常数
SIM	选择离子检测
SM	苯乙烯单体
SPA	样品相添加
SPME	固相微萃取
TCD	热导检测器
TCE	四氯乙烯
TCTA	2,4,6-三氯-1,3,5-三嗪
TMSPMA	(3-三甲氧基硅烷基)-甲基丙烯酸丙酯
TVT	全蒸发技术
TWA	时间加权平均值
UNIFAC	通用官能团活性系数
USP	美国药典

VC	氯乙烯
VCM	氯乙烯单体
VDI	德国工程师协会
VOC, VOCs	挥发性有机化合物
VPC	气相校准法
WCC	全柱冷捕集技术

物理量符号

a, a'	常数（通常来讲）
a, a'	线性回归方程的常数（斜率）
a_c, a_G	采用气相校准法对峰面积进行线性回归的常数（斜率）
A	峰面积
A^*	对瓶中样品体积进行校准后的峰面积
A_c	与浓度 C_c 相对应的峰面积
A_c'	采用气相校准法对 K 进行测定时与 W_c 相对应的峰面积
A_{ex}	外标的峰面积
A_1	在多级顶空萃取（MHE）中，第一次提取测得的峰面积
A_1^*	在多级顶空萃取（MHE）中，第一次提取所对应的理论峰面积（截距）
ΔA	待测成分添加量所对应的峰面积（标准添加法）
b, b'	常数（通常来讲）
b, b'	线性回归方程的常数（截距）
b_c, b_G	采用气相校准法对峰面积进行线性回归的常数(截距)
b_o	半峰宽
B, B'	常数（如，在安托万型方程中）
c	校准常数
C	浓度（通常来说）
C, C'	常数（如，在安托万型方程中）
C_c	采用气相校准法标准瓶中待测成分的浓度
C_e	气体指数稀释时化合物的实际浓度

注：在常规色谱命法中，H 和 N 分别是板高（HETP）和板号的符号。但是，在本书中，未对柱效能特别说明过，因此在这里给出 H 和 N 的含义。

C_F	固相微萃取纤维涂层中的待测成分浓度
C_G	气相中待测成分浓度（顶空）
C_o	样品中初始的待测成分浓度
C_S	样品相中待测成分浓度
d	密度
d	扩散路径长度
d_c	柱内径
d_f	涂覆的固定相膜厚
D	扩散系数
DL	最低检测限
EF	富集因子
f	比例因子，校准因子，校正因子或响应因子（通常来说）
f	摩擦系数
f_c	校准因子
f_V	体积校正因子
F	流速（通常来说）
F_a	柱出口载气流速（没有校正的）
$F_{c,o}$	根据瓶温和干燥气体条件校正后的柱出口载气流速
F_i	柱入口处的载气流速
ΔG^M	混合物总自由能
ΔG_i^M	混合物的分自由摩尔能
H	峰高
H	Henry 常数，亨利常数
i	指一个特定的成分或者测定中的一个阶段（如在 MHE 中的某一步）
k	保留因子
K	分配系数（分布系数）
$K_{G/S}$	待测成分在气相和样品中的分布常数
$K_{F/G}$	待测成分在纤维涂层和气相中的分布常数
L	柱长
M	摩尔质量
M_{ref}	参考物质的摩尔质量
n	一种成分的摩尔数
n	测定的步骤数
n_C	分子中碳原子数（碳数）

n_t	现存的总摩尔数
N	噪声水平
p	压力（通常来说）
p_a	环境压力
p_h	在 MHE 中，顶空瓶中的压力
p_i	某种成分的分压
p_i	柱入口处的压力（绝对值）
p_L	进样环中的压力
p^o	一种成分的饱和蒸汽压
p_o	在 MHE 中，排空后顶空瓶中的压力
p_p	加压压力
p_{ref}	参照成分的分压
p_t	气体混合物的总压力
p_v	顶空瓶中的样品蒸汽压
p_w	环境温度下水的分压
Δp	沿着柱子的压降
$P^{\%}$	检测器线性范围的精密度
q	描述 MHE 的指数常数
Q	MHE 中 2 个连续峰的峰面积比
Q_c	分析柱的横截面
r	线性回归计算中的相关系数
r	采用 VPC（气相校准法）对 K 进行测定时的含量比
R	气体常数
R	峰面积比（标准加入法中）
R_f	相对迁移率
RF	响应因子
RR	释放速率
S	选择性
S_s	样品的表面积
t	时间
t_M	死时间
t_R	保留时间
t'_R	调整后的保留时间（$= t_R - t_M$）
T	通常指热力学温度

T_a	环境温度
T_c	柱温
T_g	玻璃化转变温度
T_v	顶空瓶温度
u	载气平均线速度
V	通常指体积
V_e	在 p_o 的压力条件下顶空的膨胀体积
V_F	SPME 的纤维涂层的体积
V_G	顶空瓶中的气相体积（顶空体积）
V_H	转化后的顶空样体积
V_L	将进样环充满的气体体积
V_{mol}	气态（蒸气）形式的纯化合物的摩尔体积
V_o	初始样品体积
V_S	顶空瓶中样品相的体积
V_v	顶空瓶的总体积
V_{vent}	MHE 步骤中，排空的气体体积
W	通常指的是量
W_a	待测成分的添加量
W_A	从顶空抽出的等分试样中分析物的量
W_c	采用 VPC（气相校准法）对 K 进行测定时，向顶空瓶中添加的量
W_{ex}	外标中待测成分的量
W_F	SPME 中，被纤维涂层吸收的待测成分的量
W_G	气相（顶空相）中待测成分的量
W_o	样品中初始含有的待测成分的量
W_S	样品相中待测成分的量
W_s	样品总量
x	通常是指摩尔分数
$x_{G(i)}$	气体混合物中一种成分的摩尔分数
$x_{S(i)}$	溶液中一种成分的摩尔分数
$Y\%$	全蒸发技术中的提取效率
α	比例常数
β	相比
ϕ_S	相分数（样品体积与样品瓶体积的关系）
γ	活度系数

η 载气黏度

σ MHE 中的相对压力（$=p_o/p_h$）

φ 排出的溶质蒸气的分数

目　录

第 **1** 章

概　论

1.1 顶空分析的原理

气相色谱（Gas Chromatography，GC）是一种研究挥发性化合物的分析技术。如果样品为气体，则一部分样品将被引入惰性的流动气流——即流动相或者载气中，再进入到含有固定相的柱子中；如果样品是液体，则一部分样品加热后气化，其蒸气随载气进入柱子中。样品中不同组分将通过固定相和流动相间的选择性相互作用达到分离，从而在不同时间出现在柱子末端，实现检测。在给定条件下，时间（保留时间）是从样品进样到每个被分析物波（峰）出现的时间，同时其峰的尺寸（高度和面积）则与被分析物的浓度成正比。

至于 GC 的理论和实践部分，读者可参考一般教科书[1-11]。但是，从刚才给出的简要总结中，可以立即得出两个关于样本及其进样的结论。首先，进样必须在瞬间完成。因为如果进入色谱柱的气态样品带有明显的宽度，那么分析物混合物带的初始宽度将影响分析物的分离。其次，很明显所有样品成分都必须是挥发性的。否则，固体残留物将留在进样口处，由于该区域处于加热状态，固体残余物可能最终分解，产生挥发性产物，产物进入色谱柱并最终出现在色谱图中，引起对原始样品化合物成分的误判。同时，样品残留物可能由于吸附和/或催化分解而干扰随后的进样。

为了避免这个问题的发生，对于复杂的固体样品（或含有非挥发性固体颗粒的样品），就不得不采取一个间接程序，先将目标分析物提取出来，再将所得溶液的稀释液进入气相色谱仪中。一个典型的例子就是低分子量化合物的测定，如聚合物单体。传统方法使用溶剂来提取目标分析物或用溶剂先将聚合物溶解，随后再使其沉淀，最后注入所得溶液进行 GC 分析。这种方法存在一些问题。首先，该方法较为耗时。其次，相比在原始样品中的浓度，溶液提取法分析物的稀释倍数太多。最后，很难避免聚合物进入气相色谱仪的进样器，使得非挥发性成分在此处积聚，导致色谱性能下降。

对于复杂固体样品，只有当其为高分子量化合物或其非挥发性样品成分不溶时，才适合采用溶剂提取的方式萃取小分子量化合物。否则，这些化合物会随着提取液进入系统中，引起上述问题。此外，溶剂常会含有一些棘手的杂质，可能干扰随后的色谱分析。然而，在 GC 中分析挥发性化合物时，采用气体提取挥发性分析物相比使用液体溶剂更有优势。气体是挥发性化合物的理想溶剂，其纯度比任何液体溶剂都高得多；特别是对于高灵敏度的痕量分析来说，是一个重要因素。每种提取技术都有两个互不相溶的相，待提取物按比例分配在这两相之间。提取程序有多种形式：单次提取、重复逐步提取或连续提取。选择哪种技术在很大程度上取决于预期目的。在液体萃取中，目标通常是完全分离目标化合物，使其能够用于进一步加工。例如在分离漏斗中，就常采用逐步提取以达此目的；连续提取则主要用于工业加工。

然而，用于分析目的时就不需要得到纯化合物，而是需要得到一些有用的信息，例如样品中某种化合物的浓度。得到这些信息需要多少提取化合物，取决于检测器的灵敏度。因此，完全萃取的提取效率并不重要。

气体提取技术与液体提取技术非常相似。可以将原始样品（液体或固体）置于封闭的小瓶中，实现单一步骤提取。在此过程中，挥发性化合物从样品中部分蒸发到其上方的气相中，然后再次返回到样品中。一段时间后，系统达到平衡，气相部分挥发性分析物的浓度保持恒定。平衡常数（分布常数，分配系数，亨利常数）决定了两相浓度的平衡。通常我们把与非挥发性（或较小的挥发性）样品接触并达到平衡的气相部分称作顶空（headspace，HS），对其的研究称作顶空分析（headspace analysis，HSA）。我们可以通过取一部分气相来分析挥发性化合物而不受非挥发性基质的干扰。在此过程中，样品瓶中的两相处于静态条件下，在它们达到平衡后进行样品转移。我们将此类顶空分析称为静态或平衡顶空分析[1]。如果想要确定样品中分析物的原始浓度，就必须在校准过程中考虑平衡常数。本书中描述了能够实现此目的的多种技术。如果通过这种方式无法确定样品中分析物的原始浓度，可以重复单次提取步骤直到提取完全，再次对气相组分进行分析。这些分析所得到的峰面积之和则对应于原始样品中该分析物的总量，峰面积的总和因此与未知平衡常数无关。这便是逐步萃取的多级顶空萃取（multiple headspace extraction，MHE）的原理。

还有另一种气体提取的方法，不需要等待平衡，通过不断地排出气相部分，然后依靠挥发性分析物试图重新建立平衡状态来进行气相萃取，但此过程中从未达到过平衡状态。最后，全部的挥发性分析物从样品中排出。这便是连续气体提取，通过这种方法收集样品中各种分析物的总量，并将其用于分析。

1.2 顶空分析的类型

原则上，顶空可以结合各种分析技术进行研究，例如光谱方法［质谱（MS），傅里叶变换红外光谱（FT-IR）等］，但 GC 是气体（蒸气）分析的理想方法，更适合进行顶空检测。在顶空-气相色谱（HS-GC）中，通过气相色谱分析与冷凝（液

---

[1] 由于在某些情况下也可以在非平衡条件下进行校准，所以使用静态 HS-GC 表达，比平衡 HS-GC 更确切。

相或固相）相接触的蒸气（气相）。

尽管本书主要是讨论利用 GC 进行静态顶空分析（简写为静态 HS-GC），但也会加入各种版本的气体提取程序的讨论，以便于更好地理解每种技术的差异和具体应用，以及澄清一些误区。

1.2.1 静态 HS-GC 的原理

HS-GC 分析包括两个步骤。首先，将样品（液体或固体）放置在不会充满的容器中，其上保留有气体体积，然后将容器（通常是小瓶）封闭。接下来，将该小瓶在恒定温度下恒温，直到两相之间达到平衡。最后，将一定体积的气相（顶部空间）对着载气流进入色谱柱中，按常规方法对其进行分析。图 1-1 显示了 HS-GC 的两个步骤。样品转移可以通过多种方式进行：手动（例如，使用气密注射器）或自动（对样品瓶加压，通过控制进样时间或进样体积使顶空组分转移至色谱柱）。除了将顶空气体直接转移到 GC 柱中（直接静态 HS-GC）外，目前还出现了包含外加捕集阱的新技术。这种捕集阱的目的是从过量的稀释顶空气体中分离出挥发性分析物。使用固相微萃取（SPME）的方法，将外表面涂有固化固定相并安装在改良的 GC 注射器上的熔融石英细纤维插入装有样品的小瓶中，可以将纤维浸入液体样品中或液体（或固体）样品上方的顶空部分。在这种情况下，挥发物被吸收在纤维涂层中，带电的纤维随后在气相色谱的高温进样口中脱附。该技术当用于从样品的顶空中收集挥发性分析物时，则称为顶空固相微萃

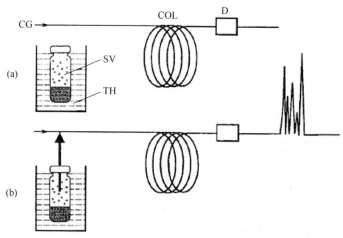

图 1-1　静态（平衡）顶空-气相色谱原理
（a）平衡；（b）样品转移
CG—载气；SV—样品瓶；TH—恒温器；COL—气相色谱柱；D—检测器

取（HS-SPME）。这种中间阱也可以是装有传统填料的吸附管，通过热解吸将吸附的化合物释放出来，并转移到气相色谱仪中。此方法是介于经典静态 HS-GC 和连续气相提取之间的混合体系。

1.2.2 动态 HS-GC 的原理

动态顶空技术主要是指一种连续的气体提取方法，将连续流动的惰性气体通过固体/液体样品的上方，或者将惰性气体经过高孔隙密度的烧结玻璃在液体样品（最好是水溶液样品）中鼓泡，从而从基质中分离出挥发性样品成分；这项技术称为吹扫捕集（P&T）。从水溶液基体到吹扫气体的快速质量转移需要大的接触面，并且烧结玻璃圆盘提供了必需的小气泡。Moskvin 和 Rodinkov[12]采用了另一种称为色谱原子膜的技术，用来监测水性样品的连续流动，这种技术中，装在微孔聚四氟乙烯膜管中的烧结的聚四氟乙烯颗粒，提供了一个含有开放式大孔隙的三维多孔结构，使水溶液能够连续通过孔隙，而吹扫气体则通过包封膜的微孔和烧结颗粒的微孔进入管中。脱附的挥发性组分最终被转移到气相色谱定量环中。

P&T 的根本思想是将目标挥发物从样品中完全分离出来，实现其在最终稀释的气体萃取物中的定量分析。这种完全提取是以指数方式进行的，因此相对耗时。脱附后的挥发物保留在稀释的提取气体中，需要随后在捕集阱中富集。它可以是一个冷阱，但通常使用装有吸附剂的滤芯，通过热脱附从中释放出被捕获的化合物，并通过载气将其转移到色谱柱中。但是，带电的吸附剂也可能会被少量的液体溶剂解吸，例如 Grob[13-15]所采用的闭环脱附过程中就存在这种现象。图 1-2 显示了用于毛细管气相色谱仪的 P&T 仪器的典型配置，包括带有混合吸附剂填料的吸附管（AT），各种可行的分流位点（SP-1、SP-2 和 SP-3）以及一个低温捕集阱（CT）。图示的 P&T 设置已被几经优化，在此简要讨论各种随历史演变而产生的变体。

1.2.2.1 捕集阱

捕集阱需要有足够的容量，以保证在高流速下能在合理时间内对样品提取完全，同时避免在吹扫时间内穿透。因此这种捕集阱通常具有短填充柱的尺寸，能够适应较高的流速，例如 20~40 mL/min 的吸附和脱附流速。Tenax 是一种常用的多孔聚合物吸附剂，其吸附性较弱，使用时必须特别注意避免挥发性化合物穿透。Kroupa 等人[16]报道了在−10~+170℃ 的温度范围内 Tenax TA 的穿透体积。但如果捕集阱中同时填充了几种吸附剂，并且随着吸附能力的增强形成了一个吸附梯度，就无须考虑穿透问题；此时挥发性最强的化合物最终被吸附在多吸附剂填料末端的最强吸附剂上。然后将捕获的化合物进行热脱附，反吹进入毛细管柱，或将其

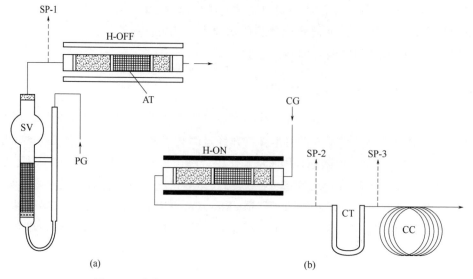

图 1-2　动态顶空-气相色谱（"吹扫和捕集"）的原理

（a）样品吹扫并在带有混合吸附剂填料的捕集阱（AT）中富集从吹扫容器（SV）中除去的挥发物；
（b）通过对加热阱（H-ON）的反吹，使挥发物从捕集阱中解吸，再在低温捕集阱（CT）中
重新富集，然后转移到毛细管柱（CC）中

PG—惰性吹扫气体；CG—载气；SP-1、SP-2、SP-3—可选的分流阀位置；
H-OFF—捕集阱加热关闭，H-ON—捕集阱加热开启

捕获以在低温捕集阱中重新富集。应该注意的是，当吸附不稳定化合物尤其是香味化合物时，强吸附剂可能会产生干扰，这种情况下应该选择合适的提取溶剂[17]。干扰的产生源于吸附过程中的能量释放，以及热脱附过程中的热应力。尤其强吸附剂通常需要高温实现快速脱附，在较高的解吸温度下，类似 Tenax 的多孔聚合物吸附剂会释放出干扰分解产物，从而在色谱图中产生干扰峰[18]。

　　在整个 P&T 程序中，特别是在与毛细管柱结合来进行 GC 分离时，热脱附是至关重要的步骤。这个程序中存在三个明显问题：①水的问题。从样品中，尤其水溶液样品中吹扫得到的大量水蒸气引起的问题。②时间问题。捕获的化合物从捕集阱中解吸缓慢造成的。③流速问题。由于脱附时的气体流速通常太高而无法直接作为气相载气进入毛细管柱而引起的问题。

1.2.2.2　水的问题

　　吹扫后得到的经过稀释的气体提取物不仅包含目标分析物，同时存在的水蒸气会影响色谱程序。目标化合物的捕集，通常是目标化合物在疏水性吸附剂（Tenax，Carbopack，Carbotrap，Carboxen 等）上的吸附，而过量的水蒸气直接通过；但当捕集阱的温度低于吹扫容器的温度或水蒸气在吸附过程中冷却时[19-21]，水会冷凝而留在捕集阱中。但即便是在室温下，部分水也会通过毛细管冷凝被富

集于吸附剂的微孔中，而不仅是表面吸附。这些残留的水仍然可能影响后续分析，尤其是进一步的 MS 分析，所以要采用干燥剂或其他除水技术[22]来去除残余的水（另请参见 3.7 节）。另一种普遍的技术手段则是采用干式吹扫来实现水的去除，将吸附剂在接近环境温度下冲洗，与此同时被吸附的挥发性化合物仍保持吸附状态。

1.2.2.3　流速问题

吸附管的尺寸通常与短填充柱相当，以适应来自吹扫容器的高吹扫流量（例如 20~40 mL/min）。随后的热脱附程序也需要相近的流速。尽管通常脱附程序会降低流速（约 10~20 mL/min），但这相对于毛细管柱的流速要求（大约 1 mL/min）仍然太高，毛细管柱的流速要求取决于其直径和其它色谱参数。为了提供适当的流速进入毛细管柱，常利用毛细管入口分流器（参见图 1-2 中的 SP-3 分流器）[23,24]。但这种分流器降低了灵敏度，因为实际上只有一小部分样品被引入色谱柱中，而大部分顶空气体浪费了。实际上在使用填充柱的条件下，可以通过折中的方式解决这些问题，即采用大内径毛细管柱（内径 0.53 mm），流速高且不分流。尽管这种折中的方式在某些实际应用中适用，但仍避免不了一些问题。考虑到分流装置会降低分析的灵敏度，可以将其置于捕集阱之前（图 1-2 中的 SP-1）。这样，可以将捕集阱小型化，并且这种小重量的微型捕集阱能被更快地加热，能更好地匹配毛细管气相色谱系统（请参阅以下部分）。

1.2.2.4　时间问题

为了保证毛细管柱的高分辨率，要求在色谱分离之初样品的浓度分布较窄。这是 GC 中所有进样技术的关键问题，对于稀释的气体样品，该问题尤为重要。分流装置虽然解决了流速的问题，但无法解决进样时间的问题。由于脱附所花费的时间通常要比样品瞬间进样所需的时间长，因此脱附是至关重要的一步。当然，将气体进入毛细管柱的时间控制在几秒钟的时间是可行的，但这势必会进一步降低灵敏度。因此，延迟的样品传输要求进一步对分析物聚集，例如通过低温捕集阱。这可以通过程序升温毛细管柱的热聚集效应轻松实现；当分析物被固定相吸附或迁移缓慢时，设置较低的初始柱温可以弥补样品进样的延迟。对这种聚集作用所需的初始色谱柱温度取决于分析物的挥发性以及某些色谱柱特性（例如涂覆毛细管色谱柱的膜厚）。由于动态 HS-GC 和静态 HS-GC 都主要用于分析高挥发性化合物，因此这些化合物需要较低的色谱柱初始温度（通常低于环境温度），以此衍生出各种低温捕集技术（参见 3.7 节）。大多数关于 P&T 应用的论文都报道了这种包含吸附/脱附结合低温捕集的两步富集程序。但原则上低温捕集阱或吸附/脱附捕集阱使用一个即可，另一步骤可以省略。

自填充柱应用于色谱分析开始，吸附/脱附阱就习惯上采用了类似短填充柱的尺寸。但这种捕集阱的解吸速度不够快，跟不上温度上升的速度，因此需要额外重新富集的步骤。但如果将捕集阱小型化，就能做到快速加热，从而产生一个分析物分布足够狭窄的脱附带，可以直接进入毛细管柱中。这类微型捕集阱通常是在长 11 cm 内径 2.17 mm 的不锈钢管[25]或长 5 cm 内径 0.53 mm 的熔融石英毛细管[26]中装填 Tenax TA；或者是在长 8 cm 内径 2 mm 的不锈钢管[27]中依次装填 Carboxen 1000、Carboxen 1003 和 Carbotrap B 复合吸附剂。这种小型捕集阱在某些方面类似于 HS-SPME 所使用的带电纤维（请参阅 3.5.2 节），后者由于其质量轻，能够在高温 GC 进样器中快速脱附，而不需要额外的低温富集。

毛细管柱程序升温下的热聚集效应就能够实现有效的富集，这种情况下，可以将吹扫气流直接引入毛细管柱，没有必要再前置一个吸附/脱附阱[28]。但在这种情况下，水的问题变得尤为重要，特别是如果有冰产生，将会堵塞毛细管柱造成程序停止。除非采取预防措施除去水分，否则只需通过 3.22 mL 含有饱和水蒸气的吹扫气体就会堵塞内径为 0.32 mm 的毛细管（对于内径 0.25 mm 的毛细管，只需要 2.18 mL 吹扫气[26]）。与此同时，静态低温 HS-GC 的典型特征就是分析这种只有几毫升体积的样品，因此这种情况下两种技术是差不多的。不管是动态和静态 HS-GC，还是通过吸附进行空气采样，其处理水的方法都非常相似。在 3.7 节会分别对各种低温捕集技术进行更广泛的讨论。

P&T 在实际工作中解决了几个重要的问题，包括样品起泡[25,28]，伴随无机和有机化合物（例如盐、硅酸盐、腐殖质等）转移而形成的气溶胶，以及气溶胶在阀门和管中的沉淀，这些都是形成记忆效应的源头。为了避免这些问题，可以改为将气流持续通过样品上方的顶空空间，而不采用鼓泡的方式，这样就不局限于液体样品，固体或黏性材料的也同样适用。区别于 P&T，这种持续进行气体提取的方法的变体通常称为动态顶空分析。动态顶空分析通常采用与静态 HS-GC 相同的样品瓶，样品瓶用隔垫封闭，并用铝盖压盖。Hino 等人[25]将这种方法命名为顶空全注入（WHSI）法；采用两个平行的针刺穿隔垫，通过针注入连续的气流带走气相部分，将水溶液样品中的挥发性有机化合物（VOCs）带至微型捕集阱中进一步捕集。但是使用两个平行针可能会导致隔垫的泄漏。Markelov 等人[29]采用了针套针的方式，这样的话隔垫只有一个位置被刺穿；吹扫得到的气体提取物可以直接通过任何类型的捕集阱或样品定量环，甚至直接进入 GC 色谱柱；但校准和定量很复杂，因为吹扫是在样品与气相达到平衡时才开始的。

文献中经常会将动态 HS-GC 和静态 HS-GC 进行对比。尽管动态 HS-GC 不是本书的主题，这里主要给出两种方法的对比。结论表明动态 HS-GC 应该具有更高的灵敏度[25,30,31]，并且由于所有 VOC 都被完全提取并用于分析，因此不用考虑基质效应。如果使用填充柱时，无论是流速问题还是时间问题，可能都不是特别重要；但在毛细管气相色谱中，此结论（如果此结论没有错误的话）至少是不确定的。

1.2.2.5　静态 HS-GC 和 P&T 的比较

我们认为以下示例代表典型的仪器条件：将含有 100 mg 挥发性分析物的 10 mL 液体样品转移到 20mL 小瓶中并进行平衡。假设气相中存在一半的 VOC，则其浓度为 5 mg/mL。对于静态 HS-GC，应取样 2 mL，如果分流比为 1：20，则进入毛细管柱的相应体积为 100 mL，其中包含 0.5 mg 的分析物。P&T 可能能够成功提取出全部的挥发性分析物（100 mg），同样以分流比 1：20 进入毛细管色谱柱，则进入色谱柱的挥发性化合物为 5 mg。如此，P&T 的灵敏度就高出 10 倍。但如果必须要用到低温捕集时，静态 HS-GC 会比 P&T 更有优势。低温捕集应用于 P&T 能够帮助色谱峰锐化，但没有浓缩作用；而将其用于静态 HS-GC 时，会同时实现浓缩和峰的锐化。通过在静态 HS-GC 中进行低温捕集，可以将数毫升的顶空气体不分流地引入毛细管色谱柱；而引入 1 mL 即可达到 P&T 的灵敏度，因此带低温捕集的静态 HS-GC 的灵敏度比 P&T 更高。

Nouri 等[32]采用静态 HS-GC 和 P&T 两种方法分析水样中的甲基叔丁基醚。他们发现静态 HS-GC 的检出限为 50 mg/L，搭配低温捕集的 P&T 的检出限为 2 mg/L。但是如果在静态 HS-GC 法中增加低温捕集，轻易就能提高 25 倍的灵敏度。有趣的是，这些作者同时使用了这两种技术：静态 HS-GC 由于其自动化程度高而用于常规筛查，P&T 由于其更高的灵敏度，常用于无检出但需要额外确认的情况，因为在上述条件下灵敏度更高。

除了具有较高的灵敏度，偏向于应用 P&T 的另一个论点是它消除了基质效应。但是，该结论只有在所有分析物都被完全提取的情况下才是正确的。考虑到多组分混合物中的挥发性和极性范围广泛，在实践中很难做到完全提取。基质效应对每种溶解化合物的挥发性的影响程度是不同的，因此，对每种化合物进行完全提取所需的吹扫时间也将有所不同。Dunn 等人[33]发现动态顶空技术受限于对样品基质组成对校准数据的影响，因此，复杂的多变量校准技术对于获得准确的结果十分必要。

比较分析方法时，灵敏度不是唯一标准；其它因素同样重要，主要是自动化程度。自动化程度不仅是常规分析中对高样品通量的需求，还是方法开发的先决条件。为了验证一种分析方法，需要大量的分析数据，这些数据需要自动化仪器，以便可以在无人值守的情况下过夜分析一系列样品。静态 HS-GC 凭借其简单性和高度自动化，加之其全自动仪器能够在市场上购买，其应用很难被其它顶空技术超越。

1.3 HS-GC 方法的发展

顶空分析（分析与液体或固体样品接触的气体，并从与原始样品的性质和/或组成有关的结果中得出结论）的开发，早于 GC 的发展和两种技术的联用。Ettre 已在"色谱发展的里程碑"[34]系列文章中对"顶空分析的起源"进行了全面的历史回顾。

有关 GC 和顶空进样相结合的第一个文献记载，是 Bovijn 及其同事在 1958 年阿姆斯特丹研讨会[35]上发表的有关连续监测高压电站水中氢含量的报告。1960 年，W. H. Stahl 及其同事还使用顶空进样对密封罐和软包装中的气体进行了气相色谱分析，以测定其氧气含量[36]。在当时，"顶空"一词还只是用来定义密封罐中的少量气体，但 Stahl 率先将其与 GC 结合使用。软包装中的气体样品可直接用 1 mL 的皮下注射注射器采集，而容器是金属罐的则需要先被专门的工具打孔。1962 年左右，贝克曼仪器公司推出了一种特殊的顶空进样器，用于金属采样罐或其他容器的顶空中的氧气含量的分析。在 Ettre[34]关于顶空发展的综述中，对该设备进行了详细描述，并给出了照片[34]；该设备的穿孔工具连接着一个可以被抽成真空的较小封闭空间，这样就可以在容器打孔后直接将气体抽入该采样空间。该系统设计用于贝克曼的极谱氧气传感器，但其手册[37]表示可以通过 GC 或分光光度法分析抽取的气体样品。

我们（L. S. E.）中的一个人在 1958—1959 年冬季，曾利用 HS-GC 分析直接用气密注射器从薯片袋中取出的顶空气体，以监控薯片中的腐败现象的动力学；这也是 HS-GC 在分析食品的顶空组分中存在的挥发性有机化合物的应用。关于使用（静态）HS-GC 进行水果、蜂蜜、食品和某些有机化合物水溶液等研究的首次发表则是在 1961—1962 年间[38-45]。

在 Curry 等人[46]首次提出了顶空技术半自动化的可能性后，紧接着在 1964 年，Machata 阐述了一种能够用于测定血液中乙醇的半自动系统[47]，此开创性的工作使得静态 HS-GC 技术得到了显著进步。Machata 的工作为开发第一台进行顶空样品 GC 分析的自动化仪器开辟了道路（1967 年推出的 Perkin-Elmer F-40 型；参见文献[48,49]❶），这转而又使 HS-GC 法取代传统的 Widmark 方法[50,51]、成为大多数国家警察和验血实验室检测血液中的乙醇含量的常规检测手段成为可能。随后，该技术应用到了更多的检测领域，从而使顶空进样成为 GC 检测中主要的样品前处理程序之一。HS-GC 越来越广泛的应用，也吸引着更多的仪器制造商研

---

❶ 该仪器是第一台用于 GC 的自动进样器，甚至早于第一台用于液体进样的自动进样器的问世。

究和制造自动顶空进样器。

除了这种直接将顶空气体被直接引入气相色谱仪（我们称其为直接静态 HS-GC）的原始 HS-GC 外，很多改进的版本也有一定的进展。这些改进版本包括增加吸附阱以达到将挥发性分析物与过量的稀释顶空气体分离的目的；这种阱同样也可以采用填充了传统填料（多孔聚合物或碳基吸附剂弯管）的吸附管，被吸附的化合物通过热脱附从中分离出来并转移到气相色谱仪中。

1989 年，加拿大安大略省滑铁卢大学的 Pawliszyn 及其课题组[52,53]提出了"固相微萃取（SPME）"技术。该技术于 1993 年应用于样品的顶空分析[54]，被称为顶空固相微萃取（HS-SPME）。自此 HS-SPME 得到越来越广泛的应用，并用于解决各种分析问题[55]。

连续气相萃取（动态顶空分析）的使用最早是由 Swinnerton 等人在 1962 年提出的[56,57]。贝勒（Barlar）和利希滕贝格（Lichtenberg）[58]将这项技术应用到了一种公认的方法中，称为"吹扫捕集"（P&T）；该技术被美国环境保护署（EPA）应用到多种检测方法中[59-62]。其中第一个广为人知的工作是 Teranishi 课题组将其在应用于分析呼吸和尿液中的 VOC[63]。研究者们利用吹扫气体通过液体样品上方带走 VOC，并通过冷冻的方式进行捕集。1970 年 van Wijk[64]首次将多孔聚合物 Tenax 作为柱填料用于气相色谱法；Zlatkis 等[65]于 1973 年首次提出将其用作动态 HS-GC 的通用吸附剂。后来，这种常用的多孔聚合物逐渐被基于石墨化炭黑和专为特定吸附性设计的碳分子筛的吸附剂所取代。这些材料以适宜的组合形式、吸附性递增的组合方式装填在吸附管中，从而形成一个吸附梯度。然后被吸附的化合物,通过热脱附和对复合吸附剂的某个部位进行反吹将其转移到气相色谱仪中；其在分析化学、临床化学、生物化学和环境分析（包括空气-水和土壤分析）的所有领域中都有广泛的应用。

但是书目的汇编无法涉及到各种 HS-GC 技术的文献刊物。2002 年，Snow and Slack [31]对涉及 HS-GC 的论文进行了文献调查，发现了约 6000 篇参考文献。其中，约有 1400 篇涉及动态 HS-GC 技术，超过 510 篇涉及 HS-SPME，而涉及静态 HS-GC 的占大多数。

1.4 HS-GC 文献

顶空分析相关的教科书[66-69]为该领域提供了重要的参考出版物。其中 3 本书，收集了 4 个有关 HS-GC 的专题研讨会上发表的论文：其中 14 篇在由美国化学学会农业和食品化学分会（ACS）组织的研讨会上阅读的论文（主要是动态 HS-GC 的应用），于第 174 次全国会议（1977 年 8 月 29 日至 9 月 1 日，芝加哥）上由

Charalambous 汇编成册[70]。科尔布汇编了于 1978 年 10 月 5 日在英国比肯斯菲尔德和 1978 年 10 月 18 日至 20 日在德国乌伯林根举行的 GC-HS 研讨会上发表的总共 21 篇论文[71]。于 1998 年 8 月 23 日至 27 日于波士顿举行的第 216 届 ACS 全国会议上，召开了"食品和风味的顶空分析"专题讨论会，会上所发表论文由 Rouseff 和 Cadwaller 完成汇编[72]。Ettre 的介绍性演讲总结了 HS-GC 在该领域的应用[73]。

值得一提的还有一些非常详细的综述，每篇都包含了大量的参考文献。1979 年，Drozd 和 Novak 发表了包括静态 HS-GC 理论在内的早期综述[74]。1984 年，Kolb 总结了 HS-GC 在食品污染物分析中的应用[75]（70 个参考文献）。1985 年，McNally 和 R. L. Grob 发表了关于在环境和其它方面两部分的应用综述[76]（283 篇参考文献）。1990 年 Namiesnik 等人发表了关于 HS-GC 在水中有机化合物分析中应用的综述[77]（495 个参考文献）。最后，在 1994 年，Seto 汇编了有关测定生物样品中挥发性物质的文献[78]（328 份参考文献）。

SPME 技术及其在顶空分析中的应用，在 J. Pawliszyn 编著的图书[79,80]和另一篇综述文章[81]中均有描述。Kern 和 Penton 发表了一篇关于 SPME 实用指南的文章[82]，而 Supelco 提供了全面的应用摘要[83]。

1.5 采用（静态）HS-GC 的常规方法

如今，静态 HS-GC 已在实验室中广泛用于各种官方检测手段及用于环境中的有毒杂质的检测。首先是确定驾驶员血液中乙醇的含量：静态 HS-GC 是许多国家公认的官方方法。为了说明所涵盖的广泛领域，下面我们给出了被美国、德国和日本三个国家所认可的部分监管方法列表。

美国环境保护署（EPA）发布了许多利用顶空-气相色谱法的方法，包括静态方法和动态方法（"吹扫捕集"）；后一种方法在水分析中的应用在 1.3 节中讨论过[59-62]。静态 HS-GC 用于测定废水和聚氯乙烯（PVC）树脂、浆料、湿滤饼和乳胶样品中的氯乙烯单体（VCM）含量[84,85]，并作为一种针对土壤和沉积物中挥发性分析物的筛查技术[86]。EPA 还发布了通用的顶空方法对挥发性有机化合物（VOC）进行筛查[87]和定量分析[88]。在 EPA 540 / 2-88-005 的"现场筛查方法目录：用户指南"中，描述了 5 种特定方法[89–93]。

美国食品药品监督管理局（FDA）已认可使用静态 HS-GC 作为分析玉米油、食品模拟溶剂[94]、油、醋[95]以及 PVC 食品包装[96]中氯乙烯的单体官方方法。美国药典已提出使用静态 HS-GC 分析有机挥发性杂质（OVIs）[97]。

美国材料与试验学会（ASTM）主要在聚合物领域[98-103]，有大量方法均涉及静态 HS-GC 的应用。在这些方法中，较鲜为人知的是测定例如玻璃纸和聚乙烯薄膜[98]等软包装材料中溶剂残留的标准方法，该方法最早应用于 1972 年。该方法在 HS-GC 的开发早期就认识到了方法需要建立适当的平衡时间，并详细描述了逐步建立的方法。还有些方法解决了聚合物样品[99]中的挥发物（例如氯乙烯单体[100,101]和丙烯腈[102,103]）的顶空分析，以及利用动态顶空提取[104]和 HS-SPME[105]分析废弃物样品中可燃物残留。分析聚合物样品中氯乙烯单体也有相关的国际标准化组织（ISO）方法[106]。

在德国，使用静态 HS-GC 的 DIN 标准、EN 标准和 VDI 标准❶，涵盖了水、废水和污泥中苯及苯系物[107]、挥发性卤代烃[108]和氯乙烯单体[109]的分析；以及大气污染物（如氯乙烯[110]和 1,3-丁二烯[111]）的测量和土壤中卤代烃的测定[112]。食品技术和包装工业协会委员会还规定使用静态 HS-GC 来测定包装膜的残留溶剂含量[113]。

在德国，有一个官方委员会负责对健康有害的工业材料的调查，其分析化学小组委员会定期发布标准分析方法。他们的汇编[114]列出了使用静态 HS-GC 分析血液中各种物质的方法，例如丙酮、苯和烷基苯、二氯甲烷、氯仿、四氯化碳、1,1-二氯乙烷和 1,2-二氯乙烷，1,1,2-三氯乙烷、1,2-二氯乙烯、三氯乙烯、四氯乙烯、2-溴-2-氯-1,1,1-三氟甲烷（氟烷）、1,4-二氧杂环己烷、2-己醇、异丙苯，血清中的二硫化碳、苯乙烯和有机溶剂，以及尿液中的 1,1,2-三氯-1,2,2-三氟乙烷和丙酮等有机溶剂。

1979 年 10 月 26 日，德国联邦卫生部发布了规范，限制了 PVC 制成的消费者产品和与其接触的食品中允许的痕量氯乙烯单体浓度，表明静态 HS-GC 为官方分析方法。1980 年 7 月 8 日，欧洲共同体的一个分支机构欧洲标准化委员会（CEN）也修改了类似的标准。目前，CEN 正在准备分析其他有毒单体的方法，例如丙烯腈、偏二氯乙烯和乙酸乙烯酯。

在日本，1992—1994 年发布了 3 项标准，以控制饮用水和废水中痕量的挥发性有机化合物的允许浓度[115-117]。这些文件建议使用静态和动态 HS-GC 作为分析方法，并且还使用质谱对单一化合物进行鉴别。

此简短摘要表明，如今静态 HS-GC 是一种广泛应用于各个领域的分析方法。

参 考 文 献

GC 主要书籍：

[1] J. M. Miller, Chromatography—Concepts and Contrasts, 2nd ed., Wiley-Interscience, Hoboken, NJ, 2005.

[2] R. L. Grob and E. F. Berry (editors), Modern Practice of Gas Chromatography, 4th ed., Wiley, New York,

---

❶ DIN—德国工业标准；EN—欧盟标准；VDI—德国工程师协会。

2004.

[3] B. Kolb, Gaschromatographie in Bildern—Eine Einführung, 2nd ed, Wiley-VCH, Weinheim, 2003.

[4] C. F. Poole and S. K. Poole, The Essence of Chromatography, Elsevier Science Publishing, New York, 2002.

[5] A. J. Handley and E. R. Adlard (editors), Gas Chromatographic Techniques and Applications, Sheffield Academic Press/CRC Press, Sheffield, England, and Boca Raton, FL, 2001.

[6] W. Engewald and H. G. Struppe (editors), Gaschromatographie, Vieweg Analytische Chemie, Braunschweig/Wiesbaden, 1999.

[7] V. G. Berezkin and J. DeZeeuw, Capillary Gas Adsorption Chromatography, Huethig, Heidelberg, 1998.

[8] R. P. W. Scott, Introduction to Analytical Gas Chromatography, 2nd ed., Marcel Dekker, New York, 1998.

[9] H. M. McNair and J. M. Miller, Basic Gas Chromatography, Wiley, New York, 1998.

[10] D. W. Grant, Capillary Gas Chromatography, Wiley, New York, 1996.

[11] L. S. Ettre and J. V. Hinshaw, Basic Relationships of Gas Chromatography, Advanstar, Cleveland, OH, 1993.

章节上下文中的参考文献：

[12] L. N. Moskvin and O. V. Rodinkov, J. Chromatogr. A 725, 351-359 (1996).

[13] K. Grob, J. Chromatogr. 84, 255 (1973).

[14] J. Curvers, Th. Noy, C. Cramers, and J. Rijks, J. Chromatogr. 289, 171-182 (1984).

[15] L. I. Osemwengie and S. Steinberg, J. Chromatogr. A 993, 1-15 (2003).

[16] A. Kroupa, J. Dewulf, H. Van Langenhove, and I. Viden, J. Chromatogr. A 1038, 215-223 (2004).

[17] B. V. Burger and Z. Munro, J. Chromatogr. 402, 95-103 (1987).

[18] P. A. Clausen and P. Wolkoff, Atmos. Environ. 31, 715 (1997).

[19] M. R. Lee, J. S. Lee, W. S. Hsiang, and C. M. Chen, J. Chromatogr. A 775, 267 (1997).

[20] A. Wasik, W. Janicki, W. Wardencki, and J. Namiesnik, Analysis 25, 59 (1997).

[21] J. Dewulf and H. W. Langenhove, J. Chromatogr. A 843, 163 (1999).

[22] J. L. Wang, S. W. Chen, and C. Chew, J. Chromatogr. A 863, 31 (2000)

[23] E. R. Adlard and J. N. Davenport, Chromatographia 17, 421-425 (1983).

[24] F. A. Dreisch and T. O. Munson, J. Chromatogr. Sci. 21, 111-118 (1983).

[25] T. Hino, S. Nakanishi, and T. Hobo, J. Chromatogr. A 746, 83-90 (1996).

[26] Tso-Ching Chen and Guor-Rong Her, J. Chromatogr. A 927, 229-235 (2001).

[27] J. L. Wang and W. L. Chen, J. Chromatogr. A 927, 143-154 (2001).

[28] P. Roose and U. A. Th. Brinkman, J. Chromatogr. A, 799, 233-248 (1998).

[29] M. Markelov and O. A. Bershevits, Analytica Chimica Acta 432, 213 (2001).

[30] A. N. Marinichev, A. G. Vitenberg, and A. S. Bureiko, J. Chromatogr. 600, 251 (1992).

[31] N. H. Snow and G. C. Slack, Trends in Analytical Chemistry, 21, 608-617 (2002).

[32] B. Nouri, B. Fouillet, G. Toussaint, R. Chambon, and P. Chambon, J. Chromatogr. A 726, 153-159 (1996).

[33] W. B. Dunn, A. Townshend, and J. D. Green, Analyst 123, 343-348 (1998).

[34] L. S. Ettre, LCGC North America 20, 1120-1129 (2002).

[35] L. Bovijn, J. Pirotte, and A. Berger, in D. H. Desty (editor), Gas Chromatography 1958 (Amsterdam Symposium), Butterworths, London, 1958, pp. 310-320.

[36] W. H. Stahl, W. A. Voelker, and J. H. Sullivan, Food Technol. 14, 14-16 (1960).

[37] Beckman Head Space Sampler, Bulletin No. 701, Beckman Instruments, Fullerton, CA, September 1962.

[38] C. Weurman, Food Technol. 15, 531-536 (1961).

[39] D. A. M. Mackay, D. A. Lang, and M. Berdick, Anal. Chem. 33, 1369-1374 (1961).

[40] W. Dörrscheidt and K. Friedrich, J. Chromatogr. 7, 13-18 (1962).

[41] S. D. Bailey, M. L. Bazinet, J. L. Driscoll, and A. I. McCarthy, Food Sci. 26, 163-170 (1961).

[42] R. G. Buttery and R. Teranishi, Anal. Chem. 33, 1439-1441 (1961).

[43] S. D. Bailey, D. G. Mitchell, M. L. Bazinet, and C. Weurman, J. Food Sci. 27, 165-170 (1962).

[44] R. Teranishi, R. G. Buttery, and R. E. Lundin, Anal. Chem. 34, 1033-1035 (1962).

[45] R. Bassette, S. Özeris, and C. H. Whitnah, Anal. Chem. 34, 1540-1543 (1962).

[46] A. S. Curry, G. Hurst, N. R. Kent, and H. Powell, Nature 195, 603-604 (1962).

[47] G. Machata, Mikrochimica Acta 1964 δ2=4Ð, 262-271.

[48] D. Jentzsch, H. Krüger, and G. Lebrecht, Applied Gas Chromatography No. 10E (1967).

[49] D. Jentzsch, H. Krüger, G. Lebrecht, G. Dencks, and J. Gut, Z. Anal. Chem. 236, 96-118 (1968).

[50] G. Hauck and H. P. Terfloth, Chromatographia 2, 309-314 (1969).

[51] G. Machata, Blutalkohol 4(5), 3-11 (1967); 7(5), 345-348 (1970).

[52] R. P. Belardi and J. Pawliszyn, Water Pollution Res. J. Can. 24, 179 (1989).

[53] C. L. Arthur and J. Pawliszyn, Anal. Chem. 62, 2145 (1990).

[54] Z. Zhang and J. Pawliszyn, Anal. Chem. 65, 1843 (1993).

[55] PerkinElmer TurboMatrix Headspace Sampler with Trap. PerkinElmer Instruments, Shelton, CT,2004.

[56] J. Swinnerton, V. Linnenboom, and C. H. Cheek, Anal. Chem. 34, 483 (1962).

[57] J. Swinnerton, V. Linnenboom, and C. H. Cheek, Anal. Chem. 34, 1509 (1962).

[58] T. Bellar and J. J. Lichtenberg, J. Am. Water Works Ass. 66, 739 (1974).

[59] EPA Method 600=4-82-057: Methods for Organic Chemical Analysis of Municipal and Industrial Wastewater, 1982.

[60] EPA Method 502.1: The Determination of Halogenated Chemicals in Water by the P&T Method, 1986.

[61] EPA Method 524.2: Measurement of Purgeable Organic Compounds in Water by Capillary Column Gas Chromatography/Mass Spectrometry, 1992.

[62] EPA Method 600=4-88-039: Methods for the Determination of Organic Compounds in Drinking Water, 1988.

[63] R. Teranishi, T. R. Mon, P. Cary, A. B. Robinson, and L. Pauling, Anal. Chem. 44, 18-20 (1972).

[64] R. van. Wijk, J. Chromatogr. Sci. 8, 418-420 (1970).

[65] A. Zlatkis, H. A. Lichtenstein, and A. Tishbee, Chromatographia 6, 67-70 (1973).

[66] B. V. Ioffe and A. G. Vitenberg, Headspace Analysis and Related Methods in Gas Chromatography, Wiley-Interscience, New York, 1984.

[67] H. Hachenberg and A. P. Schmidt, Gas Chromatographic Headspace Analysis, Heyden & Son, London, 1977.

[68] H. Hachenberg, Die Headspace Gaschromatographie als Analysen- und Messmethode - Ein Überblick, DANI Analysentechnik, Mainz-Kastel, 1988.

[69] B. Kolb and L. S. Ettre, Static Headspace - Gas Chromatography: Theory and Practice, Wiley-VCH, New York, USA, 1997.

[70] G. Charalambous (editor), Analysis of Foods and Beverages, Academic Press, New York, 1978.

[71] B. Kolb (editor), Applied Headspace Gas Chromatography, Heyden & Son, London, 1980.

[72] R. L. Rouseff and K. R. Cadwaller (editors), Headspace Analysis of Food and Flavors, Kluver Academic/Plenum Publishing Co., New York, USA, 2001.

[73] L. S. Ettre, Headspace Gas Chromatography: An Ideal Technique for Sampling Volatiles Present in Non-Volatile Matrices.: ref. [72], pp. 9-32.

[74] J. Drozd and J. Novak, J. Chromatogr. 165, 141-165 (1979).

[75] B. Kolb, in J. Gilbert (editor), Analysis of Food Contaminants, Elsevier, Amsterdam, 1984, pp. 117-156.

[76] M. E. McNally and R. L. Grob, Amer. Lab. 17(1), 20-33; (2), 106-120 (1985).

[77] J. Namiesnik, T. Go'recki, M. Biziuk, and L. Torres, Anal. Chim. Acta 237, 1-60 (1990).

[78] Y. Seto, J. Chromatogr. 674, 25-62 (1994).

[79] J. Pawliszyn, Solid Phase Microextraction: Theory and Practice, Wiley-VCH, New York, 1997.

[80] J. Pawliszyn, Applications of Solid Phase Microextraction, RSC Chromatography Monographs, Royal Society of Chemistry, London, 1999.

[81] J. Pawliszyn, J. Chromatogr. Sci. 38, 270-278 (2000).

[82] H. Kern and Z. Penton, in O. Kaiser, R. E. Kaiser, H. Gunz, and W. Günther (editors), Chromatography, InCom, Düsseldorf, 1997, pp. 153-166.

[83] Supelco Bulletin No. 929, Bellefonte, PA, 2001.

[84] EPA Method 107A: Determination of Vinyl Chloride Content of Solvents, Resin-Solvent Solution, Poly(Vinyl Chloride) Resin, Resin Slurry, Wet Resin and Latex Samples. (September 1982).

[85] EPA Method 107: Determination of Vinyl Chloride Content of In-Process Wastewater Samples and Vinyl Chloride Content of Poly(Vinyl Chloride) Resin, Slurry, Wet Cake and Latex Samples. (September 1982).

[86] EPA Method D-1-VOA-Q: Quick Turnaround Method for Contract Laboratory Practice (CLP): Static Headspace Method for Volatile Organic Analytes (VOA) in Soil/Sediments, Employing an Automated Headspace Sampler (November 1989).

[87] EPA Method 3810: Headspace Screening (1996).

[88] EPA Method 5021A: Volatile Organic Compounds in Various Sample Matrices Using Equilibrium Headspace Analysis (2003).

[89] Method EPA FM-05: Volatile Organic Compound Analysis Using GC with Automated Headspace Sampler.

[90] Method EPA FM-06: Headspace Technique Using an Ion Detector for VOC Analysis.

[91] Method EPA FM-07: Headspace Technique Using an OVA for VOC's.

[92] Method EPA FM-08: Headspce Analysis Using HNU for Total Volatile Organics.

[93] Method EPA FM-09: Headspace Technique Using a Mobile GC for VOC's.

[94] G. W. Diachenko, C. V. Breder, M. E. Brown, and J. L. Dennison, J. Assoc. Off. Anal. Chem. 61, 570(1978).

[95] B. D. Pace and R. O'Grody, J. Assoc. Off. Anal. Chem. 60, 576 (1977).

[96] J. L. Dennison, C. V. Breder, T. McNeal, R. C. Snyder, J. A. Roach, and J. A. Sphon, J. Assoc. Off.Anal. Chem. 61, 813 (1978).

[97] U.S. Pharmacopeia XXIII. Organic Volatile Impurities (467). Method IV, 1995, pp. 1746-1747.

[98] ASTM F-151-86(91): Standard Test Method for Residual Solvents in Flexible Barrier Materials.

[99] ASTM D-4526-85: Standard Practice for Determination of Volatiles in Polymers by Headspace Gas Chromatography.

[100] ASTM D-3749-95(2002): Standard Test Method for Residual Vinyl Chloride Monomer in Poly-(Vinyl Chloride) Resins by Gas Chromatographic Headspace Analysis.

[101] ASTM D-4443-84(89): Standard Test Method of Analysis for Determining the Residual Vinyl Chloride Monomer Content in ppb Range in Vinyl Chloride Homo and Copolymers by Headspace-Gas Chromatography.

[102] ASTM D-4322-96(2001)e1: Standard Test Method for Residual Acrylonitrile Monomer in Styrene-Acrylonitrile Copolymers and Nitrile Rubber by Headspace-Gas Chromatography.

[103] ASTM D-5508-94a(2001)e1: Standard Test Method for Determination of Residual Acrylonitrile Monomer in Styrene-Acrylonitriole Copolymer Resins and Nitrile-Butadiene Rubber by Headspace-Capillary Gas

Chromatography (HS-CGC).

[104] ASTM E1413-00: Standard Practice for Separation and Concentration of Ignitable Liquid Residues from Fire Debris Samples by Dynamic Headspace Concentration.

[105] ASTM E2154-01: Standard Practice for Separation and Concentration of Ignitable Liquid Residues from Fire Debris Samples by Passive Headspace Concentration with Solid Phase Microextraction(SPME).

[106] ISO 6401-1985: Determination of Residual Vinyl Chloride Monomer in Homopolymers and Copolymers by Gas Chromatography.

[107] DIN 38407 (Part 9) (May 1991): Examination of Water, Wastewater and Sludge: Determination of Benzene and Some of Its Derivatives by Gas Chromatography.

[108] DIN EN ISO 10301 (1997): Water Quality—Determination of Highly Volatile Halogenated Hydrocarbons-Gas Chromatographic Methods (F4) (replaces DIN 38407, Part 5).

[109] DIN 38413 (Part 2) (May 1988): Examination of Water, Wastewater and Sludge: Determination of Vinyl Chloride by Headspace-Gas Chromatography.

[110] VDI Richtlinie 3494 (May 1988): Measurement of Gaseous Emissions: Determination of Vinyl Chloride Concentration by Gas Chromatography, with Manual or Automatic Headspace Analysis.

[111] VDI Richtlinie 3953 (April 1991): Measurement of Gaseous Emissions: Determination of 1,3-Butadiene.

[112] VDI Richtlinie 3865 (July 1988): Measurement of Organic Soil Contaminants: Determination of Volatile Halocarbons in Soil.

[113] Verpackungs Rundschau 40(7), 56-58 (1989).

[114] H. Greim (editor), Analysen in biologischem Material. Vol. 2: Analytische Methoden zur Prüfung gesundheitsschädlicher Arbeitsstoffe, 15th ed., Wiley-VCH, Weinheim, 2002.

[115] Japanese Ministerial Ordinate of Drinking Water Quality Standard: Ministry of Health and Welfare, No. 69, Official Gazette, December 21, 1992.

[116] Japanese Environmental Standard of Water Quality. Notification No. 16 of the Environment Agency, Official Gazette, March 8, 1993.

[117] Japanese Environmental Standard of Wastewater Quality. Notification No. 2 and 3 of the Environment Agency, Official Gazette, January 10, 1994.

第2章

HS-GC的理论背景和应用

在本章中，我们将讨论 HS-GC 的理论及其理论原理的实际应用。

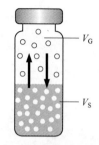

图 2-1　含有液体样品的顶空样品瓶
V_G—气相体积；V_S—液体样品体积

2.1　顶空分析的基础理论

图 2-1 显示了含有两相的顶空样品瓶：样品（冷凝）相和气体（顶空）相。我们用下标 S 和 G 表示它们。如果系统包含可溶于冷凝相的挥发性分析物，则这些分析物将按照热力学控制的平衡分布在两相之间。顶空样品瓶体系各参数有以下关系：

$$V_v = V_S + V_G \tag{2.1}$$

式中，V_v 为顶空瓶总体积；V_S 为样品相的体积；V_G 为气相的体积；

顶空瓶中两相的相对体积以相比（β）来表示，代表当前两相的体积比：

$$\beta = V_G / V_S \tag{2.2}$$

$$\beta = \frac{V_v - V_S}{V_S} = \frac{V_G}{V_v - V_G} \tag{2.3}$$

$$V_S = \frac{V_v}{1 + \beta} \tag{2.4}$$

$$V_G = V_v \times \frac{\beta}{1 + \beta} \tag{2.5}$$

假设平衡后的样品相的体积等于原始样品的体积 V_o。换句话说，在平衡过程中转移到气相的分析物的量不会导致原始样品体积的任何明显变化。❶❷

$$V_o = V_S \tag{2.6}$$

样品中分析物的原始量为 W_o，其原始浓度为 C_o：

$$C_o = W_o / V_S \tag{2.7}$$

---

❶ Poddar[1]将顶空理论扩展到部分伴随着液体样品体积的变化（$V_S < V_o$）的挥发性液体基质体系。但考虑到顶空瓶的体积有限以及液体与其蒸气的摩尔体积之间的巨大差异，显然这种效应在实际应用中影响很小。

❷ 我们还忽略了随温度升高的体积变化，这会影响相比和分配系数的计算。例如，如果将置于 20 mL 顶空瓶中的体积为 2 mL 的水性样品（β=9）加热到 60°C，其相比（β=8：9）仅会变化 1.4%。

平衡后，两相中分析物的含量分别为 W_S 和 W_G，其浓度为 C_S 和 C_G：

$$C_S = W_S/V_S \tag{2.8}$$

$$C_G = W_G/V_G \tag{2.9}$$

$$W_S + W_G = W_o \tag{2.10}$$

平衡时分析物在两相之间的分布由热力学平衡常数表示。类似于 GC 中的常规做法，本书更倾向于使用同义词分配（分布）系数（K）：

$$K = \frac{C_S}{C_G} \tag{2.11}$$

$$K = \frac{W_S}{V_S} \bigg/ \frac{W_G}{V_G} = \frac{W_S}{W_G} \times \frac{V_G}{V_S} = \frac{W_S}{W_G} \times \beta \tag{2.12}$$

分配系数是表示两相系统中质量分布的基本参数，它取决于分析物在冷凝相中的溶解度：溶解度高的化合物在冷凝相中的浓度要比气相中的浓度高（$C_S \gg C_G$），因此其 K 值可能会很高；相反，对于在冷凝相中溶解很小的分析物，C_S 将接近甚至小于 C_G，则其 K 值将很小。

我们还可以通过以下方式表示上述推导的关系：

$$W_o = C_o V_S \tag{2.7a}$$

$$W_S = C_S V_S \tag{2.8a}$$

$$W_G = C_G V_G \tag{2.9a}$$

$$C_S = K C_G \tag{2.11a}$$

因此，公式（2.10）中给出的物质平衡可以写为：

$$C_o V_S = C_G V_G + C_S V_S = C_G V_G + K C_G V_S = C_G \times [K V_S + V_G] \tag{2.13}$$

得出 C_o 和 C_G：

$$C_o = C_G \left[\frac{K V_S}{V_S} + \frac{V_G}{V_S} \right] = C_G (K + \beta) \tag{2.14}$$

$$C_G = \frac{C_o}{K + \beta} \tag{2.15}$$

由于在给定的体系和条件下，K 和 β 都是常数，那么（$K + \beta$）及其倒数也是常数。因此，公式还可以写为：

$$C_G = \text{const.} \times C_o \tag{2.16}$$

换句话说，在给定体系中，顶空的浓度与原始样品的浓度成正比。

根据 GC 的基本规则，目标分析物的峰面积与分析样品中目标分析物的浓度成正比。而被分析的顶空部分，其目标分析物的浓度为 C_G。则对于获得的峰面积 A，可以表达为：

$$A = \text{const.} \times C_G \qquad (2.17)$$

式中，常数项（const.）受许多分析参数和检测器响应因子的影响。结合公式（2.16）和和公式（2.17），可以得出：

$$A = \text{const.} \times C_o \qquad (2.18)$$

式中，常数项综合了顶空、GC 和检测器参数的影响。

从公式（2.18）可以得出两个结论：①将达到平衡状态的顶空部分进样进行 GC 分析，所得分析物峰面积与原始样品中的浓度成正比；这是 HS-GC 定量分析依据的基本关系。②与公式（2.18）中的常数项有关：如上所描述的，它综合了许多参数的影响。由于很难对其进行数值评估，因此可再现性分析的前提是准确的再现性分析条件；尤其是利用标准品通过比较对样品进行定量分析的情况下更是如此。

可以对公式（2.17）和公式（2.15）进行合并：

$$A \propto C_G = \frac{C_o}{K + \beta} \qquad (2.19)$$

该方程式表达了在平衡状态下，顶空进样分析得到的峰面积 A 与顶空部分的分析物浓度 C_G、原始样品中的分析物浓度 C_o、分配系数 K 及顶空瓶中的相比 β 之间的关系。

2.2 基础物理化学关系

在给定的体系中（例如在给定的分析物和溶剂的情况下），可以通过改变分析条件来调控分配系数的值。我们使用了三个基本定律——道尔顿定律、拉乌尔定律和亨利定律，去考察能够影响分配系数的值的因素。

根据道尔顿定律，气体混合物的总压力 p_t 等于混合物中存在的气体的分压 p_i 之和：

$$p_t = \sum p_i \qquad (2.20)$$

根据道尔顿定律，一种气体所施加压力的分数等于其在气体混合物中存在的总物质的量的分数。换句话说，

$$\frac{p_i}{p_t} = \frac{n_i}{n_t} = x_{G(i)} \qquad (2.21)$$

$$p_i = p_t x_{G(i)} \qquad (2.22)$$

式中，n 代表存在的物质的量；$x_{G(i)}$ 是气体混合物中特定组分的摩尔分数。

$$x_{G(i)} = \text{const.} \times C_{G(i)} \qquad (2.23)$$

式中，常数包含了从摩尔分数到浓度单位的转换模式。结合公式（2.22）和公式（2.23），可以表达为：

$$p_i \propto C_{G(i)} \qquad (2.24)$$

这意味着顶空部分的分析物浓度与其分压成正比。

拉乌尔定律指出，溶液中所溶解溶质的蒸气压（即分压 p_i）与其在溶液中的摩尔分数 $x_{S(i)}$ 成正比，其比例关系常数为纯分析物的蒸气压 p_i^o（如当 $x_{S(i)} = 1$ 时）：

$$p_i = p_i^o x_{S(i)} \qquad (2.25)$$

拉乌尔定律仅适用于理想的混合气体，大多数情况都会偏离拉乌尔定律，如后文中图 9-3 和图 9-4 所示。为了补偿该偏差，要将另一个因数引入公式（2.25）：

$$p_i = p_i^o \gamma_i x_{S(i)} \qquad (2.26)$$

此参数称为化合物 i 的活度系数（γ_i）。活性系数可以看作是浓度（摩尔浓度）的校正因子，可将其修改为真正的"活性浓度"[2]。

活度系数取决于组分 i 的性质，并反映分析物与其它样品组分［尤其是基质（溶剂）］之间的分子间相互作用。因此，之后在 4.5 节中详细讨论的所谓基质效应就代表了活度系数的影响。对于较高浓度的分析物，活度系数会变成浓度的函数；而在稀溶液中，活度系数是恒定的，与分析物的浓度无关。在这种理想的稀溶液中，蒸气分压与分析物的摩尔浓度之间大致存在线性关系，用亨利定律表示为：

$$p_i = H x_i \qquad (2.27)$$

式中，H 是亨利常数。在理想的溶液（$\gamma_i = 1$）中，$H = p_i^o$。亨利定律是 GC 和顶空分析的基础。

在这种理想的稀溶液（通常<0.1%）中，每个溶质的分子仅被溶剂分子包围。因此，实际上只有溶质-溶剂分子之间的分子间相互作用力，而随着分析物浓度的增加，才会逐渐产生溶质-其它溶质间相互作用的可能性。

最后，我们把公式（2.22）中的 p_i 代入到公式（2.26）中，得

$$p_i = p_t x_{G(i)} = p_i^o \gamma_i x_{S(i)} \qquad (2.28a)$$

或者

$$\frac{x_{S(i)}}{x_{G(i)}} = \frac{p_t}{p_i^o \gamma_i} \qquad (2.28b)$$

如上所述，在代表理想稀溶液的给定体系中，浓度可以代替摩尔分数［参见方程（2.23）］。因此：

$$\frac{p_t}{p_i^o \gamma_i} = \frac{x_{S(i)}}{x_{G(i)}} = \frac{C_{S(i)}}{C_{G(i)}} = K \qquad (2.29)$$

则

$$K \propto \frac{1}{p_i^o \gamma_i} \qquad (2.30)$$

换句话说，分配系数与蒸气压及被分析物活度系数的倒数成正比：增加这两个值将减小分配系数的值。另一方面，根据公式（2.19），分配系数的降低将增加平衡状态下顶空部分分析物的浓度，从而提高顶空的灵敏度。

接下来，我们研究了通过改变蒸气压和活度系数以有利地影响分配系数的方式。首先要考虑的是温度的影响，因为温度的调节（自然地，这里说的是在一定范围内的）通常更容易人为控制。

2.3 顶空灵敏度

在利用顶空分析样品时，我们希望获得能够满足定量分析要求的峰。由于分析顶空部分时得到的峰面积与顶空中分析物的浓度成正比［参见方程（2.17）］，因此我们的目标是在平衡状态下顶空部分能够获得足够高的分析物浓度。

顶空灵敏度是一个通用表述方式，其意义是判断对于特定浓度的样品，我们是否能够得到更大或更小的峰面积。显然，若能提高样品中确定浓度的分析物的峰面积，就意味着能够分析浓度更低的样品。

当我们已知分析样品的顶空部分时，顶空浓度 C_G 以及峰面积 A 可以表示为：

$$A \propto C_G = \frac{C_o}{K + \beta} \qquad (2.19)$$

其中，C_o 是样品中分析物的原始浓度；K 是分布（分配）系数；β 是顶空瓶（具有体积 V_v）中气相的体积 V_G 与样品瓶冷凝（样品）相 V_S 的体积的相比：

$$\beta = \frac{V_G}{V_S} = \frac{V_v - V_S}{V_S} = \frac{V_G}{V_v - V_G} \qquad (2.2)\text{ 和 }(2.3)$$

根据公式（2.19），顶空灵敏度（获得的峰面积）取决于 K 和 β 的综合影响。它明显是一个需要从不同的角度来考虑的复杂关系。对于给定的原始样品 C_0 浓度，可以通过更改 K 和 β 的值来控制分析物的顶空浓度 C_G。换句话说，可以通过操纵这两项来改变给定样品体系的顶空灵敏度。因此，必须详细研究分配系数 K 和相比 β（或样品体积）对分析结果的影响；得出的结论对选择分析条件具有重要影响。

比较容易改变的两个参数是顶空样品瓶中的样品量及其温度；改变样品基质的化学性质（例如，通过将盐添加到水性样品中）和分析物的化学性质（通过制备更具挥发性的衍生物）同样有可能改变整个体系。

我们将研究三种情况。首先，改变样品的温度，并研究其对具有不同分配系数（K）的化合物的影响。这种情况，样品体积以及相比（β）是恒定的，分配系数是变化的；而第二种情况下，温度保持恒定，仅更改样品体积以评估其对具有不同分配系数的化合物的影响。第三种情况则通过改变样品基质，从而改变活度系数 γ_i，最后改变分配系数 K。稍后的章节会讨论通过由极性化合物生产更多挥发性衍生物来增强顶空灵敏度的可能性（请参见 3.9 节）。

顶空灵敏度也可以通过增加进样体积来提高。此处的局限性并不取决于顶空进样，而是由于 GC 系统（柱）。第 3 章将讨论能够实现较大体积样品进入色谱柱的技术（例如，冷冻捕集）。

2.3.1 温度对蒸气压和分配系数的影响

纯化合物的蒸气压 p_i^o 受其温度影响，且呈指数相关。可以通过以下关系来描述：

$$\lg p_i^o = -\frac{B}{T} + C \qquad (2.31)$$

式中，B 和 C 是物质的特定常数；T 是热力学温度。

图 2-2 给出了水的上述关系，相应的值在表 2-1 [3] 中给出。可以看出，将恒温温度提高 20°C，可以使蒸气压增加一倍以上。由此可见，这就是为什么样品的恒温尤为重要，因为公式（2.31）中的指数关系，使得很小的温度变化也可能导致相当大的结果差异。例如，水在 60°C 时 p_i^o=19.9 kPa，在 61°C 时 p_i^o=20.8 kPa；换句话说，1°C 的温度差异给蒸气压带来 4.5% 的变化。

相关数值数据参见表 2-1。

由于分配系数与蒸气压 [方程（2.30）] 有关，因此可以将其与温度的关系写为类似于公式（2.31）的形式：

$$K = \frac{\text{const.}}{p_i^o} \qquad (2.32)$$

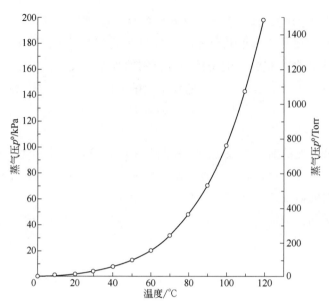

图 2-2　水的饱和蒸气压 p° 与温度的关系

表 2-1　饱和水蒸气的蒸气压（p°）和密度（d）随温度的变化

温度/°C	p°/kPa	p°/Torr[3a]	$d/(\mu g/mL)$[3b]
10	1.2	9.2	9.4
20	2.3	17.5	17.3
30	4.2	31.8	30.3
40	7.4	55.3	51.1
50	12.3	92.5	83.2
60	19.9	149.4	130.5
70	31.1	233.7	198.4
80	47.2	355.1	293.8
90	69.9	525.8	424.1
100	101.1	760.0	598.0
110	142.9	1074.5	826.5
120	198.1	1489.1	1122.0

$$\lg K = \lg(\text{const.}) - \lg p_i^{\circ} \tag{2.33}$$

代入公式（2.31），得：

$$\lg K = \frac{B'}{T} - C' \tag{2.34}$$

式中，C' 表示公式（2.31）中原始常数 C 加上公式（2.32）中的常数。可以看出，公式（2.31）和公式（2.34）十分相似，但加减号是相反的。

2.3.1.1 低沸点化合物的增强

蒸气压随温度呈指数增长的关系在同系物中尤其明显。在一组同系物中，蒸气压（p_i^o）与同系物分子中的碳原子数（碳数，n_C）之间存在如下关系[4]：

$$\lg p_i^o = -an_C + b \tag{2.35}$$

其中，a 和 b 是常数。

由于这种关系，如果以正构烷烃（或其他同系物）的混合物作为样品，其中所有组分均以相同的浓度存在，则由部分蒸气压推导出，较低沸点组分（较小碳数的组分）的顶空浓度将高于较大碳数的同系物❶。此结论由公式（2.26）（描述了蒸气压和分压之间的关系）以及公式（2.24）（分析物的分压与其顶空浓度的相关性）得出。因此，可以得出结论，通过分析顶空可以定性的样品中较低沸点组分的最小浓度，要比直接分析原始（液体）样品的浓度小得多。图 2-3 说明了该

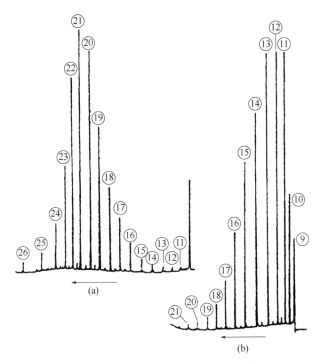

图 2-3 分析石蜡混合物时获得的色谱图

（a）原始液体样品的分析；（b）分析与液体样品在 80℃ 下平衡的顶空部分

GC 条件：色谱柱—50 m×0.25 mm 内径空心管，涂覆 OV-17 的苯基（50%）甲基硅油；柱温—在 80℃下恒温 2 min，然后以 7℃/min 的速度升温至 210℃；分流比：1：30；FID 检测器

峰：峰的编号表示各个正链烷烃的碳原子数

来源：参考文献[5]，经 *Chromatographic Science* 杂志许可复制

---

❶ 在此假定，各个同系物的活度系数的变化不能补偿不同的分蒸气压。

规则，图中比较了分析原始样品和顶空样品时获得的色谱图。虽然在原始（液体）样品的色谱图中甚至都看不到正构烷烃中直至正十二烷的峰，但它们占据了顶空色谱图的主要部分。另一方面，正二十一烷（n-$C_{21}H_{44}$）在原始样品中的浓度最高，而顶空色谱图中的峰几乎可以忽略不计[5]。

2.3.2 温度对具有不同分配系数化合物的顶空灵敏度的影响

表 2-2 列出了空气-水系统[6,7]的许多分析物的分配系数值，以及公式（2.34）的回归常数 B' 和 C' 以及相关系数 r。可以看出，升高温度会降低分配系数的值，根据公式（2.30）和公式（2.32），分配系数的值与蒸气压的增加成反比。但是，由于最终的顶空灵敏度不仅取决于分配系数，而且取决于相比，这两个参数的影响都需要研究。

表 2-2　不同温度下空气-水体系中目标化合物的分配系数值[①]

化合物	分配系数 K					线性回归数据		
	40℃	50℃	60℃	70℃	80℃	B'	C'	r
1,4-二氧杂环己烷	1618	(1002)	642(641)	412	288(283)	2086.8	3.456	0.99977
乙醇	1355	(820)	511(512)	328	216(216)	2205.3	3.910	0.99999
异丙醇	825	(479)	286(290)	179	117(115)	2351.7	4.597	0.99988
正丁醇	647	(384)	238(236)	149	99(96.7)	2277.5	4.463	0.99955
2-丁酮	139.5[②]	(109)	68.8(72.0)	47.7	35.0(33.7)	1936.3	3.955	0.99774
乙酸乙酯	62.4	(42.7)	29.3(30.6)	21.8	17.5(16.7)	1548.5	3.161	0.99691
乙酸正丁酯	31.4	(20.6)	13.6(14.3)	9.82	7.58(7.25)	1726.3	4.028	0.99758
苯	2.90[②]	(3.18)	2.27(2.20)	1.71	1.66(1.58)	836.2	2.168	0.97544
甲苯	2.82	(2.23)	1.77(1.82)	1.49	1.27(1.25)	963.1	2.631	0.99822
邻二甲苯	2.44	(1.79)	1.31(1.40)	1.01	0.99(0.89)	1148.3	3.302	0.97481
二氯甲烷	5.65	(4.29)	3.31(3.32)	2.60	2.07(2.07)	1205.9	3.099	0.99999
1,1,1-三氯甲烷	1.65	(1.53)	1.47(1.40)	1.26	1.18(1.19)	413.4	1.095	0.97582
四氯乙烯	1.48	(1.28)	1.27(1.09)	0.78	0.87(0.82)	749.1	2.210	0.88046
正己烷	0.14	(0.068)	0.043(0.031)	0.012	(0.0075)	3634.5	12.416	0.97255
环己烷	0.077	(0.055)	0.040(0.040)	0.030	0.023(0.023)	1453.7	5.758	0.99990

① 列出的分配系数代表测量值[6,7]。根据公式（2.34）通过对测量值进行线性回归来计算 B'、C' 和 r 的值。根据公式（2.34），由线性回归数据计算出括号中的分配系数值。

② 在 45℃ 条件下的数值。

目标分析物的分配系数的改变可以通过改变温度来实现。如上所述 K 和 T 的关系：

$$\lg K = \frac{B'}{T} - C' \tag{2.34}$$

因此，温度的升高使分配系数的值减小。然而，根据公式（2.19），这种变化对顶空灵敏度的实际影响取决于 K 与相比 β 的相对值。顶空灵敏度（获得的峰面积）取决于 K 和 β 的综合影响。公式（2.19）可以用以下形式表示：

$$A_G \propto C_G = aC_0 \qquad (2.19a)$$

$$a = \frac{1}{K + \beta} \qquad (2.36)$$

若研究温度对样品中某种化合物挥发性的影响，则前提我们假定 C_0 的值为恒定值。在这种情况下，

$$A_G \propto a \qquad (2.19b)$$

因此，在 C_0 恒定的情况下，顶空灵敏度与 a 的变化直接相关：由于等式（2.36）表示的反比关系，a 的值越高就意味着（$K + \beta$）的值越低。但应注意的是，不同化合物的 K 值可能会在 4 个数量级上变化（请参见表 2-2），而相比 β 通常不会变化太多。例如，如果将 20 mL 样品瓶中的样品体积从 1 mL 增加到 10 mL，则 β 从 19 变为 1。因此，我们可以考虑以下情况：

① 如果 K 远大于 β，那么

$$a = \frac{1}{K + \beta} \rightarrow \frac{1}{K} \qquad (2.37a)$$

顶空灵敏度直接取决于 K：温度越高，顶空灵敏度越高。在这种情况下，相比（即样品体积）几乎不造成影响。由于 K 随温度显著变化，因此温度对顶空灵敏度的影响相当大。

② 如果 K 远小于 β，那么

$$a = \frac{1}{K + \beta} \rightarrow \frac{1}{\beta} \qquad (2.37b)$$

顶空灵敏度由相比的值确定：分配系数几乎不造成影响。另一方面，相比不取决于温度：这意味着在这种情况下，恒温温度几乎对顶空灵敏度没有影响❶。

为了研究温度的影响，我们选取了 5 种具有不同分配系数溶质的水溶液：乙醇、2-丁酮、甲苯、四氯乙烯和正己烷。表 2-2 列出了它们在不同温度下的分配系数值。在 22.3 mL 顶空瓶中的样品体积为 5 mL（相比 $\beta = 3.46$），调整浓度使得在 40°C 的初始温度下产生具有可比性的峰面积值。随着样品温度的升高，每次测量时每种化合物的原始浓度 C_0 保持相同。

---

❶ 在此，我们忽略了在当前的恒温温度下通过热膨胀引起的液体或固体样品的变化，这也影响了相比。

图 2-4 将这 5 种化合物的峰面积值与样品温度的升高作了对比，证实并说明了上述结论。显然，温度升高仅会提高分配系数高的极性化合物的顶空灵敏度，而 K 值低的非极性化合物实际上不会受到影响。这很容易理解，因为温度仅影响冷凝相中分析物的分数，并且该分数由分配系数 K 和相比 β 决定：该分数越高，温度影响越大。因此，从图 2-4 中可以立即得出以下结论：

① 对于乙醇和 2-丁酮，$K \gg \beta$，因此，顶空灵敏度直接取决于 K，实际上与分配系数的变化成正比。

② 对于甲苯和四氯乙烯，$K < \beta$，此时温度的变化（即分配系数的变化）对顶空灵敏度的影响很小。

③ 对于正己烷，$K \ll \beta$，此时温度变化引起的分配系数的变化对顶空灵敏度没有影响。

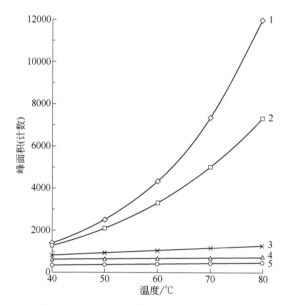

图 2-4　温度对顶空灵敏度（峰面积）的影响作为 $\beta = 3.46$ 的
水溶液中分配系数 K 的函数
表 2-2 列出了乙醇（1）、2-丁酮（2）、甲苯（3）、正己烷（4）和四氯乙烯（5）的 K 值

这些例子再次证明温度的影响是特定于不同分析物的属性，每种情况下都必须分别进行评估。

因此，在实际情况下，必须根据许多条件选择给定样品的温度；且始终尝试选择可能的最低温度，因为必须考虑某些其他限制，如：

① 一些样品可能对高温敏感，并且可能被顶空瓶中的空气分解或氧化。

② 需要注意的是，顶空中的压力是所有分压的总和［参见方程（2.20）］。

就溶液而言，溶剂的蒸气主要决定了顶空的压力，而溶质的浓度通常很小，其对总压力的贡献常被忽略。因此，特别是当溶剂（基质）具有相对较低的沸点时，它可以显著增加顶部空间压力。显然，如果需要有机溶剂，则应优先选择沸点较高的溶剂（例如用乙二醇乙醚代替乙醇）。第4章中的表4-2列出了此类溶剂。

③ 如果顶空样品瓶中的压力过高，可能会导致仪器出现问题。例如，通过注射器（手动或使用自动系统）抽取样品将变得困难。正如将在第3章中讲到的，大多数自动顶空分析仪的操作都是基于样品瓶的加压，然后将一定量的顶空转移到色谱柱或进样环中。额外的加压需要更高的压力，而这种过高压力可能会导致顶空瓶泄漏甚至破裂。

2.3.3 样品体积对具有不同分配系数化合物的顶空灵敏度的影响

在之前的例子中，相比（即样品体积）是恒定的。之后我们来研究样品体积的变化如何影响具有不同分配系数的化合物的顶空灵敏度。定义参数 a：

$$a = \frac{1}{K + \beta} \tag{2.36}$$

为方便起见，我们将样品瓶中的相对样品量表示为样品的相分数（ϕ_S）[8]。这是一个类似于相比的术语，不同的是它表达的是样品体积 V_S 占顶空瓶总体积 V_v 的分数：

$$\phi_S = V_S / V_v \tag{2.38}$$

相分数 ϕ_S 和相比 β 是相互关联的术语：

$$\phi_S = \frac{1}{1 + \beta} \tag{2.39a}$$

$$\beta = \frac{1 - \phi_S}{\phi_S} \tag{2.39b}$$

相分数 ϕ_S 是一个通俗易懂的名词术语：例如，如果样品瓶中样品的体积达到样品瓶体积的50%，则 ϕ_S 将为0.5。我们将考虑 ϕ_S 的两个值：0.2和0.8，分别代表样品瓶体积的20%和80%（分别对应的相比值为4.0和0.25）；样品体积可以远远小于样品瓶的20%，并且通常几微升的样品就足够了❶；但是，80%约为体积分数上限，因为我们不应忘记，必须有足够的顶空体积可用于传输到色谱柱中。对

---

❶ 如此小的样品量通常仅与全蒸发技术（TVT）一起使用，旨在制备仅存在单相的蒸气标准液（请参见4.6.1节）。

于填充柱和大口径开管色谱柱，或在分流模式下使用的常规开管色谱柱，转移到色谱柱中的气体体积通常高达 0.5~2.0 mL。顶空瓶上部还需要足够的空间，以确保顶空进样系统的针头不会伸入实际（液体）样品中。对于每个相位比率值，我们都需要使用 4 个分配系数的值（0.2、1.0、20 和 250）进行考察。表 2-3 给出了 8 种情况下 a 的数值：

表 2-3　改变样品量对顶空灵敏度的影响[①]

K	ϕ_S	β	a[②]	a 的差异
0.20	0.20	4.00	0.238	
	0.80	0.250	2.222	× 9.34
1.00	0.20	4.00	0.200	
	0.80	0.250	0.800	× 4
20	0.20	4.00	0.04167	
	0.80	0.250	0.04938	× 1.18
250	0.20	4.00	0.00394	
	0.80	0.250	0.00400	× 1.02

① 顶空瓶体积为 22.3 mL。

② $a = 1/(K + \beta)$。

如果 $K = 0.20$，则当样品填充至样品瓶体积的 80% 时，顶空灵敏度（顶空中分析物的浓度）将几乎是样品只填充到样品瓶体积 20% 时的 10 倍。

当 $K = 1.0$ 时，顶空灵敏度仍随样品体积的变化而显著变化：样品填充样品瓶体积的 20%~80% 之间，顶空灵敏度有 4 倍的差异。

当 $K = 20$ 时，给定范围的顶空灵敏度相差仅 1.18 倍。

最后，当 $K = 250$ 时，样品体积的 4 倍变化几乎对顶空灵敏度没有影响：较大的样品体积仅将顶空灵敏度提高了 1.02 倍。

表 2-2 列出了空气-水体系中不同温度下多种化合物的分配系数。如表所示，1,4-二氧杂环己烷、醇、酯和酮的 K 值高；相反，链烷烃、芳族烃和卤代烃的 K 值在个位数范围内，甚至低于 1。因此，对于此类化合物，样品量起着至关重要的作用。图 2-5 对此进行了说明，该图显示了使用 1.0 mL 和 5.0 mL 样品体积对恒温至 60℃ 的环己烷和 1,4-二氧杂环己烷水溶液的分析；表 2-4 列出了相应的峰面积值。

在 1,4-二氧杂环己烷的情况下（60℃ 时 $K = 642$），峰面积仅发生了 1.3% 的变化（由 71848 到 72800）；而在环己烷（60℃ 时 $K = 0.040$）的情况下，样品体积变化了 5 倍，峰面积却变化了 5.5 倍（由 42882 到 237137）。

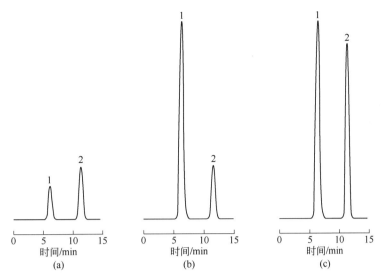

图 2-5　在 22.3 mL 小瓶中，对 3 份环己烷（体积 0.002%）和
1,4-二氧杂环己烷（体积 0.1%）的水溶液样品分析的色谱图

（a）1.0 mL 溶液（β=21.3）；（b）5.0 mL 溶液（β=3.46）；
（c）含有 2 g NaCl 的 5.0 mL 溶液（β=3.46）

HS 条件：60℃，振动条件下平衡

峰：1—环己烷；2—1,4-二氧杂环己烷

表 2-4　图 2-5[①]中显示的色谱峰面积值

溶液		峰面积（计数）	
		环己烷	二氧己烷
A	1.0 mL 溶液	42，882	71，848
B	5.0 mL 溶液	237，137	72，800
C	5.0 mL 溶液+2 g NaCl	240，287	234，312

① 详细信息见图 2-5 图示。

2.3.3.1　样品间的重现性

在常规分析中，要判断样品体积重现性的重要性，就必须了解样品体积相对于分配系数值的影响。可以通过对一式三份的样品的分析来考察这个问题：该样品的平均体积为 10 mL（V_v = 22.3 mL，ϕ_S = 0.448，β = 1.23），而第一个和第三个样品分别有±1 mL 的体积变化。第一个和第三个样本，即±10%的差异。结合前面给出分配系数值的 4 种分析物，我们可以研究样品量的这种 1 mL 变化对顶空灵敏度的影响。具体数值见表 2-5。由结果可知，样品体积的重现性仅对于低分配系数值的情况至关重要；在分配系数较高时，其对分析结果可重复性的影响可以忽略不计。但分配系数的值通常是未知的，因此建议在重复性分析中尽可能地

保证样品体积的重现性。

表 2-5　样品量变化对顶空灵敏度的影响[①]

K	V_S/mL	ϕ_S	β	a[②]	相对中位值的差异/%
0.2	9	0.404	1.478	0.597	−14.5
	10	0.448	1.230	0.698	—
	11	0.493	1.027	0.814	+16.6
1.0	9	0.404	1.478	0.404	−9.8
	10	0.448	1.230	0.448	—
	11	0.493	1.027	0.493	+10.0
20	9	0.404	1.478	0.0466	−1.06
	10	0.448	1.230	0.0471	—
	11	0.493	1.027	0.0476	+1.06
250	9	0.404	1.478	0.00398	−0.075
	10	0.448	1.230	0.00398	—
	11	0.493	1.027	0.00398	+0.10

① 顶空瓶体积：22.3 mL。

② $a=1/(K+\beta)$。

2.3.4　通过改变活度系数来改变样品基质

活度系数 γ 描述了溶质和溶剂之间的分子间相互作用。因此，它既是分析物又是样品基质的特性。通过更改样本基质，可以改变活度系数，最终改变分配系数和顶空灵敏度。

分配系数与分析物的蒸气压 p_i^o 和活度系数 γ_i 成反比：

$$K \propto \frac{1}{p_i^o \gamma_i} \qquad (2.30)$$

正如已经讨论过的，活度系数通常是不一致的；但在大多数情况下，可以在给定条件下假设它是恒定的。

根据公式（2.30），可以通过增加活度系数的值来减小分配系数的值。较小的分配系数意味着分析物在基质中的溶解度降低，因而在顶空的浓度升高［公式（2.11）］，以此增加顶空灵敏度［参见公式（2.19）］。对于极性化合物的水溶液，这可以通过向样品中添加电解质来实现。这项技术通常称为盐析，已在分析和制备化学中使用了很长时间。图 2-6 给出了添加和不添加无机盐时对水中挥发性卤代烃的分析。显然，每种分析物的效果都不相同，因为极性更大的具有活泼氢的化合物（二氯甲烷和卤化物）比非极性化合物（例如四氯化碳）受到的影响更大；但灵敏度并不受盐析作用的影响。其中涉及的体积的影响常常被忽略：大量盐的加入实际上增加了液体样品的体积，因此减小了相比 β。例如，向 5 mL 样品中添加 6 g 碳酸钾可将液体体积增加至 6.5 mL，并将 β 从 3.46 变为 2.43。根据公式（2.19），这种体积变化似乎已经提高了灵敏度，尤其是对于 2.3.3 节讨论的具有低分配系数 K 的样品。对于这类样品，相比于添加盐，更好的减小相比 β 的方式是增加水溶液样品体积，能够获得更高的灵敏度。高浓度的盐会增加水溶液样品的黏度，因而延长必要的恒温时间。此外，盐通常包含挥发性杂质；如图 2-6 中曲线 B 所示，尽管碳酸钾已经通过在 250℃ 下加热过夜而净化过，仍有杂质峰的存在。

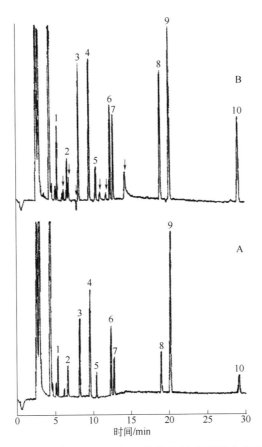

图 2-6 盐的添加对含有低浓度（ng/mL 级）的挥发性卤代烃水溶液中顶空分析的影响

    分析样品：A—5 mL 样品；B—5 mL 样品+6 g K$_2$CO$_3$

    HS 条件：60℃ 条件下，恒温振荡 1 h

    GC 条件：色谱柱—50 m×0.32 mm 内径开管柱，涂有 SE-54 苯基（5%）乙烯基（1%）甲基硅油；膜厚 2 µm；电子捕获检测器（ECD）。载气为氢气，150 kPa，补充气为氩气-甲烷。不分流进样

    峰：1—二氯甲烷；2—1,1-二氯乙烷；3—氯仿；4—1,1,1-三氯乙烷；5—四氯化碳；6—三氯乙烯；7—二氯溴甲烷；8—二溴氯甲烷；9—四氯乙烯；10—溴仿；箭头指示的峰是盐中的杂质

为了达到提高灵敏度的效果，就需要提高盐的浓度。在之后的 4.5 节所讨论的基质效应中，列举了对于浓度在 ng/mL 级别的卤代烃水溶液，在相同的顶空条件下，加入浓度高达 5%的盐实际上对样品的峰面积并没有影响。而向 260 ng/mL 三氯乙烯溶液中添加 20% Na_2SO_4 则可使峰面积增加 19.3%。

图 2-5（b）和（c）也是一个展示添加盐的效果的示例。例中是将 2 g NaCl 添加到 5.0 mL 1,4-二氧杂环己烷（体积分数 0.1%）和环己烷（体积分数 0.002%）的水溶液中。如表 2-4 中的数据所示，如此大量无机盐的添加使极性较强的二氧杂环己烷的峰面积增加了 3.22 倍；但对于 K 值几乎为 0 的环己烷，所产生的 1.3% 的微小差异，可能是由上述提到的体积变化引起的。

总之，加盐是提高顶空灵敏度的一种方法，但是仅对极性化合物的分配浓度有影响，且仅在盐的浓度很高时才效果显著。此外，这是项经验技术，其对各种分析物的相对影响无法预测；同时，盐的加入会影响各分析物的线性范围。因此，将该技术应用于定量常规分析之前，必须对其适用性和效果进行详细考察。

当溶剂为能与水混溶的有机溶剂时，在其中加入水也能达到与上述类似的效果。许多有机化合物在有机溶剂中的溶解度比在水中高；如果它们在有机溶剂中的分配系数更高，就意味着其顶空灵敏度较差；如果加水后，溶解度（即分配系数）降低，那么顶空灵敏度就会提高。此时，目标组分仍然溶解在有机溶剂-水的混合物中。

Steichen[9]最早利用此在有机溶剂中加水的方法来分析聚合物中残留的丙烯酸 2-乙基己酯（EHA）。首先将样品溶解在 N,N-二甲基乙酰胺（DMA）中，然后加入水；在 2 mL DMA 溶液中加入 5 mL 水，使得 EHA 的顶空灵敏度提高了 600 倍。

Hachenberg 和 Schmidt[10]提出，加水可以使溶解在 N,N-二甲基甲酰胺（DMF）中的 $C_2 \sim C_5$ 醇的顶空灵敏度增加。相关数据见表 2-6 和图 2-7。例如，采用水和 DMF 比例为 40∶60 混合物作为溶剂，比使用纯 DMF，单个组分的峰面积增加了 1.3~6.2 倍。

表 2-6 $C_2 \sim C_5$ 醇的顶空灵敏度与溶剂中水含量的关系[10]①

溶剂组成/%		峰面积			
DMF	水	乙醇	正丙醇	正丁醇	正戊醇
100	—	12.1	4.9	2.1	0.9
80	20	13.3	7.3	4.2	2.4
60	40	15.7	11.4	8.5	5.6
40	60	18.9	16.6	14.9	14.2
20	80	22.1	23.3	25.7	29.7
—	100	26.0	32.5	44.5	63.2

① 溶液中每种分析物的浓度为 120 μg/mL；峰面积值为各个化合物在检测器上响应的变化换算所得。

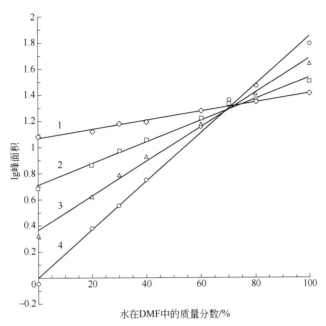

图 2-7 C$_2$~C$_5$ 醇在不同比例的 DMF-水的溶剂中顶空灵敏度的差异[10]

溶液中每种分析物的浓度为 120 μg/mL；测量条件相同；针对各个分析物
在检测器上的响应变化，对峰面积值进行了校正

曲线：1—乙醇；2—正丙醇；3—正丁醇；4—正戊醇

此示例同样表明：可以通过改变混合溶剂的组成来改变不同化合物的相对灵敏度。在相同浓度下，乙醇在纯 DMF 中的峰面积最大，而正戊醇在纯 DMF 中的峰面积最小；说明乙醇在 DMF 中的溶解度比正戊醇小。而在纯水中的情况正相反：乙醇的溶解度更大，其分配系数就比正戊醇大，因此乙醇的顶空灵敏度就相对较低。在水-DMF 大约为 70：30 的比例下，由于活度系数的变化补偿了蒸气压的变化，此时所有同系物醇的顶空灵敏度均一致，因此对目标分析物来说 $p_i^o \gamma_i$ 的结果是恒定的。我们还可以看到，在水中醇的顶空灵敏度整体要比在 DMF 中高：对于每种分析物，在水中的峰面积都比在 DMF 中高。

Ioffe 和 Vitenberg [11]认为这种情况可以将混合溶剂中分配系数直接相加。根据他们的观点，在理想情况下（γ_1 和 γ_2 都等于 1），该关系应为

$$\lg K_{1,2} = x_1 \lg K_1 + x_2 \lg K_2 \qquad (2.40)$$

式中，K_1 和 K_2 是分析物在纯溶剂中的分配系数；$K_{1,2}$ 是分析物在混合溶剂中的分配系数；x_1 和 x_2 是两种溶剂的摩尔分数。但是，非理想情况（即 $\gamma \neq 1$）引入的偏差可能会很大。值得注意的是，活性系数的意义就是作为浓度的校正因子，将其校正为真实的活性浓度。相应地，在非理想情况下，公式（2.40）应修改为

$$\lg K_{1,2} = \gamma_1 x_1 \lg K_1 + \gamma_2 x_2 \lg K_2 \tag{2.41}$$

式中，γ_1 和 γ_2 为各自的活度系数。

HS-GC 可用于研究活度系数的变化[10b,12,13]。这些会在第 9 章中讨论。

2.4 顶空线性

HS-GC 的理论分析是假设在研究范围内，分配系数和活度系数都是恒定的，并且与分析物浓度无关。因此，顶空的线性是指样品中分析物的原始浓度（C_0）与其在顶空中浓度（C_G）的线性关系，或分析物的原始浓度（C_0）与顶空分析所得峰面积 A 之间的线性关系。

实际的线性范围取决于分析物的溶解度（即其分配系数）及其活性系数。通常，它涵盖的浓度范围是低于 0.1%~1% 的范围，这通常也是 HS-GC 分析的浓度范围。图 2-8 是使用火焰离子化检测器所得 3 种卤代烃的线性图。图中得到的最小浓度为 0.1~0.5 μg/mL，但是使用电子捕获检测器（ECD）和/或采用更多的样品量，可以将线性范围扩宽到更小的浓度值。在 80℃ 时，挥发性卤代烃的分配系数

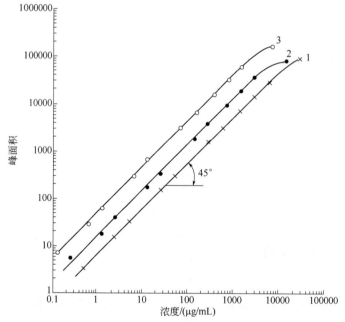

图 2-8 80℃ 水中挥发性卤代烃的顶空响应的线性范围

样品量为 1 mL；FID 检测器

曲线：1—氯仿；2—三氯乙烯；3—四氯化碳

值约为 1~2，其中样品体积（相比）的增加将提高顶空灵敏度，从而降低可检出的最小浓度。

在某些情况下，可将线性范围扩宽到更高的浓度。一个典型的示例是在分析乙醇水溶液（图 2-9）时，线性范围可扩宽到 25%~30%。该结论的实用之处是可以通过 HS-GC 直接测定血液或葡萄酒中的乙醇含量；但对于烈性酒（白兰地、杜松子酒、伏特加、威士忌酒），必须先将样品稀释。

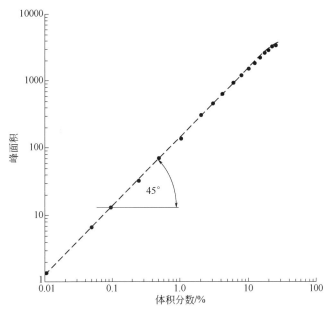

图 2-9 乙醇在 60℃ 水中的顶空响应线性范围

样品量为 1 mL；FID 检测器

目标分析物的 HS-GC 线性范围是无法预测的，必须通过实际检测来确定。这些可以通过 2.6 节中描述的多级顶空萃取（MHE）技术自动实现，该技术的实际应用见本书第 9 章（见图 9-10）。

2.5　重复性分析

在常规 GC 分析中，重复性分析是指从同一样品中连续提取等体积的试样。例如，当使用自动进样器时，（液体）样品放在用隔垫封闭的色谱瓶中，仪器将使用自动注射器取出一定体积试样，并注入气相色谱仪中；分析完成后，仪器从同一样品瓶中再取出等体积的试样，并在相同条件下重新分析。理论上讲，这两次分析应得出相同的结果（峰面积）。因此，两次测量的偏差将体现 GC 分析的精密度。

如果在 HS-GC 中执行上述相同的测量，两次结果可能会有所不同。如我们所知，在平衡条件下，样品和气相中的浓度分别为 C_S 和 C_G，两相体积分别为 V_S 和 V_G；两相中分析物的含量分别为 W_S 和 W_G，以分配系数 K 表征平衡状态：

$$C_{S,1} = W_{S,1}/V_{S,1} \tag{2.42}$$

$$C_{G,1} = W_{G,1}/V_{G,1} \tag{2.43}$$

$$W_{S,1} + W_{G,1} = W_{o,1} \tag{2.44}$$

$$K = \frac{C_{S,1}}{C_{G,1}} = \frac{W_{S,1}}{W_{G,1}} \times \beta \tag{2.45}$$

式中，下标 1 表示两个连续测量值中的第一个。

然后抽取包含分析物质量为 W_A 的一部分顶空后，使顶空瓶重新平衡。由于一部分分析物被抽走，顶空瓶中分析物的总量则小于抽取前的总量：抽取后质量为（$W_o - W_A$）。在新一次的平衡状态下，分析物在两相中的质量分别是 $W_{S,2}$ 和 $W_{G,2}$，对应的浓度分别为 $C_{S,2}$ 和 $C_{G,2}$；但是分配系数仍保持不变。达到第二次平衡时各参数的等式关系如下：

$$C_{S,2} = W_{S,2}/V_S \tag{2.46}$$

$$C_{G,2} = W_{G,2}/V_G \tag{2.47}$$

$$W_{S,2} + W_{G,2} = W_{o,2} = W_{o,1} - W_A \tag{2.48}$$

$$K = \frac{C_{S,2}}{C_{G,2}} = \frac{W_{S,2}}{W_{G,2}} \times \beta \tag{2.49}$$

式中，$W_{S,2} < W_{S,1}$，$W_{G,2} < W_{G,1}$，$C_{S,2} < C_{S,1}$ 且 $C_{G,2} < C_{G,1}$。

若再抽取与第一次相等体积的顶空进行分析的话，所得分析物的峰面积 A_2 小于第一次抽取所得分析物的峰面积 A_1。

尽管上述的推导基本是正确的，但是两次相差的多少主要取决于分析条件，即取决于分配系数和相比。差值的多少可以用两次连续测试的峰面积的比值 Q 来表示，且取决于峰面积和浓度之间的比例，该比值等于其顶空浓度的比值。

$$Q = A_2/A_1 = C_{G,2}/C_{G,1} \tag{2.50}$$

代入公式（2.19）中，可以写为：

$$C_{G,1} = \frac{C_{o,1}}{K + \beta} = \frac{W_{o,1}}{V_S(K + \beta)} \tag{2.51}$$

$$C_{G,2} = \frac{C_{o,2}}{K+\beta} = \frac{W_{o,2}}{V_S(K+\beta)} = \frac{W_{o,1}-W_A}{V_S(K+\beta)} \qquad (2.52)$$

以及

$$Q = \frac{A_2}{A_1} = \frac{C_{G,2}}{C_{G,1}} = \frac{W_{o,1}-W_A}{W_{o,1}} \qquad (2.53)$$

其中，$W_{o,1}=W_o$，为样品中分析物的起始浓度。

在 5.5.4 节中，关于比值 Q 在多顶空提取技术基础的连续分析中的作用会有更详细的介绍，下面讨论的是其理论基础。Q 值的大小（始终小于 1）取决于 K/β 的值；如果此值接近或小于 1，则 Q 值会很小；若 K/β 大于 4，则 Q 值接近 1。这意味着在这种情况下，来自同一样品瓶的两次连续分析的分析结果变化将很小。例如，在测定水（或血液）中乙醇的情况下，分配系数非常高。但是，在分析水中的卤代烃时，连续分析的结果变化很大，因为这些物质的分配系数很低（参见表 2-2）。

基于上述考虑，由于无法预测两次连续测定的固有差异是多少，通常在实践中不能从同一样品瓶中取样两次。因此，如果需要进行重复性分析，则必须将相同体积的相同样品放入两个单独的样品瓶中，并在相同条件下连续分析。

2.6 多级顶空萃取（MHE）

2.6.1 MHE 的原理

前面已经讨论了从同一样品瓶的顶空连续提取两个相同体积的试样的情况：尽管分配系数 K 保持恒定，但第二次进样的峰面积可能小于第一次。若继续从顶空瓶的顶空取出试样，则瓶中分析物总量将进一步下降，最终完全耗尽。因此，每次提取物中分析物的总量将等于原始样品中存在的分析物的总量。这就是多级顶空萃取（MHE）方法；它的优点是，通过提取全部分析物，样品基质的任何影响都可以消除，对分析物总量的测定仅取决于分析物的量与其峰面积之间的关系，如常规 GC 分析一样，可以用响应因子的值来表示。

实际应用中不会无限次地进行 MHE 萃取：常从有限的连续萃取中，根据数学关系通过外推法获得与分析物总量相对应的峰面积。

从原理上来看，MHE 是分步进行的动态气体萃取。可以将这个提取过程与分液漏斗中重复进行液体萃取的过程进行比较：在每个步骤中，都会除去一部分分析物，直到原始样品中没有残留分析物为止。

MHE 技术和数学模型最初是由 McAuliffe[14] 和 Suzuki 等[15] 提出的，但是许多其他科学家[16-20] 也对其理论的发展做出了贡献。McAuliffe[14] 在最初的气相萃取步骤中，去除了与样品相平衡的整个气相。后来 Kolb[19] 做了一些修改，他发现如果每个萃取步骤只除去部分顶空相就足够了，因为在下一次分析之前，两相之间就已再次建立平衡条件。后来，Kolb 和 Ettre[21] 在理论上证明了这种修改的正确性，他们比较了 MHE 的经验和精确理论，并证明其结果是相同的。

2.6.2 MHE 的理论背景

如前所述，MHE 分析是对同一样品瓶进行连续分析。每次采样后，部分顶空被放空，以使顶空瓶中的压力恢复到大气压（或接近大气压），然后使顶空瓶重新平衡。在该连续分析中，能够获得峰面积 A_1、A_2 等：这些峰面积的总和与样品中分析物的起始总量（W_o）成正比：

$$\sum_{i=1}^{i\to\infty} A_i = A_1 + A_2 + \cdots + A_i \qquad (2.54)$$

$$W_o \propto \sum_{i=1}^{i\to\infty} A_i \qquad (2.55)$$

峰面积的降低呈指数关系：图 2-10 显示了连续三次提取含挥发性卤代烃的水溶液样品的色谱图[22]。

为了确定峰面积之和，我们首先考虑气体连续提取的一阶机理，如公式（2.56）所示。这里，浓度（C）与时间（t）的关系可以描述为：

$$-\frac{dC}{dt} = qC \qquad (2.56)$$

其中 q 是一个常数，表示提取过程进行的速度。在给定的时间 t 内，浓度 C 取决于初始浓度 C_o 和指数 q：

$$C = C_o e^{-qt} \qquad (2.57)$$

如果该过程为逐步进行（如在 MHE 中），并且在每个步骤从顶空中提取的浓度所对应峰面积是确定的，那么可以用萃取次数 i 代替 t，用得到的峰面积 A_i 代替 C：

$$A_i = A_1 e^{-q(i-1)} \qquad (2.58)$$

在公式（2.58）中，用（$i-1$）代替了 t，且用 A_1 代替了 C_o，因为第一次提取时 $t=0$。因此，公式（2.54）可以改写为：

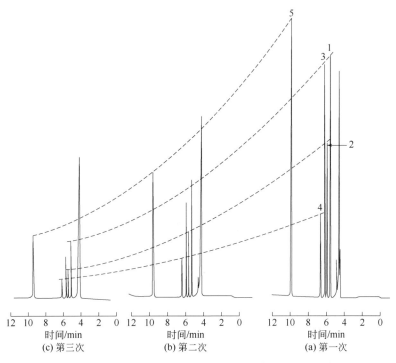

图 2-10　挥发性卤代烃水溶液的 3 次连续 MHE 分析

HS 条件：1 mL 样品在 80°C 下平衡 30 min

GC 条件：色谱柱—50 m×0.25 mm 内径熔融石英开管柱，涂覆键合甲基硅酮固定相，膜厚 1 μm，柱温 45°C；ECD 检测器

峰（浓度）：1—氯仿（25 μg/L）；2—1,1,1-三氯乙烷（5 μg/L）；3—四氯化碳（0.5 μg/L）；4—三氯乙烯（4 μg/L）；5—四氯乙烯（2 μg/L）

$$\sum_{i=1}^{i \to \infty} A_i = A_1 + A_1 e^{-q} + A_1 e^{-2q} + \cdots + A_1 e^{-(i-1)q} \tag{2.59}$$

$$\sum_{i=1}^{i \to \infty} A_i = A_1 \left[1 + e^{-q} + e^{-2q} + \cdots + e^{-(i-1)q} \right] \tag{2.60}$$

这是一个收敛的几何级数，使我们能够得出各项的总和，如下式所示：

$$\sum_{i=1}^{i \to \infty} A_i = \frac{A_1}{1 - e^{-q}} \tag{2.61}$$

换句话说，可以根据以下两个值计算所有峰的总和：即第一次提取中获得的峰面积 A_1 和指数 q。

指数 q 描述了在 MHE 过程中峰面积呈指数下降，因此可以通过公式（2.53）和公式（2.58）由连续峰面积比 Q 得出：

$$Q = \frac{A_2}{A_1} = \frac{A_3}{A_2} = \frac{A_{(i+1)}}{A_i} = e^{-q} \qquad (2.62)$$

为了获得 q，可将公式（2.58）改写为：

$$\ln A_i = -q(i-1) + \ln A_1 \qquad (2.63)$$

这是 $y = ax + b$ 类型的线性方程，其中 $x = (i-1)$，$y = \ln A_i$；斜率（a）是 $-q$，y 轴截距是 $\ln A_1$。

此推论的结论是，在 MHE 中，根据等式（2.63）[$\ln A_i$ 和（$i-1$）] 对数据进行的几次连续测量和线性回归分析得出 Q：

$$-q = \ln Q \qquad (2.64)$$

$$Q = e^{-q} \qquad (2.65)$$

根据其值和在第一次提取中获得的峰面积（A_1），可以计算出与样品中分析物总量（W_o）相对应的所有峰面积之和：

$$\sum_{i=1}^{i \to \infty} A_i = \frac{A_1}{1 - e^{-q}} = \frac{A_1}{1 - Q} \qquad (2.66)$$

2.6.3 简化的 MHE 计算

如果线性回归分析显示有良好的相关性，或者，如果不需要非常高准确度的情况下，可以直接通过前两次连续测量进行计算（两点计算）。由公式（2.62）已知：

$$Q = e^{-q} = A_2 / A_1$$

将其代入公式（2.61），可以得到：

$$\sum_{i=1}^{i \to \infty} A_i = \frac{A_1}{1 - (A_2 / A_1)} = \frac{A_1^2}{A_1 - A_2} \qquad (2.67)$$

两点计算与多点线性回归两种方法结果的接近程度，在很大程度上取决于前两次提取所得面积比与接下来两次提取面积比两者之间的接近程度：即使很小的随机偏差也可能导致 两种不同方法计算出的结果存在显著差异。

如果标准添加技术仅通过一次添加进行的，则存在相同的问题（参见 5.4.1 节）。值得注意的是，这里是使用一个单一比值来计算 Q；而在多点测量中，斜率（以及 Q）的计算是通过线性回归分析来完成的，而线性回归分析可以补偿随机变化。

参 考 文 献

[1] T. K. Poddar, J. Chromatogr. Sci. 35, 565-567 (1997).

[2] Howard Purnell, Gas Chromatography, Wiley, New York and London, 1962, pp. 9-31.

[3] C. D. Hodgman, R. C. Weast, and S. M. Selby, Handbook of Chemistry and Physics, 42nd ed., Chemical Rubber Publishing, Cleveland, OH, 1960, (a) pp. 2326-2329, (b) 2448-2455.

[4] E. F. Herington, in D. H. Desty (editor), Vapour Phase Chromatography (1956 London Symposium), Butterworths, London, 1957, pp. 5-14.

[5] L. S. Ettre, J. E. Purcell, J. Widomski, B. Kolb, and P. Pospisil, J. Chromatogr. Sci. 18, 116-124 (1980).

[6] B. Kolb, C. Welter, and C. Bichler, Chromatographia 34, 235-240 (1992).

[7] L. S. Ettre, C. Welter, and B. Kolb, Chromatographia 35, 73-84 (1993).

[8] L. S. Ettre and B. Kolb, Chromatographia 32, 5-12 (1991).

[9] R. J. Steichen, Anal. Chem. 48, 1398-1402 (1976).

[10] H. Hachenberg and A. P. Schmidt, Gas Chromatographic Headspace Analysis, Heyden & Son, London, England, 1977; (a) pp. 13-15; (b) pp. 82-116.

[11] B. V. Ioffe and A. G. Vitenberg, Headspace Analysis and Related Methods in Gas Chromatography, Wiley-Interscience, New York, 1984, pp. 23-24.

[12] B. Kolb, J. Chromatogr. 112, 287-295 (1975).

[13] B. Kolb, in B. Kolb (editor); Applied Headspace Gas Chromatography, Heyden & Son, London,1980, pp. 1-11.

[14] C. McAuliffe, Chem. Technol. 46-51 (1971).

[15] M. Suzuki, S. Tsuge, and T. Takeuchi, Anal. Chem. 42, 1705-1708 (1970).

[16] J. Novák, Quantitative Analysis by Gas Chromatography, Marcel Dekker, Inc., New York, 1975, pp. 107-156.

[17] B. V. Ioffe and A. G. Vitenberg, Chromatographia 11, 282-286 (1978).

[18] J. Drozd and J. Novák, J. Chromatogr. 285, 478-483 (1984).

[19] B. Kolb, Chromatographia 15, 587-594 (1982).

[20] A. G. Vitenberg and T. L. Reznik, J. Chromatogr. 287, 15-27 (1984).

[21] B. Kolb and L. S. Ettre, Chromatographia 32, 505-513 (1991).

[22] B. Kolb, M. Auer, and P. Pospisil, Gewässerschutz, Wasser, Abwasser 57, 101-125 (1982).

第3章

顶空-气相色谱技术

本章主要讨论样品瓶和进行分析检测的系统。从本质上来讲，顶空-气相色谱整个操作步骤可以在气体密封的针筒中人工完成。这种操作方法至今仍被美国材料与试验学会（ASTM）和美国药典（USP）列为官方认可的方法。然而，人工操作是费时费力的。现今大多数实验室使用全自动的顶空仪，此系统可以控制恒温器，样品则在其中达到平衡。全自动顶空仪对样品分析条件控制得更好，可以保证结果实现较好的重复性。而这正是我们在顶空-气相色谱的理论论述中指出的，进行定量分析的先决条件。

我们只对全自动顶空仪的原理进行归纳，因为当我们购买顶空仪时，说明书已经介绍了它们的操作及使用，只是不同的型号会有不同的细节。我们会对顶空分析中的耗材（样品瓶，隔垫）和一些特殊技术（反吹，低温捕集）相关的问题详细介绍。这些问题关注的人很少，报道也很罕见。

3.1 样品瓶

3.1.1 瓶类型

在人工操作过程中，原则上对样品瓶体积没有限制。早期研究者使用实验室常用的锥形瓶来作顶空瓶，采用橡胶盖进行密封，采用针筒将一定体积的顶空气体取出。现今的研究者则使用商品化的标准硼硅酸盐玻璃瓶，体积标称为 5~22 mL，供应商繁多。需要强调的是，每一种市售顶空仪的恒温器都需与特定型号的顶空瓶相对应，在购买顶空瓶时需要考察顶空仪的特性，以期满足性能需求。

顶空-气相色谱分析的顶空瓶在相同体积的情况下是量产的，对于每一种特定标称的体积（一般为整数）一般来讲非常接近实际体积。但是在很多定量方法中（见第 5 章），样品瓶的实际体积必须是对确切体积提前知晓（建立"相比"的情况下），如果在同一次实验中使用不同批次或不同供应商提供的样品瓶，建议对瓶的确切体积进行确定。这一步骤可通过下例进行验证。首先取一些瓶子，装满水，对其进行称重，取平均值。假设取了一批 10 个瓶子，标称为 22 mL，则实际平均值为 22.331 mL，相对平均标准偏差（RSD）为±0.35%[❶]。瓶子的实际体积是通过水的密度计算出来的（25°C 下的密度为 0.9971 g/mL）。

图 2-1 为典型的顶空瓶。这些瓶子配备有隔垫，并且采用铝盖进行密封（见图 3-1）。需要注意的是瓶顶部上边缘的良好设计，使得整个瓶的密封性能良好。扁平圆盘式的隔垫非常重要，它必须紧密地压在瓶的上部。如果瓶的顶部也是平

[❶] 这些结果与我们实验室中使用的样品瓶获得的结果非常一致。 因此，在本书的所有计算中，我们使用 22.3 mL 作为小瓶的体积，这是由平均值计算得到的。

的，则气体表面将会不平整，有刮槽出现，这将导致气体泄漏。这对于铝制或是聚四氟乙烯内衬的圆盘隔垫非常重要，因为保护层必须有足够的厚度才能阻止边缘或内部的气体扩散。但是，保护层如果太厚，质地就会过于坚硬，如果顶空瓶顶部是平的，则组合盖就较难平整地压放在瓶口。因此，一些顶空瓶在瓶的角上缘有一个钝角边缘（A2），当铝盖压上时，扁平隔垫可以和瓶口紧密压合[1]❶。也是由于这个原因，还有一些顶空瓶具有斜切的顶部（A3）[2]。但是这种压力密封形式需要考虑其它方面的一些限制来保证压力释放的安全性（3.2.2 节），避免过高压力的聚集所带来的风险。

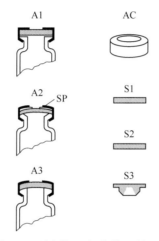

图 3-1　顶空瓶及相关的一些配件

A1—扁平的瓶口；A2—具有角状边缘的瓶口，用在 PE 公司的安全密封系统中（见 3.2.2 节）；
A3—具有斜切结构的瓶口；AC—铝盖；S1—常规隔垫；S2—带有 Telfon 或
铝涂层的隔垫盘；S3—塞子式隔垫

3.1.2　瓶体积的选择

如前所述，商品化的顶空仪都有其对应的特定型号的顶空瓶。它们的大小通常是根据实际情况折中选取的。在采用顶空-气相色谱对印刷薄膜上的溶剂残留进行测定的过程中，为了得到具有代表性的数据，需要得到大体积的样品，因此，制样过程也需要使用大体积的顶空瓶。而另一方面，对于液体样品，则不需要大体积的顶空瓶。样品体积小，平衡时间就短。顶空的灵敏度主要取决于待测物在气相中的富集而不是样品的多少或是瓶体积的大小，也就是说，相比 β 是决定顶空灵敏度的主要因素。因此，对于 10 mL 瓶中的 2.5 mL 液体样品和 20 mL 瓶中的 5 mL 样品，如果它们的气相比均为 3 的话，它们的测定灵敏度也是一样的。

---

❶ 在 PerkinElmer 顶空进样器中，这些样品瓶与安全盖一起使用（3.2.2 节）。

对于填充柱来讲，顶空气体与气相色谱进柱的气体体积类似，都是 0.5~2 mL。因此，大体积的顶空瓶是必要的。对于开管柱，同时需要分流进样的情况，与填充柱相同。对于不分流进样的情况，顶空气体进柱体积为 25~250 μL，因此，较小体积的顶空瓶即可满足要求。

以上描述了顶空-气相色谱分析中顶空瓶大小选择的多个方面。标称体积 20 mL 左右的顶空瓶是常用也是较为合理的一个选择。一些仪器可以使用大小不同两种体积的顶空瓶。

3.1.3 瓶的清洁

在很多方法中，都推荐在测定之前对顶空瓶进行预清洗。具体方法是先用含洗涤剂的溶液进行清洗，再使用蒸馏水进行清洗，最后在炉中干燥。但是，根据我们的经验，市售的顶空瓶一般都足够干净，预清洗是没有必要的。事实上，这种洗涤方式，特别是采用含洗涤剂的溶液进行清洗的过程中很容易引进杂质。

空顶空瓶的空白杂质峰来源不是瓶壁，而是来自于隔垫被扎破时从隔垫中带来的杂质，或是瓶中空气所含有的杂质。Sadowski 和 Purcell[3]就发现氯代烃的污染，而这种污染来自于邻近工厂使用含氯溶剂对大气所造成的污染。将顶空瓶保存在洁净的房间或是在进样前采用惰性气体对其进行清洗，可以避免此类挥发性物质的污染。

3.1.4 瓶壁吸收效应

待测物有可能被顶空瓶壁吸收而造成损失吗？这肯定是有可能的，特别是在待测物含量较低，多级顶空萃取（MHE）曲线线性不好的情况下，瓶壁吸收的可能性较大。不过在本书中所列的多级顶空萃取曲线通常具有较好的线性（排除其它因素的影响），同时表明瓶壁对待测物没有吸收。在我们看来，这主要是因为水中的氢键与顶空瓶内表面的硅醇基结合，形成一个持久的吸水层而导致的。水主要来自于顶空瓶中所含空气中的水分（参考表 2-1），或者是大部分样品本身含有的水分。由于顶空瓶内部持久吸水层的存在，瓶壁对于待测物分子就不会吸附，实际上是扮演了一个分区系统的角色，吸水层在 120~150℃ 下较为稳定，如果温度上升至 150℃ 以上，水层此时就会与瓶壁剥离，瓶壁的吸收效应较为明显。通过下例进行表述。

【例 3.1】

待测物为乙二醇（EG），具有极性高、沸点高的特性（沸点 197.6℃）。由于其水溶性较高，在顶空气中含量就较低，采用顶空-气相色谱对水溶液中的乙二醇

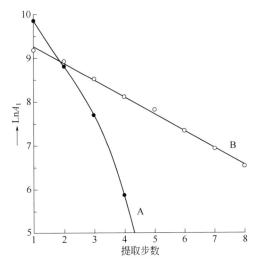

图 3-2　在恒温 180°C 条件下乙二醇多级萃取曲线

A—5 μL 10%的乙二醇水溶液；B—与 A 中样品相同，但是在顶空瓶中添加了
1 滴丙三醇（约为 30 mg）（r=0.9988）；仪器条件见图 3-3

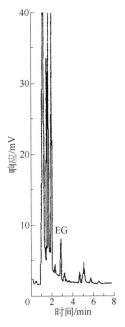

图 3-3　对土壤水提取液中 50 mg/L 乙二醇的测定

　　GC 条件：分析柱—25 m×0.25 mm 内径熔融石英开管柱，固定相为甲基化硅烷，涂层厚度 1 μm，温度为等温 60°C，分流进样，FID 检测器

　　HS 条件：样品—10 μL 液体溶液，其中加入 1 滴丙三醇（30 mg），在 180°C 条件下平衡 30 min，顶空传输时间 4.8 s，外标法定量

进行测定较为困难，因此，考虑采用全挥发技术（TVT：见 4.6.1 节）对其进行测定。在顶空瓶中加入 5 μL 水溶液样品，将其加热至 180℃，在此温度条件下乙二醇完全挥发，在色谱图上也得到乙二醇的相应峰形。然而，当使用多级萃取曲线对其进行定量分析时，曲线线性很差，低含量端显示待测物损失严重（见图 3-2，曲线 A）。首先考虑对顶空瓶瓶壁进行惰化处理（一种使玻璃表面失活的工艺），然而结果并没有得到较好的改善。但是，通过在样品中加入 1 滴丙三醇，得到了线性较好的 MHE 曲线（见图 3-2，曲线 B）。很明显，是丙三醇的挥发（沸点为290℃）覆盖了瓶壁，使瓶壁在 180℃ 条件下具有一定惰性。采用此技术，可以实现土壤样品水提取液中 50 mg/L 乙二醇的检测（见图 3-3）。

3.2　瓶盖

顶空瓶是通过隔垫和盖子对其进行密封的。旋盖密封主要应用在一些手工操作系统上；现在的自动化仪器上（顶空仪），隔垫、盖子和瓶顶部都可以通过压合牢固密封。手工，半自动和全自动的压合装置现在都可以轻易获得。在使用扁圆盘形隔垫时，压盖器需要仔细调节，因为橡胶隔垫强度不高。压盖器压合不紧往往是漏气的原因之一。可以通过手动旋转盖子来检查压合是否紧密，此处要用力适当。也可以采用另一个方法来检漏，在顶空瓶中加入几微升的挥发性物质（如正戊烷），封口后将瓶放置于热水中，如果正戊烷泄漏逸出，则会出现气泡。

采用自动化仪器（顶空仪）也可以进行检漏，将均质化挥发性样品（通过 TVT）加入一些顶空瓶中，设置相同的样品传输时间和不同的加压时间。如果密封良好，则峰面积是一致的，如果随着加压时间的增加峰面积减小则预示有漏气现象。

盖子有各种类型，材质通常为铝制。特殊材质如抛光钢合金的盖子则通过吸附于磁铁上，放置于恒温器中[2]。

3.2.1　瓶盖上的压力

现代化仪器（顶空仪）均能实现 100℃ 以上的良好控温。因此，顶空瓶是严格禁止超压的，超压会引起玻璃瓶的爆炸。爆炸一旦发生，对操作者和仪器都会造成巨大伤害。能够引起爆炸的实际压力一般为大于 10^3 kPa，与玻璃瓶的厚度相关。

在顶空瓶升温的时候产生如此高的压力，原因可能是瓶中溶剂的沸点较低，但是更多时候是由于操作者操作不当引起的。例如，水溶液样品在加热器中加热至 80℃ 时，内部水蒸气压力只有 47 kPa，然而，如果由于操作者疏忽将温度设为180℃，内部压力则会增至 10^3 kPa，存在爆炸的危险。

3.2.2 安全密封

现在，通过特制的压盖器将铝盖的压痕和边缘结合，增加了顶空瓶密封的安全性[2]。图 3-4 为 PE 公司提供的顶空瓶密封结构[1]：顶空瓶内部压力将盘形隔垫压在垫圈和带微小弯曲压痕线的铝盖上。当压力增至 500 kPa 以上时，压痕线消失，形成一个泄漏出口，将内部压力释放至大气中。需要说明的是，只有扁平盘状隔垫可以实现此密封安全性，橡胶隔垫是不适用的。

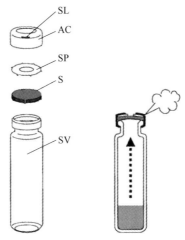

图 3-4　PerkinElmer 仪器中使用的顶空瓶的安全封闭示意图，
在压力大于 500 kPa 时，人工将瓶打开泄压

SV—顶部有一定角度的样品瓶（瓶容积为 22.3 mL，内部体积为 9.6 mL）；
S—隔垫；SP—弹簧片；AC—带；SL—插槽的铝盖

3.3　隔垫

3.3.1　隔垫类型

对于顶空-气相色谱中使用的隔垫，现在有多种多样的选择。表 3-1 列出了图 3-1 中所述的不同隔垫类型（S1~S3）。对一种隔垫的选择通常要兼顾价格和应用的需求，特别要考虑温度对于隔垫稳定性的影响。

表 3-1　用于 HS-GC 的市售不同隔垫特性

图 3-1 中的标号	类型	能够承受的温度上限	惰性	价格
S1	丁基橡胶	100	差	低
S2	Telfon 涂层的丁基橡胶隔垫	100	好	中等
S2	铝涂层的硅橡胶隔垫	120①（200）	好	中等

图 3.1 中的标号	类型	能够承受的温度上限	惰性	价格
S2	Telfon 涂层的硅橡胶隔垫	210	好	中等
S3	Viton® 橡胶塞	200	好	高
S3	丁基橡胶塞	80	差	低

① 这个限制主要指铝衬里隔垫，其内部有薄的聚乙烯层。

② Viton 是亚乙烯基氟化物/六氟亚丙基共聚物，E.I 的产物，DuPont de Nemours&Co., Inc.。

价格低廉的丁基橡胶隔垫应用较少，主要是因为它们能够快速吸收非极性物质，且只能耐受 100°C 以下的温度。另一方面，也发现一些极性待测物质，特别是乙醇，使用此种隔垫进行密封，损失较为明显。对于一些法医实验室，需要做大量分析物的检测，它会更多地考虑成本的问题[4]。

铝内衬的隔垫具有最佳的惰性保护功能，它唯一的缺点是具有一个聚乙烯层，最高耐受温度不能超过 120°C。而铝内衬的硅橡胶隔垫则可以耐受较高的温度。

需要重点强调的是，对于隔垫的最高耐受温度限制，不仅仅适用于顶空瓶，还适用于仪器的加压针和样品的传输线（此处同样需要高温，防止样品的凝固）。例如，如果瓶温为 80°C，加压针温度为 150°C，针的热量可导致隔垫材料的分解，色谱图中将出现杂质峰，针口周围会出现泄漏。对层压隔片，这种情况也有可能发生，如其中一层可能温度限制比其它材料低，或者反之。

3.3.2　隔垫空白

所有的隔垫都会有一些低沸点的化合物残留，这些物质有可能来自于隔垫的生产制造过程，也可能是隔垫储存和使用过程中从周围环境中吸附的物质。这些物质能否被检出主要取决于检测器的灵敏度。图 3-5 展示了采用 ECD 检测器测定水中痕量卤代烃化合物的色谱图，同时列出了空白实验色谱图。峰 5 为 0.1 μg/L 的 1,1,1-三氯乙烷，这种化合物在水或空气空白中经常出现。在空白色谱图中此物质的浓度约为 8 ng/L。然而，这些出现在空白色谱图中的物质并不一定来源于隔垫。纯水也需要做空白，但是得到如此纯净的水要比得到较为洁净的隔垫更为困难。实际上，这些小杂质峰的具体来源是很难真正确定的，隔垫，空白测定中所使用的纯基质，或是实验室空气都有可能引入上述杂质。例如，空白色谱图中峰 9 所对应的一溴二氯甲烷，浓度约为 15 ng/L，一定是来源于实验进行当天实验室的空气。表 3-2 列出了图 3-5 中所有峰的确认信息。

如果要进行痕量分析试验，顶空的所有耗材（顶空瓶，隔垫）都应在实验室外的洁净空间进行储存，样品前处理也应在洁净空间进行。

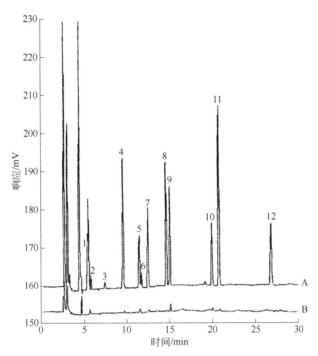

图 3-5　采用 HS-GC 与 ECD 联合对水中的挥发性卤代烃进行测定

曲线：A—样品的色谱图；B—顶空瓶中加入 5 mL 纯水所走出来的空白谱图

GC 条件：分析柱—50 m × 0.32 mm 内径的熔融石英开管柱，固定相为键合苯基（5%）甲基硅氧烷，涂层厚度 2 μm；程序升温—在 50℃ 条件下恒温 10 min，后以 8℃/min 升至 100℃，不分流进样，载气为氮气，ECD 补偿气为流速 50 mL/min 的氮气；峰列表见表 3-2

HS 条件：样品 5 mL，在 80℃ 条件下恒温震荡 30 min。样品传输时间 2.4 s

表 3-2　图 3-5 中的峰列表

峰编号	成分名称	浓度/(μg/L)
1	1,1-二氯乙烯	5.9
2	二氯甲烷	9.0
3	1,1-二氯乙烷	8.0
4	氯仿	1.4
5	1,1,1-三氯乙烷	0.1
6	1,2-二氯乙烷	11.9
7	四氯化碳	0.07
8	三氯乙烯	0.7
9	二氯溴甲烷	0.2
10	氯二溴甲烷	0.2
11	四氯乙烯	0.16
12	三溴甲烷	1.4

图 3-5 中的空白谱图显示只有很小的干扰物出现；在这些小峰的存在下，一些进一步的富集技术（如低温捕集）与高灵敏度检测器的应用会受到限制。另外，使用低灵敏度的检测器，如 FID，空白中的杂质基本不会出峰，此时允许配置低温捕集技术（见 3.7.1 节）。图 3-6 展示了在高灵敏度 FID 检测器上 4 种隔垫空白的色谱图，测试采用低温样品捕集技术，样品传输时间为 2 min。由图可知，具有聚四氟乙烯内衬的硅橡胶隔垫几乎无杂质峰 [图 3-6（a）]，铝涂层的硅橡胶隔垫在高温区域有 2 个多余的峰 [图 3-6（b）]，而无涂层的丁基橡胶隔垫则杂质峰太多（完全不适用）。

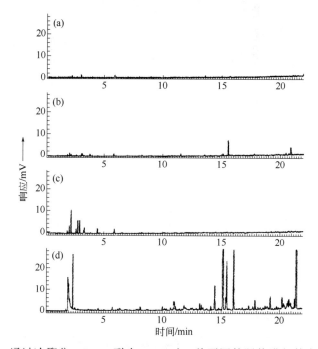

图 3-6　通过冷聚焦 HS-GC 联合 ECD 对 4 种不同的隔垫进行的空白扫描

（a）Teflon 涂层的硅橡胶隔垫；（b）铝涂层的硅橡胶隔垫；
（c）Teflon 涂层的丁基橡胶隔垫；（d）无涂层的丁基橡胶隔垫

GC 条件：分析柱—50 m ×0.32 mm 内径的熔融石英开管柱，固定相为键合苯基（5%）甲基硅氧烷，膜厚 1 μm。程序升温—在 50℃ 条件下恒温 3 min 后，以 8℃/min 升至 200℃。载气为氢气，180 kPa

HS 条件：样品—空瓶，密封前用氢气清洗，在 100℃ 条件下恒温 30 min。震荡；样品传输时间为冷聚焦 2 min（参考图 3-25）

如果手头上的隔垫受到污染怎么办？最佳建议是将其丢弃，重新购置。如果必须对其进行清洗，可以试试以下几种方法：

① 将受污染隔垫放置于玻璃容器中，将温度升至其可耐受的最高温度，采用惰性气体持续清洗多天。

② 将其放入水中，煮沸，通入惰性气体吹洗。

③ 将隔垫平铺于抽屉中，长时间放置于洁净环境中（也许是几周），等待污染物的自然缓慢挥发，实现自清洗。

3.3.3 隔垫是否能够扎两次针

已经扎过一次的隔垫再次使用是否安全？这个重要的问题经常会有人问起，当使用内标法，采用注射器将气体样品或小体积液体样品通过隔垫加入至已经密封好的顶空瓶中时，是允许二次扎针的。二次扎针还应用在进行多级顶空萃取（MHE）的系统中，每次进样后，样品再平衡之前，样品针移走，经过加压和样品传输后，再次扎针取样。在这方面，重要的是，对于大多数自动顶空进样器，采样针的（外部）直径大于通常的微量注射器的针的直径。另外，如果用两个平行的针刺穿隔膜以实现连续的顶空吹扫，则隔膜可能会变形，从而有可能会导致泄漏。

这个问题没有明确的答案，这取决于许多实际参数和样品的特性。但有两点通常需要考虑：压力密闭性和扩散密闭性。第一点指的是气体泄漏导致瓶中压力的减小。这种现象一般出现在平衡/压力式和压力/回路式取样系统的增压过程中，这些情况下，隔垫已经扎过一次针。当针头在第二次穿刺时，破坏隔垫，隔膜可能会发生机械变形，虽然到目前为止，首次穿刺后，隔垫仍然是紧闭的，但也可能会变形，造成泄漏。如果顶空瓶中含有均匀的蒸汽[采用全气化的方法（TVT），见 4.6.1 节]，此种情况下压力密闭性的降低很容易被观察到。

第二点，扩散密闭性。对于聚四氟乙烯和铝内衬的隔垫，这一点尤为值得关注。当这些类型的隔垫扎过针后，保护层受到破坏，裸露出来的隔垫材料极易从破坏的小孔中吸收顶空瓶中的挥发性物质。这种类型的扩散密闭性损失取决于第一次扎针（穿透隔垫向已封闭的顶空瓶中注射样品）和样品分析之间的实际时间间隔；还取决于样品特性和隔垫材料的渗透性。对于已放置在顶空瓶中数日的均匀气体混合物样品，一旦隔垫被扎破，此类情况则更为严重。

表 3-3 给出了由于扩散导致密闭性损失的一些有趣的数据。通过两种制样技术，将 3 μL 含有 1%丙酮和 0.2%二氯甲烷的二甲基甲酸铵标准溶液加入一些顶空瓶中，两种技术分别为穿透隔垫向已封闭的顶空瓶中注射样品和开口瓶技术（很快将要讲到）。将这些含有样品的顶空瓶放置 3 天后，进行顶空-气相色谱法分析，对其峰面积进行比较，将不穿透隔垫加样所得的样品峰面积设为 100。从表 3-3 可知，采用 Teflon 内衬的硅橡胶隔垫密封的样品，丙酮和二氯甲烷分别有 69%和89%的损失，然而，采用 Teflon 内衬的丁基橡胶隔垫的，上述两种成分的损失只有 2.6%左右。这些结果表明，采用穿透隔垫向已封闭的顶空瓶中针筒注射样品来制样时，最好能够迅速对样品进行分析。相对于硅橡胶，丁基橡胶明显结构更加

紧密，渗透性较小，这个结果也表明 Teflon 内衬的丁基橡胶要优于 Teflon 内衬的硅橡胶隔垫。

表 3-3　隔垫对于气体样品的密封性比较[1]

成分	峰的相对面积			
	Teflon/硅橡胶隔垫		Teflon/丁基橡胶隔垫	
	不扎孔	扎孔	不扎孔	扎孔
丙酮	100（±1.3%）	31（±4.9%）	100（±0.8%）	97.4（±3.5%）
二氯甲烷	100（±1.0%）	11（±8.2%）	100（±1.0%）	97.4（±3.5%）

① 通过扎穿密封瓶的隔垫或者开瓶技术，向一系列顶空瓶中添加 3 μL 的 DMF 溶液，这些瓶子在测定之前，先在冰箱中存放 3 天。顶空条件为 80℃ 条件下恒温 30 min；针温度为 90℃；在 $p = 100$ kPa 条件下加压 3 min。不扎针的瓶测出来的峰面积定为 100。括号中的数字（±%）是五次平行测定的相对标准偏差。

如前所述，当采用全气化技术进行顶空制样时，也就是说采用注射器向密闭状态下的顶空瓶中注射几微升的样品，此时，样品蒸气充盈于顶空瓶中，样品的扩散较易导致气密性损失。然而，当顶空瓶中含有液体或固体样品，挥发性的待测物根据分配系数溶解于不同的相中，随着待测物从凝结相向顶空相的进一步蒸发，穿刺隔垫所造成的扩散损失多少会得到一点补偿，这主要取决于分配系数的大小。当顶空瓶溶液中的待测物分配系数较高时（比如，乙醇水溶液），适宜采用这种方式向其中加入内标物，即便如此，在隔垫已经经历一次扎针后，样品瓶也不易久放。

当瓶中含有液体时，下述实验对上述情况进行了说明（与表 3-3 的实验表述类似）。再次加入 3 mL 相同的丙酮和二氯甲烷溶液，但现在小瓶已经提前加入了 1 mL 水，且全部采用 Teflon 内衬的硅橡胶隔垫密封。此处也采用了 2 种加样技术：穿透隔垫向已经密封的瓶中加样和开口瓶技术。这些瓶在室温下放置 3 天后进行测定，结果列于表 3-4 中，将不穿透隔垫加样所得的样品峰面积设为 100%。由表可知，两种加样条件下，丙酮峰面积几乎没有差别，这主要是因为丙酮水溶性好，在水相中分配比较高造成的。很明显，水溶液样品可以看作是一个高浓度储液罐，

表 3-4　Teflon/硅橡胶隔垫对于液体样品的密封性比较[1]

成分	峰的相对面积	
	不扎隔垫	扎隔垫
丙酮	100（±1.2%）	101（±1.3%）
二氯甲烷	100（±0.96%）	37（±2.1%）

① 通过扎穿密封瓶的隔垫或者开瓶技术，向一系列顶空瓶中添加 3 μL 的 DMF 溶液，每一个顶空瓶中含有 1 mL 水，且采用 Telfon 涂层的硅橡胶隔垫密封。分析前在室温条件下放置 3 天。仪器分析条件同表 3-3。括号中的数字（±%）是五次平行测定的相对标准偏差。

用以补偿水溶性成分在气相中的损失。而另一方面，二氯甲烷的峰面积则在封口瓶加样技术中损失将近 63%，这主要是由于其在水中较低的分配比，这种现象类似于表 3-3 中所述的纯气态样品（表 3-3）。

这个实验指出了在何种情况下已扎过一次针的隔垫可以再次使用，也说明，尽管开口瓶进样技术也存在样品损失的风险，但也可以实现重复性好的结果，这对于操作者的熟练程度要求较高。

3.3.3.1 封口瓶与开口瓶进样技术

下面讨论采用微升注射器，通过扎破隔垫，向已经密封的顶空瓶中注射样品或内标的加样方法。这个技术也适用于向顶空瓶中的溶液加内标的情况，但是要避免在全气化技术中使用。

向顶空瓶中加入小体积样品更好的方法是开口瓶技术（见图 3-7）。铝盖包括隔垫松散的置于瓶顶部，而不是压合：仍然有一条小缝开着，毫升注射器通过这个小缝插入，末端与瓶壁内侧接触。样品注射进入，针迅速撤出，然后将盖尽快压合，进行常规密封。

图 3-7　通过开口瓶技术向顶空瓶中加入液体样品

3.4　恒温

分析开始之前，瓶在恒温器中加热，直到待测物在两相中达到平衡。目前，自动化程度高的顶空仪都配备有恒温器，可以容纳很多顶空瓶，并可以实现样品的顺序分析。现在的仪器是由加热的金属块或者是空气整温器构成；而过去一些老的系统还是使用油浴。通常这种系统都将转盘、支架、链条结合起来，以利于顶空瓶的放置与分析，顶空瓶则根据预设时间自动进入温度调节器中。还有一些系统具有其它特殊功能，如震荡、磁力搅拌等。这些功能的加入能够极大降低平衡的等待时间，关于这一点，将在稍后论述（4.1.2.2 节）。

为了使恒温器的温度具有高稳定性，在其设计中也需要特别用心；在高温条件下，样品瓶在恒温器中的实际时间也是需要值得考虑的。

3.4.1 温度的影响

对于恒温器而言，精准控温非常重要。然而，对于定量分析，持久，特别是长时间温度的稳定甚至比温度的绝对准确性更为重要，因为即使温度相对于真实值有所偏离，由于采用标准曲线，样品和标线中各待测物对此所受影响是一致的。但是在确定热力学函数的情况下（见第 9 章），这一点就与之前不大相同了，因为必须知道准确的温度。当下市面上的温度控制系统能够准确控温，波动为±0.1℃。

在第 2 章中已经说过，温度影响待测物的挥发，进而通过多种方式影响不同成分顶空分析的灵敏度。这种影响是通过以下两个公式来实现的。第一个公式表示了分配系数 K 对于待测物在顶空相（气相）中的浓度的影响，也就是顶空分析时所得到的峰面积 A 的影响：

$$A \propto C_G = \frac{C_o}{K + \beta} \qquad (2.19)$$

式中，C_o 为待测物在初始样品中的浓度；β 为相比。
第二个公式描述了热力学温度对于分配系数的影响。

$$\lg K = \frac{B'}{T} - C' \qquad (2.34)$$

式中，B' 和 C' 是物质的特定常数。

下面再返回来看图 2-4，我们立刻就能够看到，在对水溶液中的物质进行分析时，对于极性物质，如水溶性好、K 值较高的乙醇，温度的微小波动对其影响要远大于那些非极性的、K 值较低的物质。可以看到前面所提到的，较小的温度波动（0.1℃）是怎样对分析结果产生影响的。从表 2-2 中可知，乙醇在水溶液中的特定常数分别为：B'=2205.3，C'=3.910。从这些数据可以算出 69.9℃、70.0℃和 70.1℃下的 K 值，结果列于表 3-5。为了考察这些变化对于实际测试结果的影响，我们考虑采用标准血样，对其中的乙醇进行测定（见 5.2 节），取 0.5 mL 血样，将其稀释至 2.5 mL，采用 HS-GC 进行测定。采用 22.3 mL 顶空瓶，相比 β=19.8/2.5=7.92，对于两个相同的样品，初始浓度固定，相比固定，只有分配系数❶不同（分

---

❶ 分配系采用特定常数和公式（2.34）进行计算，气相浓度比 $C_{G,i}/C_{G(ref)}$ 通过公式（3.2）计算。

别为 2.19 和 2.36）：

$$\frac{A_1}{A_2} = \frac{C_{G,1}}{C_{G,2}} = \frac{K_2 + \beta}{K_1 + \beta} = \frac{a_1}{a_2} \quad\quad （3.1）$$

在公式（3.1）中，C_G 为乙醇在为顶空相中的浓度，A 为其相应的峰面积，那么

$$a = \frac{1}{K + \beta} \quad\quad （2.36）$$

如果将样品 2 作为参比（其顶空温度为 70.0℃），公式（3.1）则可以写为：

$$\frac{A_i}{A_{ref}} = \frac{C_{G,i}}{C_{G(ref)}} = \frac{K_{ref} + \beta}{K_i + \beta} = \frac{a_i}{a_{ref}} \quad\quad （3.2）$$

表 3-5 则列出了通过上述计算得到的 3 种测试条件下的数据。由表 3-5 可知，温度波动 0.1℃，顶空浓度只波动±0.42%（比如根据峰面积结果）。

表 3-5　采用 22.3 mL 顶空瓶和 2.5 mL 样品，样品温度对于乙醇的分配系数和顶空相中浓度（C_G）的影响（β=7.92）[①]

温度/℃	分配系数（K）	$K+\beta$	$C_{G,i}/C_{G(ref)}$	偏差/%
69.9	329.85	337.77	0.9958	-0.42
70.0	328.43	336.35	1.0000	0.00
70.1	327.02	334.94	1.0042	+0.42

① 分配系数是采用文中给出的值，通过公式（2.34）计算得到的。气相浓度比 $C_{G,i}/C_{G(ref)}$ 通过公式（3.2）计算得到。

对于分配系数较低的待测物，温度波动对它的影响更小。采用表 2-2 中的数据，可以对水溶液中四氯乙烯的测定进行同样的计算。对于 0.1℃ 的温度变化，待测物在气相中的浓度变化更加微乎其微（<0.01%）。

对于恒温器上所标示的特定温度肯定是准确的，因为这个温度是在温度传感器（热电偶）部位进行测定的。但是，此温度并不一定是顶空瓶中样品的准确温度。前面已经提到，在待测物实际分析测定中，顶空瓶中的实际确切温度并不是非常重要，只有热动力学研究中，需要尽可能准确知晓顶空瓶中的真实温度。但是，这一点很难做到。对于隔热良好的恒温器，对顶空瓶中样品温度的直接测量只能是将热电偶插入其中，通过其固有的温度调节热传导功能对其进行测量。

在实际应用中，对顶空瓶的确切温度进行测定时，可以像使用熔点仪那样对顶空瓶进行操作，测定偏差为 ±1℃[❶]。如果能够找到沸点已知、纯度较高的标准

---

❶ 大多数自动化顶空分析仪允许按照±1℃的变化来进行温度输入操作。

物晶体，且将其放置在顶空瓶中，那么整个操作将非常简单。比如，晶体萘熔点为 80.55℃，在仪器标示 81℃ 时，其仍为固态，82℃ 时，部分熔融，83℃ 时，其才全部熔融。采用不同的色带代表不同的温度是一种较为简便易得的方法，可以实现较宽范围内温度的标识，这种方法也可以用来对顶空瓶内壁的确切温度进行校准，进而确定样品的温度。

3.4.2 工作模式的影响

上文已经讲过，一个典型的现代化顶空仪能够容纳很多顶空瓶，并对其进行顺序分析。在一些老式的设计中，所有顶空瓶是同时装载至温度控制器中的，顺序靠后一点的样品恒温的时间要高于实际需要的时间。通常来讲，如果恒温时间高于平衡需要的时间，分析结果不会发生太大改变。但是，一些样品对长时间加热较为敏感，对此类样品，应避免此现象的发生。

另一种情况则是在采用色谱对一个样品进行分析的时候，将另外一个样品立刻放置于恒温器中对其进行平衡。然而，通常样品的平衡时间都较长，且高于样品的分析时间。如果将第 2 个样品的平衡时间推迟，直到第 1 个样品分析结束后再开始，则会造成时间利用不充分和样品吞吐量的下降。

这个问题可以用所谓的"叠加持续恒温模式"来解决（见图 3-8）。顶空瓶在预设的时间自动加载至恒温器（如从传送带向恒温器中加载），每个样品平衡时间均

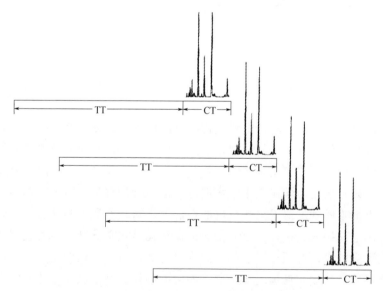

图 3-8　用于同时恒温多个顶空瓶的叠加持续工作模式

TT—恒温时间；CT—色谱循环时间

相同。这种工作模式非常重要，主要是由于，首先，其较大程度地避免了静态顶空-气相色谱中平衡时间较长的缺点。对于一系列样品来讲，只有第 1 个样品需要等待整个平衡时间，其后的样品只需滞后一段时间即可顺序进入恒温器，而滞后的这段时间正是色谱的循环时间。有时候一批样品可以同时进入恒温器进行平衡而互不影响，这取决于恒温时间（TT）和循环时间（CT）的比值。第 1 个样品分析结束后，立刻就可以进行第 2 个样品的分析。即使样品平衡时间较长，在对一系列样品的自动分析中，也不会影响仪器对样品的吞吐量。这种工作模式使所有的样品都具有恒定的平衡时间。对于一些经过较长时间仍不能充分稳定的样品（如啤酒中的二酮类物质，医用灭菌材料中的环氧乙烷），这种工作模式更为重要，因为这种类型的样品要求每个样品的分析条件尽可能一致。对于不同的样品，需要对其设定最长的加热时间，正如前面提到的，这个时间至少要和达到平衡所需的最短时间相同。

在对加热时间的选择中，还有一个模式，也就是所谓的"渐进模式"。在这个模式中，顶空瓶在逐渐升温的过程中进行加热，所有瓶子的加热时间都是第 1 次加热时间的倍数。例如，瓶 2 的加热时间是瓶 1 加热时间的 2 倍，瓶 3 的加热时间是瓶 1 加热时间的 3 倍，依此类推。

渐进模式用来测定平衡所需要的时间，测定中所有的样品瓶具有同样的样品，在逐渐提高加热时间的过程中可以找到最佳的平衡时间（见 4.1 节）。渐进模式还应用在动力学研究上，比如，观察一个反应的进程或者是释放速率（见 9.7.2 节）。

3.5 顶空进样系统的基本原理

顶空分析可以人工操作也可以采用自动化仪器进行操作。实质上来讲，现存顶空进样系统对应 4 种基本类型，分别为：气密针筒型，针头涂覆纤维（固相微萃取）型，时间控制型，平衡加压系统型。此外还有所谓的压力回路式系统型。

3.5.1 使用气体气筒的系统

首先提到的第 1 个进样系统，是采用气体针筒将一定体积的顶空气体按照常规方式注射进入气相色谱。当然，在这里可以采用手动进样，美国材料与试验学会（ASTM）标准操作规程对采用 HS-GC 分析挥发性样品的过程进行了描述[5]，从这一点也证实了这种进样过程的可能性。然而，手动针筒进样系统具有两个主要的缺点。首先，顶空瓶中的压力、顶空气的实际体积是无法控制的，并且，从样品针到大气压，由于气体膨胀所带来的样品传输所导致的上述参数的变化也是实际存在的。如果在气筒上使用压力阀（螺口），这个问题可以得到一定程度的缓解。第二个问题是针筒的温度无法控制，这会导致样品在针筒中的冷凝。ASTM标准操作规程建议在两次进样间隔时将其放置于 90°C 的炉内，当然了，这种条件下恒温自是无法保证，如何手工处理这么高温的气筒也没有提及。

在这里我们要提到是的俄罗斯实验室在对 PVC 工厂废水进行分析时所采用的一种有趣的联合进样技术，即将针筒和一个气体进样阀结合起来[6]。建立这样一个进样系统的目的就是消除进样前针筒不加热对测定结果产生的影响。在这里，针筒可以只当做是一个泵来使用。一定体积的顶空气从顶空瓶中吸出，经过样品环，样品环则与一个加热的六通阀连接，样品环也得到加热，温度升高，环中的样品注射进入气相色谱。图 3-9 对这一进样系统的原理进行了解释。

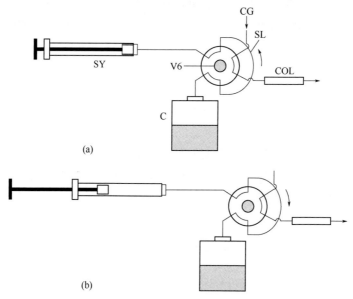

图 3-9　气筒与加热的六通阀结合使用示意图[6]

（a）将定量环充满；（b）将顶空样品注射进入分析柱

CG—载气；V6—加热的六通阀；SL—样品环；SY—注射器；C—样品容器；COL—分析柱

现在，建立在针筒注射基础上的自动化进样技术已较为常见。图 3-10 展示了采用针筒注射进样的自动化顶空-气相色谱系统的结构组成[7]，包括传送装置，顶空瓶进入恒温器加热之前就储存在此；还有恒温器，由加热的金属块构成❶。顶空瓶在适当的时间（预设）由传送装置自动传输至恒温器。在加热即将结束时，气筒（加热的）进入顶空瓶吸取一定体积的顶空气。然后针筒从顶空瓶中抽出，

---

❶ 对于大多数类型的自动化系统（除了小瓶实际从一个转移到另一个的方式），转盘、机架或链条以及恒温器的原理类似，因此，只在这里显示。

移至气相色谱的进样口上方，将样品注射进入系统。这种进样系统的原理本质上与现在气相色谱上普遍使用的自动进样器（对液体样品进行进样）一样。Penton[8]则对常规顶空自动进样器进行了改进，即采用 100 μL 气密针筒代替标准的 10 μL（液体）针筒。

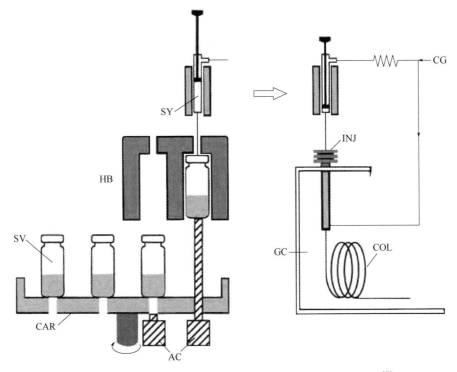

图 3-10　针筒注射进样的自动化顶空气相色谱系统的原理[7]

SV—样品瓶；CAR—传送装置；HB—加热块；AC—气缸；SY—气筒；CG—载气；
GC—气相色谱；INJ—气相色谱进样口；COL—色谱柱

在自动化进样系统中，针筒通常是要加热的。但是，针筒中的压力还是无法锁定，因此，上述问题仍然存在。

3.5.2　固相微萃取（SPME）

固相微萃取技术是一个包含两个步骤的进样技术，它也可应用在静态顶空气相色谱系统上。在 J. Pawliszyn 所编著的书中[9,10]和一篇综述性文章中[11]均对此技术进行了描述；另外，Supelco 公司也对它的应用进行了深入的总结[12]❶。液态、固态和气态的样品放置于顶空瓶中，加隔垫和铝盖密封后，都可以以同样的进样

---

❶ Pawliszyn 研究小组最近的一篇文章详细讨论了 SPME 自动化和可能应用的系统（12a）。

方式进行顶空-气相色谱分析。并且,也有使用开口瓶成功进行此进样分析的,这就避免了隔垫所带来的影响[13]。图 3-11 为固相微萃取顶空进样系统的示意图。将表面涂有固定相的熔融石英玻璃纤维与改进的针筒活塞连接,并将其放至进样针中。进样针扎破顶空瓶隔垫时,其中的纤维滑落下来,或者没入液体样品液面以下,或者样品液面以上,暴露于顶空瓶的顶空部分,如图 3-11 所示。

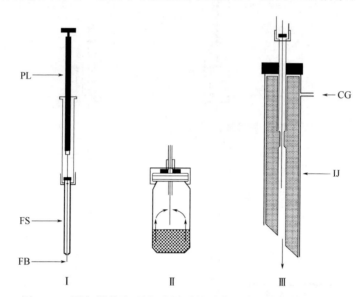

图 3-11　固相微萃取顶空进样系统结构示意图(HS-SPME)

Ⅰ—固相微萃取玻璃纤维萃取头夹持装置;Ⅱ—顶空吸收装置;Ⅲ—脱附与注射进样
PL—进样针筒活塞;FS—玻璃纤维萃取头保护套(用来刺透顶空瓶和气相色谱进样器隔垫);
FB—固相微萃取玻璃纤维萃取头;IJ—气相色谱进样器;CG—载气

如果纤维深入液面以下,溶质就会部分溶于纤维的涂层上,这一点类似于常规的溶液萃取。这样纤维就被一层具有选择性吸附的膜所保护,以防止较脏样品中大分子物质的污染。对于一些液体样品,这种搅拌是有必要的,因为它可以增强待测物质从样品向玻璃纤维的转移。接下来,纤维缩回进样针,转移至加热的气相色谱进样口,在这里,待测物质通过热脱附离开纤维,进入气相色谱柱内进行进一步分析。还有报道采用一种称为"针内毛细管吸收阱"的取样方法[14],与上述步骤类似,用吸附剂填充 5 mL 注射器的不锈钢针,并抽吸水性或气态样品;接下来,在加热的气相色谱进样口进行脱附。

纤维也可以只深入顶空瓶的顶空部分,样品液面以上,此时,样品可以是液态的也可以是固态的。顶空部分的挥发性物质将会分配在顶空气和纤维表面的液膜中。这样就得到了一个三相系统:样品基质相,样品上方的顶空气相,纤维涂层相;并且在样品和顶空气,顶空气和涂层之间分别存在着平衡系统。两个平衡系统通过顶空气中的待测物浓度相关联。系统中的全部待测物分布在三相中：

$$C_0 V_S = C_S V_S + C_G V_G + C_F V_F \tag{3.3}$$

式中，C_0、V_S 为样品中待测物的初始浓度 V_S 为样品体积；C_S 为平衡状态下样品中待测物的浓度；C_G 和 C_F 以及 V_G 和 V_F 分别为待测物在顶空气中和涂层中的浓度和各自对应的体积。

以下两个分配系数 $K_{G/S}$ 和 $K_{F/G}$ 描述了这种平衡状态：

$$K_{G/S} = \frac{C_G}{C_S} \tag{3.4}$$

$$K_{F/G} = \frac{C_F}{C_G} \tag{3.5}$$

$K_{G/S}$ 就是公式（2.11）中 $K = C_S / C_G$ 的倒数。

平衡状态下顶空相中待测物的浓度与两个混合的平衡系统相关：

$$C_S = \frac{C_G}{K_{G/S}} \tag{3.4a}$$

$$C_G = \frac{C_F}{K_{F/G}} \tag{3.5a}$$

将公式（3.4a）和公式（3.5a）带入到公式（3.3）中可得：

$$C_0 V_S = \frac{C_F V_S}{K_{G/S} K_{F/G}} + \frac{C_F V_G}{K_{F/G}} + C_F V_F \tag{3.6}$$

玻璃纤维涂层中的吸收量由下式算出：

$$W_F = C_F V_F \tag{3.7}$$

也即：

$$C_F = \frac{W_F}{V_F} \tag{3.7a}$$

将公式（3.7）中的 C_F 带入到公式（3.6）中：可得到公式（3.7b）和公式（3.8）：

$$C_0 V_S = \frac{W_F}{V_F} \left(\frac{V_S}{K_{G/S} K_{F/G}} + \frac{V_G}{K_{F/G}} + V_F \right)$$

$$= \frac{W_F}{V_F} \left(\frac{V_S + V_G K_{G/S} + V_F K_{G/S} K_{F/G}}{K_{G/S} K_{F/G}} \right) \tag{3.7b}$$

$$W_{F} = \frac{C_{o}V_{S}V_{F}K_{F/G}K_{G/S}}{K_{F/G}K_{G/S}V_{F} + K_{G/S}V_{G} + V_{S}} \quad (3.8)$$

从公式（3.8）可以算出纤维涂层所吸收的待测物含量，并由此得到测定的灵敏度，因为这些物质最终还是要进入气相色谱进行分析。然而，在使用公式（3.8）进行计算时，还需要知道常温条件下的物化分配系数 $K_{G/S}$ 和 $K_{F/G}$，以及仪器参数 V_{S}、V_{G} 和 V_{F}。表 3-6 给出了一些特定化合物的 $K_{F/G}$ 数据。

表 3-6　25℃ 条件下化合物在纤维涂层和顶空中的分配系数 $K_{F/G}$

化合物	参考文献	$K_{F/G}$	bp/°C
1,2-二氯丙烷	[15]	251	96.8
苯	[16]	301	80.1
甲苯	[16]	818	110.6
1,1,2-三氯乙烷	[15]	1995	113.7
邻二甲苯	[16]	2500	144.4

纤维涂层的待测物吸收量随着其在纤维涂层中溶解度的增加而增加，分配系数 $K_{F/G}$ 的增加与这一现象相对应；同样，随着化合物分子量的增加，从表 3-6 中可知，$K_{F/G}$ 的变化也有所增加。然而这种关系只在从水溶液中吸收非极性化合物这种情况下有效，因为在这种情况下，随着化合物分子量的增加，其在水中的溶解度降低[15,16]。对于水溶液中非极性化合物，如多氯联苯（PCB）[17,18]、多环芳烃（PAHs）[19-21]，或是杀虫剂[22-24]的测定，采用这种方式可以得到较好的富集，近些年大部分文章也是主要关注于此。这些化合物具有在水溶液基质中较低的溶解度和玻璃纤维涂层中较高的吸收性两大特性，尽管它们的挥发性较小，也可以得到较高的测定灵敏度。通常来讲，温度升高，化合物的挥发性会增强，但是涂层/顶空相中的分配系数 $K_{F/G}$ 也随之减小，也就是说，纤维涂层中的化合物浓度随之降低，这就抵消了待测物挥发性增强所带来的影响，除非在对样品进行加热的同时采用液态二氧化碳对纤维进行降温。

挥发性物质在纤维涂层中溶解度的不同造成了整个分析体系的选择性分析特性。例如，在用非极性的聚二甲基硅氧烷（PDMS）涂层对溶剂残留混合物（顶空分析中常用的一种分析项目）进行分析时，非极性的甲苯理所当然的在涂层中溶解较好，但是甲醇则不然。因此，不同分析成分的检测灵敏度根据各自的极性差别而相应的有所不同。顶空-固相微萃取技术，主要局限使用于水溶液样品，对溶解在有机溶剂中的物质通常不太适用。除非采用极性较强的溶剂如甲醇[9]，此时，采用非极性的纤维涂层也是可行的。此外，这种纤维也可用来收集空气中的挥发性物质，应用在快速、瞬时或者是长期的时间加权平均浓度测定的现场取样过程[25]。

通过以上讨论，很明显待测物在纤维涂层中的溶解性随着其挥发性增强而提高。想要计算得到涂层中的吸收量 W_F，必须知道纤维涂层的体积。表 3-7 列出了供应商（Supelco 公司，美国宾夕法尼亚州，贝尔丰德市）目前提供的一些市售 SPME 纤维。

表 3-7　SPME 纤维①相体积

涂层②	涂层厚度/μm	相体积/10^{-3} cm³
PDMS	7	0.028
PDMS	30	0.132
PDMS	100	0.612
聚丙烯酸酯	85	0.520
CW/DVB	65	0.357
CW/DVB SF	70	0.418
PDMS/DVB③	65	0.378
PDMS/DVB SF③	65	0.398
PDMS/碳分子筛③	75	0.459
PDMS/碳分子筛 SF③	85	0.528
PDMS/碳分子筛 SF④		
碳分子筛涂层	50	0.151
DVB 涂层	50	0.377

① 纤维长度 10 mm，数据来源：Supelco，Inc.，Bellefonte，PA.。
② 简写说明：PDMS—聚二甲基硅氧烷；DVB—二乙烯基苯；CW—聚乙二醇；SF—Stable Flex™。
③ 纤维头具有 5 μm 的 PDMS 预涂层。
④ DVD/碳分子筛具有两个涂层，含有 Carboxen 或 DVB 的涂料悬浮在 PDMS 或 Carbowax 中。该相充当黏合剂以使颗粒结合到纤维芯上。

除了这些市售的，还有很多改进后的纤维见诸报端，并且这个研究一直在持续进行。在有机磷农药分析中报道使用了一种活性炭-PVC 纤维[23]。在对水溶液样品中的多环芳烃（PAHs）进行分析时，甚至有报道使用一种改进的铅笔芯（石墨）作为纤维[21]。由金属制作的纤维从力学性能上来讲要比脆弱的熔融石英纤维更为稳定，并且其可以承受较厚的涂层，以此得到较好的灵敏度。还有报道在金属线体上加透气涂层来进行萃取的，涂层结构由 5 μm 二氧化硅颗粒通过化学键合至一些固定相上，如苯基、C_8、单体或聚合的 C_{18}（与高效液相色谱上使用的一样）[19]。在对脂肪醇进行萃取时，报道采用了一种萃取纤维，它是通过电化学方法将聚苯胺涂至金线体上构成的，用于萃取脂肪醇效果较好[26]。还有报道采用一根细的玻璃陶瓷作为基体，采用溶胶-凝胶法将聚二甲基硅氧烷（PDMS）涂至其表面[27]。溶胶-凝胶反应现在正在越来越多地被应用在纤维涂层技术上，例如，

3-(三甲氧基甲硅烷基)丙基丙烯酸酯（TMSPMA）是合成 TMSPMA-羟基封端硅油的前体，通过溶胶-凝胶衍生反应将 TMSPMA 合成 TMSPMA-羟基封端硅油，形成的这种硅油纤维可以用来对啤酒中的极性醇类、脂肪酸和非极性酯类同时进行萃取[28]。在采用 HS-SPME 方法对 16 种有机氯农药进行测定时，报道采用溶胶-凝胶法将双羟基封端的苯并 15-冠醚-5 作为纤维涂层进行萃取[24]。通过 HS-SPME 对草药浸膏中的有机磷农药和有机氯农药同时进行萃取测定时，使用溶胶-凝胶技术将聚二甲基硅氧烷和聚乙烯醇制成纤维涂层，对样品萃取后采用 HS-GC 进行分析[29]。

综上所述，纤维涂层的选择是多种多样的，然而，如何找到最合适的纤维则显得较为困难，甚至会增加整个操作的复杂性。我们试图通过 Kovats 保留指数系统来确定待测成分的纤维/气相平衡的专一性，以便选取合适的纤维涂层[30]。

目前市售的较厚的膜状纤维（100 μm）只配备了聚二甲基硅氧烷和聚丙烯酸酯涂层，但这在实际应用中远远不够。较厚的膜状纤维可以吸收大量的待测物，也可以用来获得较高的测定灵敏度，但是无论是吸收还是随后的脱附均比较耗时。采用 HS-SPME 对水溶液中的多氯联苯（PCB）进行测定时，发现 HS-SPME 动力学研究中的速度控制步骤是由待测物向纤维中的扩散决定，而不是由水溶液中的挥发决定[17]。因此，想要加速水溶液样品的样品/顶空相平衡的形成，可以通过搅动、超声、微波辐射等方式[31]，并且这些步骤有助于待测物向纤维涂层中的扩散。由于达到平衡一般也需要较长的时间，因此一般在达到平衡之前扩散步骤就已经被打断，如果上述步骤重复性较好，可以直接进行下一步的定量分析（非平衡状态下的）。

待测物质从纤维上的脱附是在气相色谱的进样口（加热的）完成的。相对于普通的气相色谱所使用的冷进样技术，为了实现快速脱附，此处进样口的温度可以设置较高，如对于 PCB 来讲可设 300°C。但是，即使进样口温度较高，可以预期实现待测物快速脱附，有报道脱附可以在几分钟之内完成（特别是使用 100 μm 的纤维时），也会出现一个问题，那就是峰形拓宽，这一点对于那些挥发性较强，较早被色谱洗脱下来的物质的影响尤为突出。如图 3-12[32]所示，色谱图中的峰 1 就有较为明显的展宽。在这里使用的是 100 μm 的纤维，脱附时间为 1 min。对于挥发性较强的，如挥发性香味成分，采用较厚的膜状纤维进行取样时，需要使用冷阱捕集技术对峰宽进行重新调整[33-35]（见 3.7 节）。另一方面，对于挥发性较小的成分，如 PCB，采用较厚的膜状纤维涂层对其进行萃取时，如果起始温度接近环境温度，并且采用程序升温柱，峰带展宽现象可以被程序升温柱的热聚焦效应所抑制。在 3.9 节中，待测物转变成为衍生物时，由于一些原因，其性质会发生一些改变，正是由于这个原因，在采用 HS-SPME 对挥发性物质进行分析时，最好是将易挥发性物质转变成较不易挥发性的衍生物，这一点与直接的静态

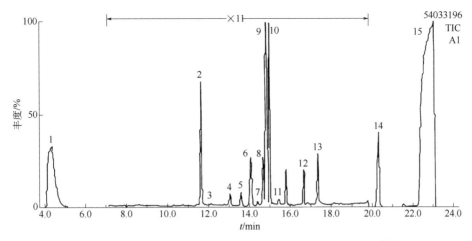

图 3-12　采用 SPME 配合顶空测定茴香中的挥发性物质[32]

仪器条件：Fisons GC-8000 配 MD-800 四级杆质谱检测器。SPME—涂覆二甲基硅氧烷的 10 mm 纤维头，涂层厚度 100 μm；前柱—2 m ×0.32 mm 内径，涂层为苯甲基硅氧烷（Restek, Corp.）；分析柱—30 m×0.32 mm 内径的熔融石英开管柱，固定相为 DB-5MS，厚度为 0.5 μm (J&W Scientific)；程序升温，在 30°C 恒温 2 min，然后以 2°C/min 的速率上升至 120°C，以 5°C/min 的速率上升至 170°C；进样：不分流进样；在 250°C 条件下解吸时间为 60 s

峰辨认：1—氯硝基甲烷；2—4-蒈烯；3—莰烯；4—β-蒎烯；5—β-月桂烯；9—柠檬烯；14—草蒿脑；15—反式茴香脑

来源：经作者和 *Fresenius Analytical Chemistry* 杂志授权复制

HS-GC 不一样，后者是将不易挥发的物质衍生为易挥发的物质。还有其它一些因素会加速低挥发性、非极性物质从水溶液向涂层中聚集。比如待测物本身不易溶于水，而易溶于非极性纤维涂层中；通过程序升温开管柱的热聚焦效应补偿从厚膜（例如，100 mm）涂层的缓慢解吸，其中具有低挥发性的化合物在较高的柱温下洗脱，这就避免了采用冷阱捕集装置。在对水溶液样品中的 PCB 进行测定时，很好地体现了上述因素对测定的影响，测定色谱图见图 3-13。

3.5.2.1　顶空-固相微萃取和直接静态顶空-气相色谱灵敏度比较

对于不同的顶空技术（静态 HS-GC，动态 HS-GC，HS-SPME），其相对灵敏度的选择不是一成不变的。对其灵敏度的比较是很困难的，这依赖于许多参数，包括待测物的特性，尤其是其对于特定测定技术的选择性，这就导致了特定种类或者是特定族群的化合物由于挥发性、极性、溶解性的不同而适合或不适合采用某种检测手段进行测定。在对不同技术手段的灵敏度进行比较时，仪器条件也是一个非常重要的因素。还有一个经常被忽略的重要因素，即这种技术手段的灵敏度是否适合准确的定量分析。虽然非平衡状态下也可实现定量操作，但是平衡状态下进行定量要比非平衡状态下定量可靠得多，因为非平衡状态下的定量还需要其它参数能够准确重现。这一点在 1.2.2.5 节已经讲过，在吹扫捕集步骤中，要在

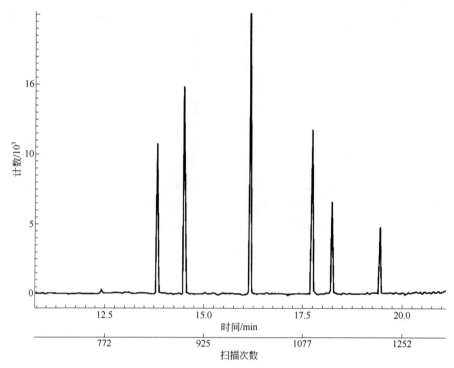

图 3-13　采用 SPME 对 PCB 标准溶液进行测定

　　GC 条件：Varian 4000 GC/MS，接外电离电离源。分析柱为 30 m×0.25 mm 内径熔融石英开管柱，固定相为 VF5MS，膜厚为 0.25 μm。载气为氢气，1.0 mL/min，恒流。在 280°C 条件下不分流进样 2 min。

　　SPME：100 mm PDMS 纤维，萃取时间 15min，搅拌器温度 100°C，搅拌速率 500 r/min，解吸时间为 5 min

　　MS 条件：全扫，扫描范围 50~550 amu，快速扫描。数据采集时间为 3.0~27 min。离子化温度和捕集温度分别为 270°C 和 150°C，阻尼气流速为 2.5 mL/min，发射电流 25 μA，阱内离子数 2000 多个。补偿为 +100V

　　样品：10 mL，置于 20 mL 顶空瓶中。样品包含 PCB28，52，101，138，153 和 180，浓度均为 1 μg/L

　　来源：由达姆施塔特的 Varian Germany GmbH 的 Achim Sieveritz 先生提供

非平衡状态下得到准确数据，需要进行复杂的多变量校正[36]。

　　下例对顶空-固相微萃取（HS-SPME）和直接静态顶空-气相色谱技术（HS-GC）进行了比较，通过此例来说明仪器参数的微小变化是如何影响分析技术的灵敏度的。

　　举例中我们采用 10 mL 的顶空瓶，其中含有 5 μg/mL 苯的水溶液 2 mL，温度为 25°C，其余必要的参数如下：

$$V_S = 2 \text{ mL}$$

$$V_G = 8 \text{ mL}$$

$$W_o = 10 \text{ μg}$$

$$C_o = 5 \text{ μg/mL}$$

$$K_{S/G}=4.35^{\bullet}$$
$$K_{G/S}=0.23$$

顶空瓶中顶空相的浓度由下式得到：

$$K_{S/G} = \frac{W_S}{W_G} \times \frac{V_G}{V_S} = \frac{W_o - W_G}{W_G} \times \frac{V_G}{V_S}$$

因此，W_G=4.8 μg，顶空相浓度为 0.60 μg/mL。

HS-SPME 灵敏度：由公式（3.8）和上述所列参数可以计算得到待测物在纤维涂层中的吸附量，因为吸附在纤维涂层中的待测物最终还是会转移至气相色谱中，由此得知其测定灵敏度。例如，PDMS 纤维（V_F=0.28×10^{-4} mL，$K_{F/G}$=301）厚度为 7 μm 时，苯的吸附量仅为 5.05 ng。纤维涂层对待测物的吸附量 W_F 随着涂层厚度的增加而增加。当纤维厚度为 30 μm 时（V_F=1.32×10^{-4} mL），采用同样计算，可得其对于苯的吸附量为 23.7 ng。

直接 HS-GC 灵敏度：上述可知，顶空相中的待测物浓度为 0.6 μg/mL。采用内径为 0.32 mm 的标准开管柱，载气流速为 1.5 mL/min，进样时间为 2 s，顶空进样的体积为 50 μL，对应的待测物质为 30 ng。相对于采用 7 μm 纤维涂层的 SPME，直接 HS-GC 灵敏度为其 6 倍还高，甚至对于 30 μm 纤维涂层的 SPME，其灵敏度也稍高一点。

3.5.3 平衡加压采样系统

在平衡加压系统中，顶空瓶中的样品不是通过针筒吸走的。而是在达到平衡后，通入载气对瓶中气体加压，直至压力与分析柱入口处的载气压力一致。接下来，通过关闭设置在载气传输线上的阀，将载气暂时切断：此时顶空瓶中的压缩气就膨胀，对分析柱施以压力，而顶空瓶中的混合气（载气和顶空气）形成气流，在预设的时间内流入分析柱。由于顶空瓶中压力和加压时间都可以人为设定，传输至分析柱的顶空相气体体积可以得到准确的控制。这个系统代表了平衡加压采样技术最基本的配置，在加压过程中没有使用分流气，直接通过通入载气对其进行加压。

Bodenseewerk Perkin-Elmer（PE 公司德国分部）在 1967 年首次介绍了采用此采样技术的自动化系统[37]。在这个系统中（图 3-14），用一条气体传输线连接到柱子并通过针头连接到顶空样品瓶。这个系统的工作原理总结如下：一个由不锈钢或其它惰性材质（如铂金）制成的加热的针头，深入至一个加热的套管中，这个套管不断地通入小流量的气体进行冲洗，避免受到外界的污染，针头内部也有

---

❶ 从表 3-7 和公式（2.34）通过线性回归计算。

一定的中空部分，保证气体不同方向的流入和流出。在待机状态时［步骤（a），图 3-14（a）］，针头通过 O 形圈密封，与大气隔离。平衡结束后［步骤（a）］，针头扎破顶空瓶隔垫［步骤（b），图 3-14（b）］，一部分载气流入顶空瓶进行加压，直至压力与载气压力一致。几分钟（加压时间）后，通过关闭连接阀 V_1，将载气暂时切断［步骤（c），图 3-14（c）］。由于顶空瓶是通过针头与分析柱相通的，顶空气就通过惰性加热的传输线流向进样器。流入的体积可以通过传输时间进行控制。当上述过程完成，系统又恢复到待机状态［步骤（a）］。

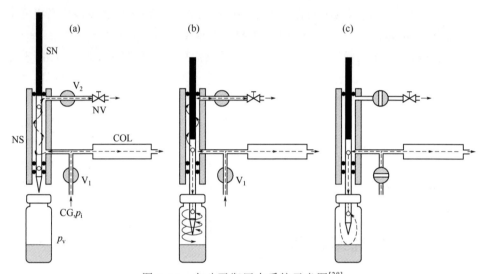

图 3-14 自动平衡压力系统示意图[38]

（a）平衡状态（待机）；（b）加压状态；（c）样品传输

CG—载气；V_1,V_2—电磁阀开关；SN—可移动的进样针；NS—针轴；NV—针阀；
COL—分析柱；p_i—柱入口压力；p_v—顶空瓶中的初始压力

图 3-14 很好地诠释了"平衡加压系统"的整个工作步骤，顶空瓶中的压力最终是和分析柱柱头压力一致的。唯一的要求则是传输线必须直接连接顶空分析仪和分析柱。在实际应用中，为了方便起见，则是将自动顶空分析仪和气相色谱（带载气装置）的进样口连接，此时形成的柱头压力为 p_i。为了使顶空瓶中的顶空相气体向气相色谱的进样口流动，并最终进入色谱柱进行分析，采用了一个独立的气路对顶空瓶进行加压，这一气路的压力 p_p 是高于进样口压力的（加压进样系统）[38]。Pauschmann[39] 和 Göke[40] 最早对这一改动做了详述。在这本书所使用的插图中，对于压力数值的表示及单位不是采用绝对数值（比如载气为氢气：140/120 kPa，分流进样），而是采用压缩气相对于柱入口压力的比值来表示的，这一点与仪器上的计示压力是一致的。

在最新版本的顶空分析系统（比如 PE 公司的 Turbo-Matrix 自动顶空分析仪）中，无论是平衡加压进样整个过程均使用一气路，还是加压和进样分别使用不同的气路，都是可行的。在使用开管柱的时候，多使用后者。这一点，将在 3.6.2 节进行讨论（参考图 3-16）。

对于水溶液样品、液体样品，甚至是含有一定水分的固体样品，顶空瓶中的压力主要来自于样品瓶中水的饱和蒸汽压。表 2-1 和图 2-2 列出不同温度条件下水的饱和蒸汽压数值，当使用开管柱对水溶液样品和含水分的样品进行分析时，需要参考上述表格。很多柱子压降较低，即气相色谱柱内压力 p_i 低于顶空瓶压力 p_v 就是这个原因。在使用加压系统时［见图 3-16（a）］，瓶外部压力 p_p 要比瓶内部压力高。对于柱长较短，内径较大的开管柱，其气阻较小，顶空取样较为困难，此时可以在柱末端安装限流器，例如图 3-19 中所示，较短的柱末端通过接头与一根老化后的 60 cm×0.15 mm（内径）的石英毛细管相连接。通过改变开口管限流器的长度，可以对我们想要的压降进行调整。

前面已经讲到，在平衡加压系统中，顶空进样的进样体积是由压力和传输时间进行控制。对两者的精密控制确保了进样体积的完好重现。

3.5.4   压力/回路式系统

在压力/回路式系统中，样品瓶平衡结束后，通过载气对顶空瓶进行加压至设定值，这一步骤与 3.5.3 节的加压平衡采样系统是一样的。不同之处在于下一步，顶空瓶中的气体不是直接流向分析柱，而是暂时流向气体取样阀上的定量环中，加压的顶空气体充满了整个定量环，接下来，定量环中的气体再注射进入气相色谱。

图 3-15[41]详细解释了一个自动化压力/回路式采样系统是如何通过 3 个步骤实现对样品的采集的。图 3-15（a）表示平衡步骤（待机状态）。如果需要，在这一步也可以通过打开 V_2 阀，将气体引入，对取样针进行清洗。图 3-15（b）表示加压步骤，取样针扎破隔垫，加压气通入顶空瓶进行加压直至达到设定压力。第 3 步包含两个部分：第 1 部分［图 3-15（c_1）：采样］，加压气切断，六通阀转动，使顶空瓶与定量环连接。可以通过打开背压开关（BR），使定量环与大气相通，顶空瓶中的气体（具有设定的高压）可以以此释放至大气中，结果就是顶空气在大气压力条件下充满定量环。也可以调节背压开关，使定量环中压力达到载气入口压力。第 2 部分［图 3-15（c_2）：样品注射进入气相色谱］，载气接通定量环，推动环中样品进入分析柱。

一般来讲，六通阀、传输线和进样针均需加热至一定的温度，保证样品在传输过程中不发生凝结。

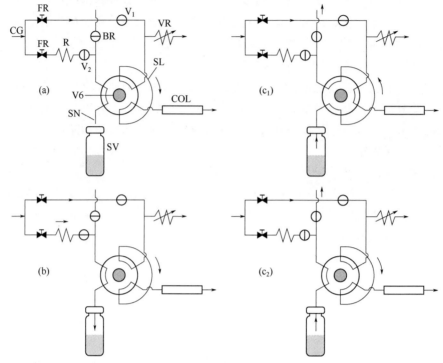

图 3-15　顶空气引入气相色谱仪的压力/回路系统原理[41]

（a）平衡状态（待机）；（b）加压状态；（c₁）样品充满定量环；（c₂）进样

CG—载气；FR—流量/压力调节器；R—限流器；V_1,V_2—电磁阀开关；BR—背压调节器；
VR—可变限制器；V6—六通阀；SL—定量环；SN—可移动的进样针；SV—样品瓶；COL—分析柱

采用定量环与 HS-GC 相连接，可以得到进样量的标示体积，然而，这只是定量环的几何体积，我们真正想得到的是待测物的实际含量，也就是以 mol 来表示的样品浓度（n），只有这样才能得到分析的灵敏度。样品的实际摩尔数取决于定量环的体积 V_L，压力 P_L 和温度 T：

$$p_L V_L = nRT \qquad (3.9)$$

式中，R 为气体常数。因此，采用定量环的体积来标示样品的体积是没有意义的，这个问题接下来将会很快讨论（3.5.6 节）。

3.5.5　加压系统的参数设置

自动顶空分析仪都以加压为基础，这其中还有三个需要操作者自己设置的参数，即：压力、时间和温度。

对于加压时间来讲，几秒钟就足以能够使顶空瓶中的压力达到设定值，然而，在实际操作中，我们推荐设置更长的加压时间，如 1~3 min❶。这有两个原因。首先是气体通过进样针进入到顶空瓶中，这个过程中气体的流动模式是层流模式，而不是迅速混合的湍流模式。先行流入的惰性气体在针出口处形成气泡，造成顶空瓶中顶空相暂时的浓度梯度。接下来，气体迅速扩散，梯度消失，顶空相均匀分布。设置较长加压时间就是保证均质化过程的完成。

当外来载气通入顶空瓶中进行加压时，顶空瓶中的待测物浓度是否可以认为是得到了稀释，这是一个存在争议的问题。而这与待测物浓度的表示方式有关。如果待测物的浓度用摩尔浓度来表示，那么这种稀释效应是存在的，用摩尔分数 $x_{G(i)}$ 来表示：

$$x_{G(i)} = \frac{n_i}{n_t} \qquad (2.21)$$

式中，n 指的是顶空相中的物质的量。然而，当待测物在顶空相中的浓度采用质量/体积来表示时（例如，以顶空相中单位体积 V_G 中含有的质量 $W_{G(i)}$ 来表示）：

$$C_{G(i)} = \frac{W_{G(i)}}{V_G} \qquad (2.9)$$

这个时候这个浓度就与压力无关了，因为在加压过程中顶空相体积是不会发生改变的。同样，这种条件下的测定灵敏度也不受顶空瓶中压力改变的影响。

第二个需要加长加压时间的原因是，用于加压的载气在初始条件下温度通常与顶空瓶中气体的温度不同，当载气通入顶空瓶中后，需要一定的时间使它们的温度达成一致。

还需要操作者根据需要自行设置的参数为：取样针、阀和传输线的温度。这个温度要设置得足够高以避免样品在传输过程中凝结，而另一方面，温度也不能太高，因为过高温度的取样针会导致顶空瓶隔垫被灼烧损坏。通常都推荐这个温度设置要略高于顶空分析仪的加热器的温度。在此，我们必须强调，在加热的传输线中，顶空气是由空气与微量浓度的待测物混合而成的，如果温度过高，待测物会被氧化分解。

当使用氢气作为载气时，我们还观察到一个非常有趣的现象。一般来讲，取样针材质为铂或铂/铱合金，在氢气流中使用时，其就充当了催化剂的作用，会导致不饱和化合物产生加氢反应，或是卤化物产生脱卤反应。在对溴化物进行测定时，还会产生定量脱溴的现象。正是因为如此，许多加压取样系统都允许在加压

---

❶ 加压时间是指系统处于图 3-14（B）所示阶段的时间。在本书的例子中，加压时间一般为 3 min，除非另有说明。

和分析测定时分别使用不同的气路：即采用氮气和氦气进行加压，使用氢气进行分析测定，对于开管柱尤是如此。

3.5.6 顶空气样品的体积

使用者也许会好奇顶空瓶中究竟有多少体积的待测样转移至气相色谱进行分离测定。这个问题有两个答案。第一个就是我们在分析中常说的有多少体积或质量的样品，同样，我们感觉这个量对于 HS-GC 也是非常重要的。但是，在这里，情况却不尽相同。

在顶空分析中，"样品"这个名词具有两种含义。首先，它表示初始放置到顶空瓶中的样品（液体或固体）。关于这个样品的体积（V_S）很重要，因为它直接影响到顶空相的体积（V_G）和相比（β）：

$$V_v = V_S + V_G \tag{2.1}$$

$$\beta = V_G / V_S \tag{2.2}$$

样品瓶的体积（V_v）和相比 β 也很重要，因为它们是定量计算的参数。通常情况下，初始样品的体积 V_S 是已知的，毕竟它们是人为放入的。

在分析过程中，一定量的顶空气传输至气相色谱中，有时，这部分顶空气也被称为"样品"。我们更倾向于采用"顶空样体积（V_H）"来表示它。需要明确的是，这个体积并不是定量计算的参数，因此，我们并不需要知道这部分样品的实际体积。我们需要知道的是样品体积传输过程中的重复性和体积发生改变的可能性。需要提醒注意的是，在不分流模式下，这部分体积（V_H）的顶空样品是全部进入填充柱或开口柱的，但是对于分流模式，这个体积会因为分流比的设定而进一步减少（3.6.2 节）。

还有一个情况需要知道传输气的体积，那就是在不同顶空系统进行对比时。由于历史的原因，在建立一些标准的顶空分析方法时，还是采用手动针筒进样，而样品体积则是根据针筒上的标示得到的。这其实是一个很难解释的问题，操作者必须分清这个体积究竟指的是针筒的标示体积还是顶空瓶中的实际取样体积。换句话说，对于此处所说的"体积"真正意义的理解才是这个问题的关键所在。

3.5.6.1 针筒取样时的进样体积

在对聚合物中的挥发性物质进行测定的时候，美国材料与试验协会（ASTM）建议采用注射器手动抽取 1 mL 的顶空气（V_H），那么我们在测定中也采用这种设定体积。前面已经提到，我们从顶空瓶中抽取出来的这部分顶空气（V_H）是具有一定压力的，而这个压力主要来自于加热器温度的升高。如果采用水溶液样品，将其加热至 80℃，顶空瓶内的绝对压力为 148.5 kPa❶，因为此时这个温度下的饱和水蒸气压力也有 47.2 kPa。采用标准的注射器吸取一定体积的顶空气进行时，顶空气在瓶中的压力也会传输至注射器内部及与针头接口处，然而，当注射器从顶空瓶移出，注射器上的针头则与大气相通，注射器中已经吸取的顶空气则由于体积膨胀而逃逸，在这种情况下，几乎有一半的顶空气会丢失。这里所涉及的一些数据可以采用基本的压力-体积关系公式来计算：

$$p_1V_1 = p_2V_2 \tag{3.10}$$

在这个例子中，p_1=101.3 kPa，V_1=1.0 mL（注射器中的条件），p_2=148.5 kPa（顶空瓶中的绝对压力），由此，V_2（对应的顶空气体积）就等于 101.3×1.0÷148.5=0.68 mL。也就是说，我们虽然抽取了 1 mL 的顶空气，但是实际的体积只有 0.68 mL。

另一方面，如果采用可以锁压的注射器进行取样，注射器内的压力则不会发生变化。吸入的这 1 mL 顶空气其压力与顶空瓶中的相同。也就是说，相对于普通的标准型注射器，采用可以锁压的注射器时，气相色谱的进样量有较大的不同。其它一些影响进样体积的条件包括大气压力（这个是不断变化的）和顶空瓶压力等。实际上，此处指的是自动针筒进样系统，而不包括早前所说的完全暴露在大气中的针筒。

3.5.6.2　定量环进样系统中的进样体积

采用定量环进行注射进样时，所说的进样体积就是定量环的几何体积。如果这个定量环是与大气相通的，这种情况就与上文所说的针筒进样是一样的：吸入定量环的加压气体积膨胀后向大气中逃逸，环中压力也会急剧减少，样品的总量（以摩尔数计）也会相应较少。当其压力减少至与大气压相同的时候，样品量减少的速度会放缓而趋于稳定。最终定量环中的样品量取决于顶空瓶中的压力，以及样品向定量环中开始传输到六通阀切换至进样位的时间间隔（图 3-15）。

还有一个办法可以使定量环中的气压保持在特定的水平上，那就是对背压控制器进行调节。在这种情况下，待测物在定量环中的浓度与上述情况又有所不同，假设公式（3.10）对其也是适用的，那么就可以通过此公式计算得到顶空瓶和定量环中的压力数值。

如果想要改变进样量，需要更换定量环（使用不同几何体积的定量环）或者是改变定量环中的压力。然而，如果通过控制定量环的冲洗间隔（时间），使定量环中的待测物部分传输至色谱柱，这种情况下，实际进样体积的计算则更

---

❶ 同样，我们忽略了样品中存在的其他组分的分压可能带来的影响。

为复杂。

3.5.6.3　平衡加压系统的进样体积

对于平衡加压系统，进入色谱柱的实际样品体积取决于在色谱柱入口处的载气流速以及传输时间（为了保证传输体积具有良好的重现性，这个时间是准确控制的），而与压力关系不大。

在这个取样系统中，当采用填充柱或者是不分流模式的开管柱时，所抽取的全部顶空样（V_H）都进入到色谱柱中。因此，通过比较纯蒸气样品连续两针测定的峰面积，可以很容易地得到顶空相的实际进样体积。这种纯蒸气样品可以通过全挥发技术（TVT）（4.6.1 节）制备获得。将这两针样品的峰面积设为 A^I 和 A^{II}，那么 A^I 和 A^{II} 分别与顶空瓶中的初始样品浓度 C^I 和第二次进样后顶空瓶中剩余样品的浓度 C^{II} 成正比，C^I 和 C^{II} 分别对应的样品含量为 m_i^I 和 m_i^{II}（$C=m/V_v$，其中 V_v 为恒定体积），公式（3.11）列出了这几个参数对应的关系：

$$\frac{C^I}{C^{II}} = \frac{m_i^I}{m_i^{II}} = \frac{A^I}{A^{II}} \qquad (3.11)$$

样品峰面积的改变与第一次测定时转移的样品含量的改变 Δm 是对应的：

$$\Delta m = m^I - m^{II} \qquad (3.11a)$$

样品含量的改变主要是由于第一次取样时样品初始浓度 C^I 的改变，它的取样体积也就是 V_H，将 V_H 带入到公式进行计算可得到：

$$C^I = \frac{m^I}{V_v} = \frac{m^I - m^{II}}{V_H} \qquad (3.11b)$$

根据公式（3.11），将 m^I 和 m^{II} 分别采用峰面积来表示，并将其带入至公式（3.11b）中，可得到进样体积 V_H。

$$V_H = \left(1 - \frac{A^{II}}{A^I}\right) V_v \qquad (3.11c)$$

举例说明，对于一个体积为 22.3 mL（V_v）的顶空瓶，其初次进样峰面积 A^I=6000，第二次进样峰面积 A^{II}=5800，由公式（3.11c）可以得到其进样体积 V_H = 0.74 mL。

这种计算方式只针对填充柱和分流模式下的开管柱有效，因为对于不分流进样模式，进样体积和峰面积的变化实在是太小，对于精确计算可以忽略不计。除非是对于一些富集技术，其允许更大的顶空样品体积。

3.6 开管柱（毛细管柱）的使用

1978 年至 1979 年，Kuck[42]、Kolb 及其同事们[43-45]首次对开管柱在 HS-GC 上的应用做了探讨。在 Kolb[46]发表的一篇综述中，对具有开管柱的 HS-GC 的各个方面和技术进行了总结。

3.6.1 适用于气体样品分析的开管毛细管柱的特点

顶空技术是一种将气体样品引入色谱分析的一个手段。从原理上讲，它对于最终进行分离测定的开管柱没有什么限制，任何类型都可以使用。对于特定的分析要求，可以选择不同内径、长度和厚度的涂层与之相对应，以满足气相色谱的测定。灵敏度、分离度和分析时间都是非常重要的选择标准。灵敏度取决于气体样品的容量，这一点与开管柱的直径相关，分析时间主要与柱长度有关，分离度与长度和直径都有关系。在实际应用中通常要对这些需求进行平衡，柱径 0.32 mm，适当长度（比如 30 m）的柱子在顶空分析中较为常用。如果对分离度要求较高，可以选择内径较小，长度较长的柱子，如 0.25 mm×50 m 的开管柱一般具有较好的分离度。根据色谱基础理论，分离度仅随着色谱柱长度的平方根增加，而分析时间与色谱柱长度成比例增加，分离度越高，分析时间越长。对于自动顶空分析仪，分析时间并不是首先需要考虑的问题，因为虽然分析时间较长，但是对于一系列样品，顶空仪会自动进行分析，可以完成隔夜操作（无人值守）。然而，如对分析时间有要求，想在更短的时间内完成分析，则可以选择长度较短，内径为 100 μm 或者 50 μm 的柱子进行分析。比如，Russo[47]在使用静态 HS-GC、针筒进样方式对水溶液样品进行分析时，采用的是长度为 3 m、内径为 50 μm 的柱子，在不到 3 min 的时间内实现了从正戊烷到异丙苯共 11 种挥发性碳水化合物的分析，浓度范围为 1~2 mg/L。

在分析柱技术中，涂层厚度也是一个重要的参数，但是对于普通气相色谱分析的液体进样和顶空的气体进样技术来讲，这一点又有所区别。对于普通的气相色谱分析来讲，较厚的柱内壁涂层可以提高较高浓度化合物在此分析柱的样品容量（也就是提高了柱容量），避免由于超载而造成的峰带展宽，分离度下降。

通常，在气相色谱分析中，样品容量被定义为在不会由于超载而导致所对应峰的清晰度和对称性下降时，色谱柱所能够承受的最大的溶质量。然而，这个定义并不一定适用于顶空分析。因为，一方面，在顶空分析中，顶空样品是已经被稀释过的气体样品，其中所含的待测物的绝对质量已经非常小，不会导致峰带展宽；并且 HS-GC 主要分析对象是液体或固体样品中的高挥发性成分。因此，具有一定厚度涂层的（>1 μm）开管柱完全可以在高于周围环境温度的条件下实现此类化合物的保留。另一方面，开管柱内壁涂层过厚，还会导致分析时间延长，分离度下降，对于挥发性较小的成分需要设置较高的柱温，还会造成在程序升温的过程中多余的基线漂移（见图 3-21），在使用高灵敏度检测器对痕量样品进行分析时，这种现象更为突出。但是，对于采用冷聚焦捕集阱而言，具有较厚涂层的开管柱还是具有不可比拟的优势，这一点，将在其后进行讨论（3.7.1 节）。

3.6.2　分流与不分流设置下的顶空进样

在毛细管 HS-GC 分析时，我们经常遇到的一个问题，是采用分流进样还是采用不分流进样。这种情况与普通气相色谱的液体进样是有很大不同的。在对稀释后的液体样品进行测定时，由于测定浓度较低，需要采用不分流进样，并且要求采用热聚焦或溶剂效应来减小初始谱带宽度。但是，溶剂效应不适用于气体样品，只有热聚焦技术有助于顶空进样的谱带变窄，在使用冷阱捕集时尤其推荐采用此技术。

采用普通气相色谱对液体样品进行分流进样时会导致质量歧视效应，这是由于液体样品在加热的进样口气化过程中会产生很多问题，这些问题包括，由于进样针口混合物沸点范围较宽而导致的样品不完全气化，溶剂挥发所导致的压力急剧增加，并由此导致的分流比的变化等。还有其它一些问题，但是这些问题都与样品在加热进样口气化的过程相关。至于说到分流进样，我们需要明确的是顶空样品在进入气相色谱进行分析之前，已经是均质混合的气体，因此，在进样口不需要气化这个过程。在顶空分析中，我们进行混合的是载气和顶空瓶中的气体。而两者本身已经是均质化的气体，因此，采用分流进样时，很少会有质量歧视产生。实际上，分流进样和不分流进样模式对于顶空分析的灵敏度产生的影响不大。关于它们的比较将在其后的例 3.3 中进行说明。对于不同的顶空采样技术来讲，其对分流和不分流模式下的操作要求又有所不同。

SPME 顶空进样技术要采用不分流进样（参考图 3-11），因为可吸附的样品受到纤维涂层中分析物吸附量的限制，无法进一步富集。有的时候有必要采用冷阱捕集技术，但是此技术也主要是为了防止谱带堆积而不是用来对样品进行富集。

在直接 HS-GC 分析中，我们在采样中得到的顶空气体积较大，此时可在进样口使用一个分流器。首先设定一个毛细管柱可接受的进样体积为 100 μL，分流比为 1∶20，则其所需要的总进样体积为 2 mL，这 2 mL 的体积约为顶空瓶中样品体积的 1/10（顶空瓶体积为 22 mL）。由于分流进样一般都采用较高的分流比，因此，其取样体积（由时间控制的取样系统）要高于不分流模式下的体积。但是，分流进样的样品在到达分析柱之前已经被迅速分流，实际进入毛细管柱的样品量与不分流模式下的是一样的，因此，在这种情况下，分流与不分流差别不大。

图 3-14 表示的是平衡加压采样系统的基础构造系统，这个构造既适用于采用单路气同时进行加压和分析测定，也适用于采用两路气分别进行加压和测定（加压取样模式）。而图 3-16 则表示的是图 3-14 所述结构与色谱柱相连后的情况，同样适用于上述两种气路条件。对于不分流的柱上进样模式，熔融石英毛细管柱一头穿过进样口和传输线，靠近进样针，一头通过连接装置与气相色谱内的分析柱相连 [图 3-16（b）]；与柱内压力（p_i）相同的载气被用来对顶空瓶增压，这个系统的工作原理与图 3-14 所示的平衡加压进样系统是一样的。

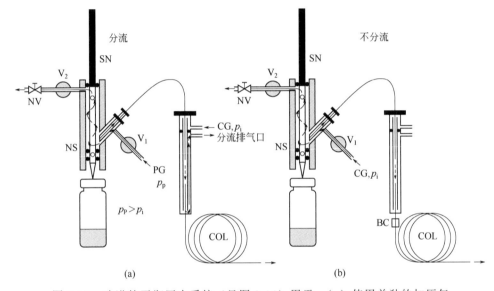

图 3-16 改进的平衡压力系统（见图 3-14）用于：(a) 使用单独的加压气
进行分流操作（增压采样）；(b) 开管柱的不分流操作

CG—载气；PG—加压气；V_1,V_2—电磁阀开关；SN—可移动的样品针；NS—针轴；NV—针阀；
COL—分析柱；p_i—柱入口压力；p_p—加压气压力；BC—接接头

这些系统仅需要在平衡期间建立起来的顶空瓶的初始压力（p_v）低于顶空压力。在不分流模式下，这个压力与柱入口压力（p_i）相同，在分流模式下，这个压力等于加压气的压力（p_p）（参考图 3-16）：

$$p_i > p_v < p_p \tag{3.12}$$

如果不这样设置，一旦采样针进入样品瓶，见图 3-14（b），从顶空向色谱柱的这种气流就不会加压，而是不受控制，导致双峰或峰分裂。

对开管柱而言，如果在柱的入口处加上分流器，采用加压取样系统进行进样就非常方便了，如图 3-16（a），这种方法也适用于填充柱。与之形成对比，对于传统的平衡加压取样系统，则更多选择不分流和开管柱柱上进样模式 [图 3-16（b）]。

在分流进样模式下 [图 3-16（a）]，顶空样品在进样口被载气进一步稀释。正是由于这个原因，分流进样的灵敏度是不分流进样灵敏度的一半。现代化的气相色谱仪具有程序化的压力控制器系统，通过自动关闭载气 [图 3-16（a）中的 CG]，或者是在样品传输的同时通过关闭阀 V_1 降低柱入口压力 p_i，都可以消除这种稀释效应。在这种情况下，实际上分流与不分流模式下的灵敏度是没有很大区别的，因为这种在进样口的稀释效应已经被最小化或者是消除了。对于它们之间的这种比较将在 87 页的例 3.3 中进行说明。通过将相应的进样量增大来抵消分流模式所带来的样品损失，也同样适用于针筒进样和回路式进样系统。

进样模式究竟是选用分流还是不分流进样，主要还是取决于实际情况以及仪器的设计特点，而不取决于样品体积，因为样品体积总是要设置的足够大，至少要满足几毫升的顶空取样量，才能适合分流操作。

通常情况下，顶空分析进样模式都是分流模式，为了方便，会将顶空分析仪的出口与气相色谱的分流/不分流进样器相连。当顶空进样器通过长传输线连接到气相色谱仪时，也建议进行分流采样，因为分流会加速样品通过传输线的转移过程。对于一些设计不合理的仪器，会出现死体积，较大的顶空气流量也会有助于减轻此类效应的存在。不管是否使用分流器，我们都推荐有一路低流量的分流气通入，否则，加压后的顶空瓶在进样过程中其压力会迅速降低，样品的传输也会减速。

另一方面，尽管在实际应用中，分流进样还有其他一些优点，但是，在采用冷阱捕集等技术对样品进行富集时，必须不分流进样，此时就不能使用分流器。

3.6.3　分流与不分流进样技术的对比

无论是采用分流还是不分流进样模式，进入分析柱的实际样品体积都是可以通过计算得到的。在平衡加压采样系统中，进入柱的实际体积主要取决于柱入口处的流速和传输时间，而不是压力。而上述两者在操作中均可实现精准控制，以保证传输体积具有良好的操作重现性。

为了避免谱带展宽，进样时间往往被限制在几秒钟的范围内。在这个时间内，气体的传输体积是根据气体的流速自动生成的。如果假设柱入口处的流速也与气体的线流速相同，为 u_i，可以通过进样时间 t 和分析柱的横截面积 Q_c 计算得到实际传导的顶空样品的体积 V_H：

$$V_H = Q_c u_i t \tag{3.13}$$

假设 $t=3$ s，$u_i=30$ cm/s，表 3-8 给出了采用 5 种不同尺寸的分析柱条件下的顶空样品进入体积。这些数据表明，在有限的进样时间内，进入色谱柱的顶空气体体积是非常小的，对于体积为 20 mL 的顶空瓶，这个体积甚至还不及我们可以得到的顶空气样品总量的 1%；同时可以看到的是，这些柱子在分析中的灵敏度与柱子本身的截面积成正比。正是基于这个原因，内径为 0.53 mm 的柱（宽口径开管毛细管柱）在 HS-GC 分析中较为常用，尤其是采用毛细管柱来代替填充柱进行分析；而对分离度要求不高的情况，这种柱子的使用较多地出现在一些官方推荐的分析方法中，如 USP（美国药典）推荐的关于药品中挥发性有机杂质的测定[48]。然而，当采用气相色谱-质谱联用方法（GC/MS）进行测定时，对这类柱子的使用有较多的限制，因为四极杆质量分析器不能够承受大于 5 mL/min 的流速，而这个流速较多使用在此类柱子上，如果在出口处使用分流器来降低此流速的话，那么分析灵敏度也会随之降低。

表 3-8　在恒定的进样时间 t（3 s）和速度 u_i（30 cm/s）下，顶空样品进样
体积（V_H）与开口管柱的内径（I.D.）和横截面（C.S.）所呈函数关系

内径/mm	横截面/mm^2	V_H/μL
0.10	0.008	7.1
0.18	0.025	22.9
0.25	0.049	44.2
0.32	0.080	72.4
0.53	0.785	198.5

在这里必须声明的是，如果采用较高的分流比和较长的进样时间（冷阱捕集中），实际进入色谱柱的样品体积要小于公式（3.13）计算所得到的结果。这主要是因为，随着样品的传送，顶空瓶压力也在减小，样品的传输速度降低，公式（3.13）不再适用。

样品的传输时间受限于峰带开始展宽的时间，柱子的类型（具有相同的气体线流速）对其影响不大。因此，对表 3-8 中的 5 种柱子，样品的传输时间是相同的。而这直接造成的结果就是，宽口径开管柱气体的总流量较大，其灵敏度是窄口径柱（内径为 0.25 mm）的 4.5 倍左右，但是自然它也没有窄口径柱的分离度高。实际进入分析柱的样品体积是非常小的。在上述所设定的样品参数条件下，即使是使用宽口径柱，这个体积也只有 200 μL。

3.5.6.3 节中介绍了一种实践经验方法，从同一个顶空瓶中重复取样分析，根据峰面积差异计算得到样品实际传送体积。如果这个方法无法操作的话，还可以通过以下的手段利用一些已知数据来计算这个体积。

首先，可以通过基本的压力-体积关系计算得到柱入口处的载气流速 F_i。已知

的数据有柱出口处的流速 F_a，柱入口处（绝对）的压力 p_i 和柱出口处的压力（大气压）p_a。通常 F_a 可以通过操作气相色谱进行测定，p_i 是具有设定值的❶，因此，这些参数都可以认为是已知参数：

$$F_i = \frac{p_a}{p_i} \times F_a \tag{3.14}$$

假设 $p_i = p_v$（顶空瓶中的压力），那么 F_i 也就是样品从顶空瓶流向柱子的速度，因此，在进样时间内的气体传输体积就是：

$$V_H = F_i t \tag{3.15}$$

接下来，我们举一个实例来说明实际参与分析的这部分气体是如何进入色谱柱的，以及这部分气体中待测物含量是怎样通过已知测定的参数计算得到的。在此例中，待测物为质谱分析中经常用来进行标定的对溴氟苯（BFB）。首先采用不分流进样对其进行分析。

【例3.2】

在 60°C 条件下使用开管毛细管柱（25 m×0.32 mm 内径，涂层为聚甲基硅氧烷固定相，涂层厚度：1.0 μm）。BFB 标准溶液采用丙酮作溶剂。标液浓度为 1 μg/μL，进样量为 2 μL，汽化温度为 120°C。其它参数如下：

柱出口压力（大气压）：p_a =96.97 kPa

柱头压力：Δp =109.94 kPa

柱入口（绝对）压力：$p_i = \Delta p + p_a$ = (109.94+96.97) kPa = 206.91 kPa

柱出口测得的流速：F_a = 4.5 mL/min

顶空瓶温度（120°C）：T_v = 393.16 K

因为柱出口流量是在 F_a 是采用皂膜流量计在周围温度为 22°C 条件下进行测定得到的，因此，必须采用顶空瓶中的温度来将其换算成为干基条件下的数值：

$$F_{c,0} = F_a \times \frac{T_v}{T_a} \times \frac{p_a - p_w}{p_a} \tag{3.16}$$

式中，T_a 代表环境温度（=295.16 K）；T_v 代表顶空瓶温度（=代表 393.16 K）；p_w（环境温度条件下的部分蒸汽压力）= 2.637 kPa；p_a = 96.97 kPa。将这些数据代入公式（3.16），计算得到 $F_{c,0}$ = 5.83 mL/min。

下一步，计算在顶空瓶具有一定压力条件下（比如，具有与柱入口压力一样

---

❶ 在使用术语"入口压力"时必须要谨慎。通俗地说，人们通常会说到入口压力，尽管它实际上意味着压降 Δp（即表压）。对于 p_i 我们需要绝对入口压力（$p_i = \Delta p + p_a$）。

的压力）的气体流速，这里需要使用公式（3.14）来进行计算，不过要将其中的 F_a 替换为 $F_{c,0}$。

$$F_i = \frac{p_0}{p_i} \times F_{c,0} = \frac{96.97}{206.91} \times 5.83\,\text{mL/min} = 2.73\,\text{mL/min} \qquad (3.14a)$$

进样时间（样品传输时间）$t = 0.05$ min，由此算得［公式（3.15）］传输进入色谱柱的气体体积为：

$$V_H = 2.73 \times 0.05\ \text{mL} = 0.137\ \text{mL}$$

BFB 在顶空瓶中（$V_v = 22.3$ mL）的浓度为 2 μg/22.3 mL=89.7 ng/mL。对于进入色谱柱的 137 μL 样品，其 BFB 含量为 89.7×0.137 ng=12.28 ng，在这个含量下的峰面积为 12410。

如果采用分流进样来替代不分流进样，其计算的原理也是一样的。实际进入色谱柱的样品量主要取决于柱入口处的线流速，以及与此相关的入口压力和进样时间。即使将分流器打开，这些参数也不会发生改变。只有当我们想知道系统究竟从顶空瓶中吸取了多大体积的样品时，我们才会将分流比考虑进来。然而，上述说明只适用于样品传输这一步骤，此时为了避免在进样口产生稀释效应，通过关闭阀 V_1（通过程序化压力控制）而切断气相色谱进样口的载气［图 3-16（a）中的 CG］。下面通过例 3.3 来说明这项技术的使用。

【例 3.3】

我们先采用不分流进样模式进行测定，得到峰面积/含量的校正因子。在此例中，这个值为 12410 与 12.28 ng 的比值（见例 3.2）。然后，我们采用设定条件，按照 1:20 的分流比对样品再进行测定。此时得到的峰面积为 13330。可以通过计算得到与面积对应的，进入到分析柱的样品含量为：

$$13330 \times 12.28\ \text{ng} \div 12470 = 13.13\ \text{ng}$$

这个例子证实了我们在前面所论述的，对于分流和不分流进样模式，实际传输至分析柱内的样品量（13.13 ng 和 12.28 ng），也就是灵敏度并没有非常大的差异。这两个数值仅有的 6.5% 的差异主要是因为，在分流模式下，样品传输的更快一些，因此，在相同的进样时间内，分流模式进样量稍多一些。在不分流模式下，样品的传输体积为 137 μL，分流比为 1:20，那么从顶空瓶中的取样体积为 2.9 mL。

这种计算方式还有一个前提，那就是假设在样品传输过程中，从样品瓶到分析柱的流速是恒定的，与分析柱中的流速也是相同的。而实际上，顶空瓶的气体容量是有限的，加压气经过膨胀进入分析柱或者是定量环之后，其中的压力（与流速相关）也会急剧减少。然而，Hinshaw 和 Seferovic[49] 的研究表明，对于 0.25 mm

内径的毛细管柱，上述改变对于其线性工作模式的偏离小于 1%。甚至对于 0.53 mm 内径的柱子，压力改变时，其流速的变化也是非常小，在通常只有几秒钟的进样时间内，这种变化几乎是可以忽略不计的。也就是说，进样时间很短，流速还可以认为是恒定的。上述例子还说明，如果分流比很小，分流模式下的灵敏度与不分流模式下的灵敏度差异不大。

如果分流较高，对于填充柱和开管柱，峰面积和传输时间的线性关系将会有所偏离。并且当使用开管柱且进样时间较长的话（冷阱捕集中，这个时间可达到几分钟），这种非线性现象也会出现。图 3-17 展示了对水溶液样品中的甲苯进行测定时的这种情况，此处使用的是冷阱捕集进样，进样时间达到了 5 min。

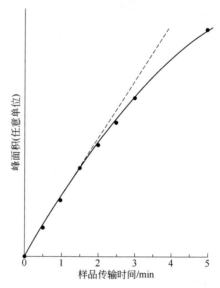

图 3-17 在 80℃ 下，使用冷聚焦增加样品传输时间的方法，
提高水中 0.3 mg/L 甲苯的峰面积值
分析柱为 0.32 mm 内径的熔融石英毛细管开管柱，不分流进样

最后，需要强调的是，只有在必须要确定检测器的灵敏度的情况下，才需要对进入色谱柱的待测物绝对含量或体积进行测定（这一点在第 9 章中会详述）。否则，在顶空-气相色谱法的实际应用中，这些绝对数值都是没有意义的，也没有什么实际应用价值，因为样品的实际进样体积通常不会参与定量计算，自然也不是一个重要的参考值。真正重要的是这种进样量是否具有良好的重现性。由于分析柱超载会导致样品初始谱带展宽，因此进入分析柱的样品体积已经被控制在一定的范围内。因此，对于分流和不分流进样的选择要看是否具有好的色谱分离度。关于这方面的选择取决于很多参数，接下来将会进行讨论。

3.6.4 进样过程中的峰带展宽

顶空进样不宜出现谱带展宽的现象。但是如果进样时间较长，在谱图的初始阶段就会出现谱带展宽。如果必须采用气体进样，开管柱进行测定时，我们的问题在于搞清楚产生不可接受的谱带展宽时，气体体积究竟有多大。理论上来讲，进样过程是瞬间完成的，初始谱带宽度应该接近于零。但是实际上，在气相色谱操作中，为了得到更好的分离度和灵敏度，这几乎是不可能的。然而，对于痕量样品的测定，既要求有高的分离度，又要求有高的灵敏度，特别是许多推荐方法和一些应用技术都没有对这一问题明确说明并讨论，因此，在这种情况下，需要对样品体积、进样时间和峰带展宽之间的关系进行平衡考虑。

色谱峰的锐度在色谱运行之初是由初始谱带的分布决定的，而后是由色谱柱中的谱带推移决定的，而这种推移表现为固定相和流动相之间的多种形式的扩散。在色谱运行之初的这种决定效应主要是与进样技术相关，而后者则主要是与柱技术和操作条件相关。初始谱带分布主要还是影响流出较早的峰，随着保留时间的增加，第 2 种效应变得越来越占主导地位。这里对谱带展宽的讨论主要还是限于进样过程对其的影响，建立在之前已经进行过详细讨论的顶空进样技术之上[45,46]。

气体样品在开管柱中所占的体积和初始谱带宽度（以长度单位表示）取决于进样时间，但这仅适用于等压条件下，在此条件下，顶空样和载气压力相同。然而，顶空进样技术有多种，两者之间的压力也许会不同甚至在进样过程中发生改变。采用针筒进行气体进样的过程就很好地说明了这一点。进样针从顶空瓶中移出，针筒中已经充满了加压的顶空样，在进样针与大气相通时，其中的顶空气会因为压力差而逃逸，导致内外压力一致。当进样针扎破气相色谱进样口的隔垫时，针筒与载气相连通，针筒中的压力会迅速被载气填充，这种填充的速度可能会比针筒中活塞向前推的速度快。针筒中的顶空气将会被快速或慢速推入进样口。如果活塞快速向前推进，针筒中气体样品的压力通过压缩，会超过载气压力，相对于慢速进样，此时顶空样品将作为气动脉冲在较短的时间内以更高的流速进入分析柱。不管实际的进样时间是否有差别，顶空样品的体积是不变的，在色谱柱中最终占据的空间也是一定的，因为在进入色谱柱后，这部分样品会因压缩或膨胀而迅速达到和载气一样的压力。因此，虽然实际进样时间有差异，但顶空样品在开管柱中运行的距离是一样的。这个例子说明，进样时间不是决定初始谱带宽度的决定因素。对于其它类型的顶空进样技术，这一结论也或多或少的适用。

至于说到时间控制型的平衡加压式取样系统，由于它的顶空瓶与开管柱是相连的，样品进入到色谱柱的长度与等压条件下进样过程中载气的线流速相对应。

仅当顶空气体从具有有限气体体积的小瓶转移到具有高流速的柱中时，例如在填充柱或开管柱操作的情况下，如果分流比较高，样品瓶中的压力会在采样时间内减少，样品转移到色谱柱中会减速，则引入相同体积的顶空气体需要更长的时间。当将顶空瓶的压力调节至高于载气压力时，结果就会相反，也就是说样品传输更快，传输同样体积的样品所用的时间较短。

压力/回路式取样系统则与上述情况形成鲜明对比，因为定量环的体积要选择与顶空瓶或是进样针筒相似的体积。当充满样品的定量环与载气相通后，它首先也是被载气加压。如果顶空样品在从定量环向气相色谱进样口流动的过程中（如上所述）被大量载气所稀释，那么这种情况分析起来将会更加复杂。

通过对样品体积和进样时间之间的关系的讨论，可以看到初始谱带分布和色谱分离度并不一定取决于进样时间的长短。而在顶空分析的实际应用中这也并不是经常需要考虑的问题，因为进样体积、灵敏度、分离度以及进样时间等因素都会根据实践经验进行调整，只是在理论分析中有些复杂。如果由于某些原因必须知晓真实的初始谱带分布，一个比较好的方法就是采用 Kaiser 提出的 ABT 理论来进行计算[50,51]。在等温色谱分析中，随着保留时间的增加，峰的半峰宽也在增加，如果能够将其与相对应的保留因子 k 绘制出相关的曲线图，那么就可以通过线性回归方程 [关于 k 的定义，见 3.6.5 节中的公式（3.17）] 计算得到 $k=0$ 条件下的峰宽。这个方法用来考察冷阱捕集对于分离效率的影响，通过考察色谱分离开始时的峰宽[45]，来得到起始带宽，相当于虽然实际进样时间为 4.8 s，但是当 $k=0$ 时，对应的进样时间为 1.4 s。产生这个差异的原因在于分流流速较高，顶空瓶中的压力在进样过程中逐渐降低，气体从瓶流向分析柱的流速和样品传输速度也会降低。前面已经提到，在平衡加压模式下的进样过程中，载气被顶空气替代。而在恒流和压力不变的模式下，进同样体积的顶空样品只需要 1.4 s。

如果忽略不同进样技术之间的差异，在进样过程完成后，进行色谱分析的过程都是一样的：顶空样在开管柱中运行一段时间，这个长度取决于载气压力条件下的顶空气体积、开管柱的直径和系统流速。抛开进样技术差异，我们可以对谱带展宽效应进行更为广泛的讨论，因为色谱分析部分都是相同的。

3.6.5　温度对于谱带展宽的影响

首先来考察一下在使用含有固定液的开管柱进行色谱分析时，初始谱带分布是如何发生改变的。同样，我们忽略了样品在两相中（流动相和固定相）的多种扩散效应所导致的额外的谱带展宽，而正是这种扩散效应才覆盖了色谱峰的初始形状（矩形）。溶质在气相色谱分析柱中由于扩散所形成的这种气-液平衡系统，可以用扩散常数来对其进行描述，也可以称为分配系数 K（溶质在色谱柱中的这个分配系数一定不要和在顶空瓶中的分配系数搞混）。溶质在色谱柱中的分配系数表示的是其在固定相中的浓度 C_S 和气相中的浓度 C_G 之间的比值[52]：

$$K = \frac{C_S}{C_G} = \frac{W_{S,i}/V_S}{W_{G,i}/V_G} = \frac{W_{S,i}}{W_{G,i}} \times \frac{V_{G,i}}{V_{S,i}} \qquad (2.11)$$

因为浓度都是采用质量体积单位来表示，因此，分配系数 K 又可以被分为质量比 k 和相比 β，质量比表示的是溶质的量 i 在不同相中的比率（$k=W_{S,i}/W_{G,i}$），相比表示的是开管柱中溶质的体积在两相中的比率（$\beta=V_G/V_S$）：

$$K=k\beta \qquad (3.17)$$

质量比 k 决定着溶质在分析柱中的保留时间（t_R），因此也被称为保留因子。K 也等同于溶质的校正保留时间 t_R' 和死时间 t_M（惰性气，与色谱固定相无相互作用的组分以载气的流速穿过柱子所需要的时间）之间的比值：

$$t_R' = t_R - t_M \qquad (3.18)$$

因此，保留因子 k 也等同于溶质在两相中保留时间的比值：

$$k = \frac{W_{S,i}}{W_{G,i}} \times \frac{t_R'}{t_M} \qquad (3.19)$$

顶空初始样品中，空气占有较大的比率，此外，还混合有载气。这种混合气体在以载气的流速流经具有涂层的开管毛细管柱时，无论温度如何改变，其中的成分是没有保留的，分配系数为 0。顶空样品在开管柱中的运行距离取决于气体的体积和柱子的内径。溶质的峰宽非常小，因为在进样过程中，溶质就溶解在柱子的液体涂层中，由于这种保留作用，就使得其在柱中的迁移很缓慢。

这种缓慢的迁移采用相对迁移率（R_f）来表示，与薄层色谱中的阻滞因子 R_F 是相同的，也代表了溶质 i 相对于流动相的迁移速率。

$$R_{f_i} = \frac{u_i}{u_G} \qquad (3.20)$$

相对迁移率也描述了溶质的保留行为，与保留因子 k 有一定的关系：

$$R_f = \frac{1}{1+k} \qquad (3.21)$$

因此，相对迁移率也可以用分配系数 K 和相比 β 来表示：

$$R_f = \frac{1}{1+k/\beta} \qquad (3.22)$$

由于溶剂溶解在液体固定相中，那么溶质的带宽取决于相对迁移率 R_f，由公式（3.22）可知，最终还是取决于分配系数 K 和相比 β。因此，在温度和分配系数一定的情况下，可以通过调整分析柱涂层厚度来改变带宽。较厚的涂层，会产生较低的相比 β，使得每一种溶剂在柱入口处都有较小的带宽。在实际操作中，针对在柱头移动较慢的化合物的检测，建议采用厚涂层，但是厚涂层本身并不会有助于谱带变窄。而是由于涂层增厚后，溶质迁移率降低，在同样的进样时间内，相对于薄涂层，初始谱带宽度变小，与此同时，分子的迁移率降得更低。当谱带到达柱的末端，在谱带前方的分子已经离开柱子，在谱带后方的分子还需要以同样的速度穿越整个谱带。因此，洗脱时间与进样时间一致，与涂层厚度无关。实际洗脱下来的峰形要更宽一些，因为在色谱带迁移过程中还存在着多种多样的扩散效应，这种效应可以用 Golay-van Deemter 公式来描述。这些效应不在我们的讨论范围内，它们属于进样过程对于谱带拓宽的影响。

只有与升温技术联系起来使用，才能更好地利用厚涂层的优点。当进样后，柱温升高，以长度计的初始谱带宽度此时还不受什么影响，与以前一样。但是，对于柱尾部的谱带，由于温度升高，溶质挥发性增强（迁移速率提高），其会迅速收尾流出柱子。相对于进样温度较低，且柱温恒定的条件，以时间计的柱尾峰宽在升温条件下会变得更小。图 3-18 通过对两个色谱图的比较对这一热聚焦效应进行了解释，这两个色谱图都是通过平衡压力式进样技术进样得到的。对于色谱图（a），由于进样时间较小，只有 4.8 s，因此较早流出（乙醛和乙醇）的峰，其峰宽很窄。对于色谱图（b），采用 24 s 的进样时间，对于这些较早流出的峰来讲，显然是太长了，其峰形严重拓宽。对于一些在程序升温中较晚流出的峰，如一些脂肪酸，其峰形则不受影响。虽然进样时间增加对某些物质的峰形影响较大，但是进样时间增加会使进样体积增大，检测灵敏度增高。

图 3-12（见 3.5.2 节）则展示了采用顶空-固相微萃取技术进样时，与上例一样的谱带展宽效应。在进样口温度为 250°C 时，玻璃纤维萃取头在进样口解吸需要 60 s，这个时间较长，对于一些早流出的物质（氯硝基甲烷）峰形影响还是较大的。

通过前面的讨论表明，气相样品初始峰形取决于样品体积和开管柱的内径，并且，只有在恒温的条件下，其与进样时间才相关。恒温条件下，涂层厚度对峰宽也没有什么影响，但是，涂层增厚，会增强挥发性强的物质的保留。程序升温有助于使初始峰形变得尖锐，但是对于挥发性较强的成分，在采用这种热聚焦技术进行测定时，需要将初始温度设置得较低。温度降低后，溶质的相对迁移率 R_f 下降，低温捕集技术则是出自于此，这一点将会在 3.7 节中讨论。

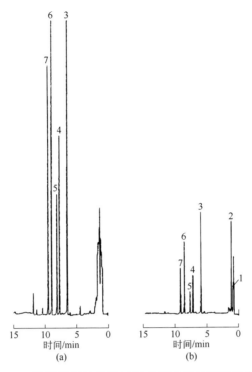

图 3-18 采用不同的传输时间对奶酪样品进行测定[53]

GC 条件：分析柱—25 m×0.32 mm 内径熔融石英开管柱，固定相为游离脂肪酸（FFAP）；膜厚—1 μm；柱温—以 8°C/min 的速率从 70°C 升到 180°C；不分流进样；FID 检测器

HS 条件：样品—2 g 奶酪样品，磨碎后装入瓶中，在 90°C 条件下恒温 60 min

顶空传输时间：（a）4.8 s；（b）24 s

峰：1—乙醛；2—乙醇；3—乙酸；4—丙酸 (130 mg/kg)；5—异丁酸；6—正丁酸；7—异戊酸（85 mg/kg）

3.6.6 不同分析柱与检测器的结合

平衡加压式进样技术操作简便，在实际操作中，采用不同长度和内径的开管毛细管柱，可以实现 ng/L 级浓度的检测，如果再结合适宜的检测器，可以实现较高的选择性和测定灵敏度。图 3-19[46,54]表示了我们接下来将要讲的系统，在这个系统中，采用了两根平行的柱子。对于体积为 20 mL 左右的顶空瓶，我们所能得到的顶空气体积为 20 mL，此时采用两根柱子同时进样，分流模式，这个体积也是足够使用的。

这个例子代表的是复杂基质中成分的测定，待测物质在这个基质中都是微量的，包括如水（土壤）中挥发性芳香烃和氯代烃的测定。通常此类样品又需要大量常规化测定，因此，自动化程度的提高有助于节省成本。静态顶空气相色谱很适合此类测定并且已经得到了广泛应用，双柱的设计也适宜常规检测。

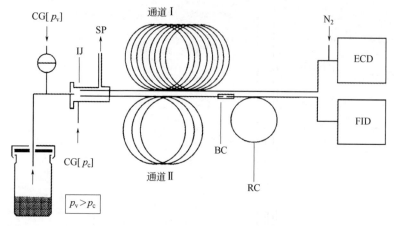

图 3-19 静态顶空双通道（ECD 和 FID）同时测定水中的挥发性氯代烃和
芳香烃类化合物示意图。分流模式下，平衡压力系统的取样位置[54]

GC 条件：Perkin-Elmer 公司的 AutoSystem 系列，HS40 自动化顶空仪。CG—载气，IJ—气相色谱进样器，SP—分流排气口。两根毛细管安装在具有双孔套圈的进样器处。通道Ⅰ：分析柱—60 m ×0.32 mm 内径熔融石英开管柱；固定相为 Rtx-volatiles（Restek），膜厚 1.5 μm；ECD 温度为 350°C；补偿气为氮气，流速 50 mL/min。通道Ⅱ：分析柱参数 15 m×0.53 mm（I.D.）；固定相为 Stabilwax（Restek），膜厚 1.0 μm；通过对接连接器（BC）连接到端部限流器（RC）上：一根惰性化处理的熔融石英毛细管柱，尺寸为 0.6 m× 0.15 mm 内径，FID 检测器。柱温—在 40°C 恒温 5 min，然后以 5°C/min 上升至 110°C，在 110°C 恒温 15 min，再以 20°C/min 上升至 150°C。载气为氢气；顶空瓶压力（p_v）为 205 kPa，柱头压力（p_c）为 160 kPa，分流流量 50 mL/min

HS 条件：样品—5 mL 样品在 80°C，震荡的条件下平衡 30 min；加压时间 3 min；顶空传输时间 0.08 min
来源：经 *LC-GC International* 杂志许可复制

样品中氯代烃类杂质，包含有很多成分，因此需要采用一根分离度高的长柱。EPA 624 推荐方法对此类分析柱做了一个描述：那就是 60 m×0.32 mm 内径，具有特殊的固定相涂层，相对较厚的液膜厚度（1.5 μm）。在此例中，我们在通道Ⅰ中采用 ECD 检测器与之结合使用。虽然受制于柱子的内径（0.32 mm），样品容量不高，不过其所连接的检测器灵敏度高，这对于柱子的短板起到一个补偿作用，仍然可以将此类型的柱子与检测器结合得到理想的测定结果。图 3-20 展示了在此测定条件下得到的色谱图。

通道Ⅱ用来分离挥发性芳香烃。在这个分析中，相对于高分离度，高灵敏度更为重要。因此，我们使用了一个短柱（15 m×0.53 mm 内径），并且采用 FID 检测器与之结合。柱内壁采用聚乙二醇类固定相，可以实现间/对二甲苯之间的分离。

由于两根柱子的长度和内径的不同，因此，要想得到最佳的系统条件，它们的柱头压力也不尽相同。为了使两根柱子能够同时使用相同的载气条件，在内径为 0.53 mm 的柱子后端连接了一个流量控制器（熔融石英毛细管：60 cm×0.15 mm 内径），这样可以保证通往 ECD 的流速为 11 mL/min。在此条件下得到的色谱图见图 3-21。

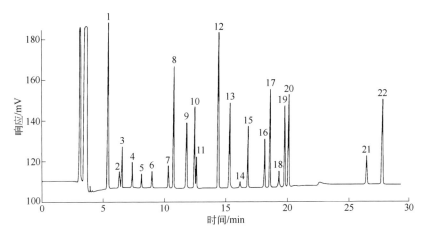

图 3-20 静态顶空-气相色谱测定水中的挥发性氯代烃[54]

仪器条件及参数见图 3-19 中的通道 I（ECD 测定通道），峰辨认见表 3-9

来源：经 *LC-GC International* 杂志许可复制

表 3-9 图 3-20 中的峰辨认

编号	成分	浓度/（μg/L）
1	二氯氟甲烷+三氟甲烷	
2	1,1,2-三氯三氟乙烷	
3	1,1-二氯乙烯	1.95
4	二氯甲烷	5.4
5	反-1,2-二氯乙烯	3.0
6	1,1-二氯乙烷	4.7
7	2,2-二氯丙烷 + 顺-1,2-二氯乙烯	2.6
8	氯仿	0.6
9	1,1,1-三氯乙烷	0.1
10	四氯化碳	0.05
11	1,2-二氯乙烷	5.0
12	三氯乙烯 + 1,2-二氯丙烷	0.44
13	二氯溴甲烷	0.16
14	2-氯乙基乙烯基醚	
15	顺-1,3-二氯丙烯	
16	反-1,3-二氯丙烯	
17	1,1,2-三氯乙烷	3.5
18	1,2-二氯丙烷	2.6
19	四氯乙烯	0.66
20	二溴氯甲烷	0.4
21	三溴甲烷	0.3
22	1,1,2,2-四氯乙烷	1.3

在图 3-20 中所使用的样品是氯代烃溶于水的标准样品，而在图 3-21 中所使用的是被汽油污染的河水，其中检出的杂质含量都是在µg/L 级浓度水平上。我们对后面这一类样品更为关注，因为河水样品都是在汽油倾倒 5~8h 后才采集的，而存在于河水中的石蜡（烃类混合物）已经挥发掉。这使得甲基叔丁基醚和甲醇都在色谱图较早的位置出峰。假设甲醇在汽油中的浓度为 1%，而甲醇在水中的挥发性又不强，因而可以粗略估计河水样品中甲醇的初始浓度约为 200 mg/L。

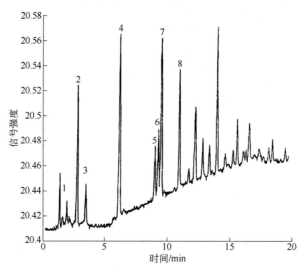

图 3-21　测定风化水样中残留的汽油成分[54]

仪器条件及参数见图 3-19 中的通道 Ⅱ（FID 测定通道）

峰辨认：1—甲基叔丁基醚（3.8 mg/L）；2—甲醇（1.9 mg/L）；3—苯（2.9 µg/L）；4—甲苯（22.3 µg/L）；5—乙苯（3.9 µg/L）；6—对二甲苯（4.9 µg/L）；7—间二甲苯（13.0 µg/L）；8—邻二甲苯（10.3 µg/L）

来源：经 LC-GC International 杂志许可复制

上述示例表明，采用顶空-气相色谱法进行测定时，根据待测样品的特点和测定所要的灵敏度和选择性要求，通过选择适宜类型的柱子和检测器，可以得到较好的测定效果。可供气相色谱进行选择的检测器类型也是很多的，比如对氯代烃类物质进行检测时，可以选择电子捕获检测器和电解电导检测器（ECD），对芳香类物质进行检测时，可以使用光离子化检测器，还可以使用热离子化检测器对含有 N 和 P 杂原子的有机物进行测定。现在，质谱检测器对于气相色谱已经是标配了，采用四极杆质谱中选择性离子检测模式（SIM），可以得到非常高的测定灵敏度[55]，具体见图 3-22。但是，在顶空分析中，如果已经选择了合适的柱类型和检测器，但是灵敏度还是达不到要求，就需要采用富集技术，这主要包括冷阱捕集和间部吸收阱（an intermediate adsorption trap）技术。下一章将对这些技术详细讨论。

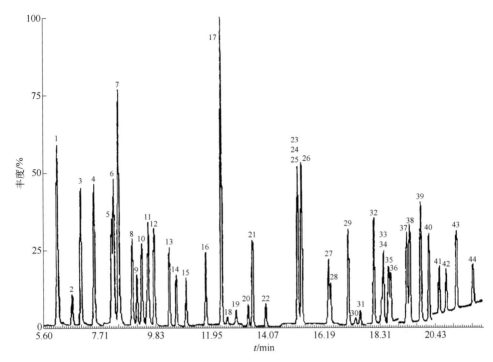

图 3-22　静态 HS-GC 与 MS（四极杆）直接连接，在 10 μg/L 水平下对含有 44 种卤代烃和芳烃的标准物质水溶液检测的单离子监测总离子色谱图[55]

仪器条件：Perkin-Elmer 公司的 AutoSystem 系列，HS40 自动化顶空仪，Qmass910 质谱仪；分析柱—60 m ×0.32 mm 内径熔融石英开管柱；固定相为 VOCOL（Supelco 公司），膜厚 3 μm；分析柱程序升温—在 40℃ 恒温 5 min，然后以 5℃/min 上升至 110℃，在 110℃ 恒温 15 min，再以 20℃/min 上升至 100℃，再以 5℃/min 上升至 189℃。峰辨认见表 3-10

HS 条件：样品—5 mL 标准水溶液样品在 40℃ 条件下平衡 30 min；样品传输时间 4.8 min

来源：经 *Analytical Review*（Japan）杂志和作者许可复制

表 3-10　图 3-22 中的峰辨认

编号	成分	编号	成分
1	1,1-二氯乙烯	12	苯
2	二氯甲烷	13	三氯乙烯
3	反-1,2-二氯乙烯	14	1,2-二氯丙烷
4	1,1-二氯乙烷	15	顺-1,3-二氯丙烯
5	2,2-二氯丙烷	16	反-1,3-二氯丙烯
6	顺-1,2-二氯丙烯	17	甲苯
7	氯仿	18	反-1,2-二氯丙烯
8	1,1,1-三氯乙烷	19	1,1,2-三氯乙烷
9	1,1-二氯丙烷	20	1,3-二氯丙烷
10	四氯化碳	21	四氯乙烯
11	1,2-二氯乙烷	22	二溴氯甲烷

编号	成分	编号	成分
23	氯苯	34	1,3,5-三甲基苯
24	乙苯	35	邻氯甲苯
25	1,1,1,2-四氯乙烷	36	对氯甲苯
26	间/对二甲苯	37	叔丁基苯
27	邻二甲苯	38	1,2,4-三氯苯
28	苯乙烯	39	仲丁基苯
29	异丙苯	40	异丙基甲苯
30	三溴甲烷	41	间二氯苯
31	1,1,2,2-四氯乙烷	42	对二氯苯
32	丙基苯	43	正丁基苯
33	溴苯	44	邻二氯苯

3.7 顶空–气相色谱中的富集技术

如果待测物在顶空气中的浓度低于检出限，就需要使用富集技术。通过提高顶空样品的体积 V_H 来得到较高的待测物浓度所得到的效果是有限的，因为柱容量有限，过高的进样体积会导致谱带展宽和分离度下降。解决这个问题的方法也很简单，那就是将现存的待测挥发性物质与顶空样品中的空气分离开来。这种分离过程在顶空固相微萃取（HS-SPME）技术中本身就存在。但是，对于一些改进的顶空技术，如吸收阱和冷阱捕集顶空法，HS-SPME 则不具备将待测物进一步富集的能力。在吸收阱和冷阱捕集顶空法中，空气流过吸收阱，而待测成分保留下来。在吹扫捕集技术中，气体体积较大，吸收阱技术较多应用于此。对于顶空-气相色谱（HS-GC）技术，虽然气体体积不大，但也可以将吸收阱与其结合进行样品富集分析。我们将在 3.7.3 节中对不同的吸收阱技术进行详细讲述。

冷阱捕集主要应用在以下两个方面，样品需要富集和溶剂谱带展宽。现在有非常多的仪器适合添加冷阱装置。但是，受到很多因素的制约，比如说，这个技术是否只是针对特定样品的单次分析有效，或者是说这个技术与顶空分析结合后，整个操作是否能够实现自动化常规分析，目前这个技术主要还是应用在一些特定的分析实例中。现在报道的冷阱捕集装置都是自制的，需要人工操作使用，对操作员的技术和熟练程度多少会有依赖。就目前仪器分析技术的发展趋势来讲，一项技术只有实现自动化操作不受人为影响才有可能实现成功。因此，以下讨论的重点将放置在能够实现自动化的仪器分析上。

顶空样品是一种稀释了的气态样品，现存的捕集技术都没有明确说明适用于静态顶空分析，但是通常都适用于气体样品的测定，比如说适合空气样品的测定，适合与不同的动态顶空技术结合等。其实这些技术与静态顶空-气相色谱结合也是适用的，Kolb 对这些技术作了详尽的综述[46]。在接下来的讨论中，主要介绍适合静态顶空开管柱分析的捕集技术。

3.7.1 冷阱捕集系统

由于基本的物理原理不同，版本不同，在系统分析中需要对不同仪器构造的冷阱装置有一个清晰的分类和定义。因此，冷凝捕集器和冷聚焦捕集器就用来区分两个同为冷阱捕集的有一定差异的装置。

冷凝捕集器是指挥发性物质仅仅通过冷凝捕集到捕集器中，这个捕集器中可能是没有任何固定相，或者是有一定液相成分，但是由于温度很低，液体已经凝结，不具备色谱分析中固定相的特征。这个极限温度是由液相成分的玻璃化温度决定的。甲基硅橡胶的玻璃化温度是 -125℃[56]，这个温度也代表了毛细管柱中的有机硅交联固定相的温度。另外，极性强的液体使用较少，但是也有报道在 0℃ 的条件下采用乙二醇聚氧乙烯醚作为冷阱中的液相来使用的[57]。然而，更为常见的是通过在空的金属或玻璃捕集器内壁添加惰性涂层来进行冷凝捕集。具有交联液相涂层的毛细管柱也可以作为冷阱捕集器来使用，在其玻璃化温度以下也可以使用，甚至在液氮的低温条件下，如通过形成液滴等方式，可以保护涂层本身不会受到破坏，但是此时捕集阱中的固定相已经丧失了其色谱特性。

冷聚焦捕集器是在低温条件下将挥发性物质捕集至捕集器的液相层中，但是这个温度是高于玻璃化温度的。冷聚焦和之前讨论的热聚焦是一样的，其在名称上的差异仅仅表明它们使用温度的不同：冷聚焦低于环境温度，热聚焦高于环境温度。在样品导入过程中，待测成分溶解在液相中，在冷捕集柱中缓慢移动。它的这种聚焦作用的实现和热聚焦技术是一样的：通过在顶空进样过程的末端升温。纵向带宽就这样转变成以时间为单位的窄带，因为最终色谱图还是以时间为坐标轴输出的。除了热聚焦，在捕集或脱附过程中采用程序升温技术，可以实现更高的聚焦作用。图 3-23 表示了冷聚焦技术的更高一级应用，程序升温冷聚焦。

3.7.1.1 冷凝捕集

目前已知的设置在样品瓶和柱子之间的冷阱捕集装置种类很多。

① 由玻璃管[58,59]、金属管[59-63]或者是由石英毛细管柱[57,64-68]制成的 U 型捕集器，其中玻璃管或金属管中有时会填充玻璃珠[58,59,61,62]。这种捕集器在使用中一般会将其浸入冷的介质中，比如将其浸入充满制冷剂的真空瓶。待测物质通过冷凝进行捕集，捕集效率不仅与温度有关还与其在气相中的浓度有关。一般来讲，

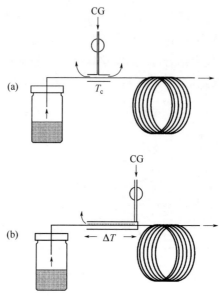

图 3-23　自动静态 HS-GC 的低温冷凝（a）和低温梯度聚焦（b）的原理图

CG—冷凝气，通过开关阀自动控制；ΔT—温度梯度差

待测物质都是因为浓度较低才需要进行捕集的，因此，需要将温度降至待测物质的露点以下，以便于其浓缩捕集。这些捕集器通常还是浸泡在低温液体中（如：液氮和液氩[69]），并且当其需要加热时，必须手动将冷却剂移走，这种加热通常采用电加热，使冷凝的待测物脱附。根据对冷阱加热方式的不同，也会得到不同的色谱结果，有报道得到带宽低于 10 ms 的峰[67]。

② 还有一种设计是采用 U 型的聚四氟乙烯管代替真空瓶，将具有一定柔韧性的熔融石英捕集器包围其中[70]。这种装置是不允许人工操作的。这种聚四氟乙烯管在样品导入时充满液氮，当捕集到的成分需要脱附时，将管中通入热水或热油代替液氮。

③ 对液体制冷剂的移除是比较麻烦的，也很难实现自动化操作。那么我们可以选择采用冷的气体，在这种情况下，不需要采用 U 型捕集阱，也不需要将制冷剂移除。这个技术有可能实现自动化操作，因为我们可以通过自动开关阀门进行冷气的切换。有报道采用一根空的金属捕集管，用低温氮气对其进行制冷，采用电容放电电源对其进行加热，样品则导入一根短的开管柱中进行分析[71-76]。有报道说采用这样的金属管进行加热时，会导致样品的分解[75]，但如果在金属管中插入一根惰性的石英毛细管柱或者带吸收衬管的石英捕集管[77,78]，则可以避免上述状况的发生。对于采用熔融石英的捕集阱，将其外部镀铝[79]或镀金[80]，可以采用电阻直接加热也没有问题。

④ 基于以上原因，对于低质量的熔融石英捕集器，对其进行冷却时，多采用冷气而不是制冷液；同样，对其进行加热时，也建议采用热的气体[63,65]。并且因为气体的热容量较低，熔融石英捕集器在使用中要非常注意不要与大体积的金属制品（比如螺丝钉、装置、试管）接触，这些物质都具有较大的热质，与它们接触会导致捕集器不能够快速升温。由于升温不均，冷点的存在会导致峰分裂或峰拖尾。

⑤ 如果熔融石英捕集器放置于炉温箱中，那么也没有必要再用热的气体对其进行升温。只要冷气关闭，低质量的熔融石英捕集器会快速从加热炉中获取温度[63]。Kuck[42]最早将这一捕集技术应用在静态顶空-气相色谱中，采用温度较低的氮气将一根放置在炉温箱中的玻璃毛细管柱的前面部分冷却，当冷却气关闭后，被冷却的部分可以从炉温箱中迅速获取热量，实现升温。在气相色谱外面放置一个装满液氮的真空瓶，将一个金属线圈浸入其中，低温氮气则通过这个线圈导入。这个装置与全自动顶空进样器相连接，结构也比较简单。如果采用液氮和二氧化碳在入口处对安装在柱温箱中的毛细管柱进行直接吹扫的话，也可以得到相同的效果，但是在加热时会造成一个短的冷带[51,81,82]。

3.7.1.2 冷聚焦捕集

低温聚焦需要在温度变化条件下对具有壁涂层（或吸附涂层）的开管柱进行操作，而在这些条件下固定相仍然是色谱有效的。它的基本原理是迁移速率的刚性减速，而不是所捕获化合物的冷冻和固定。因此，其冷却温度可以远高于低温冷凝捕集的冷却温度，但是这个温度不应低于固定相的玻璃化转变温度。因此，需要对冷却温度进行精准调节。这一点对于大多数商业气相色谱仪来说，都是可以做到的，这些色谱仪配备有所谓的低温附件，通过控制温度使其中的冷冻剂（液氮或二氧化碳）通过阀门引入炉内，温度可控制的下限为-100℃。采用这种方法，可以使气相色谱的柱温箱冷却下来，包括分析柱。如果此处使用硅烷化固定相的开管柱，也可以像液相色谱那样操作，待测成分就会溶解到固定相中，而不会被冷凝捕集。柱温箱中的毛细管柱从头到尾都得到冷却。因此，这个技术被 Pankow 称作全柱冷捕集（WCC）[83-86]，能够采用商品化仪器自动实现[87,88]。冷却阶段结束后，将冷却介质的连接断开，冷却下来的柱温箱可以快速升至预设的色谱分离温度。这样，与热聚焦效应相同，通过程序升温就可以实现带浓度，只是现在温度较低。

Wylie[89]在采用静态顶空-气相色谱对复杂自然样品进行测定时，采用了 WCC 技术。为了实现富集效果，他使用压力/回路式系统开发了所谓的多级顶空进样（MHI）技术，将样品（放置在多个样品瓶中）快速注射到处于低温条件下的一根色谱柱中；这些多级顶空的样品就像普通进样一样，进入柱头上，同时实现低温捕集，并通过分析柱的程序升温实现共洗脱。图 3-24 为 Wylie 的实验结果，显示了使用 MHI 程序进行单次注射和三次注射的可乐型饮料的顶空分析。这种同一个小瓶多次进样的技术，目前已经是某些商品化压力/回路系统的标准操作程序❶。但是，需要注意的是，这种对同一个瓶内的顶空气快速多次抽取的方式会改变顶空瓶的气相浓度，另一方面，如果这些组合的顶空样不再能代表平衡状态下的气相浓度，这可能进一步使定量分析复杂化。

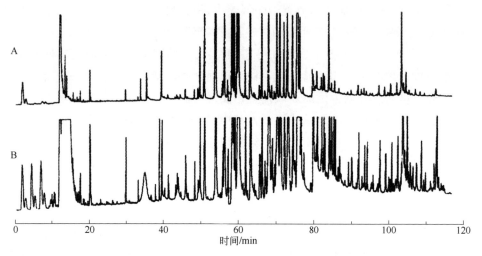

图 3-24　可乐型软饮料全柱低温捕集技术顶空分析[89]

谱图：A—单次 1 mL 顶空注射；B—使用 MHI 程序进行三次注射

GC 条件：分析柱—50 m×0.32 mm 内径熔融石英开管柱，固定相为键合的甲基聚硅氧烷；膜厚 0.52 μm；在顶空注射过程中，GC 柱温箱从−50℃ 程序升温至+10℃，在+10℃ 条件下恒温 5 min 后，以 1.5℃/min 的速度升至 215℃；分流进样，分流比为 1/36，FID 检测器；载气为氦气；平均速率 u =29 cm/s

HS 条件：样品体积 10 mL，加入 6.0 g 无水 Na_2SO_4，顶空瓶体积 22 mL。90℃ 条件下平衡 45 min。进样环体积 1 mL

来源：经 *Chromatographia* 杂志和作者许可复制

在 WCC 技术中，柱温箱包括整个分析柱都冷却下来，这在大多数情况下不是必须实现的。只有在色谱分析所要求的初始温度低于环境温度时，如典型的气体分析，才会需要这种操作。这种技术的缺点在于冷却剂的消耗较大，且每一次分析都需要将整个柱温箱冷却至低温，耗时较长。

只有在色谱分析对低温有需求时，才需要将整个分析柱冷却。如果只想得到较窄的初始谱带图，那么只将开管柱的前面部分进行冷却也是可以的。这种"柱头上捕集技术"最早是由 Kuck 提出的[42]。Takeoka 和 Jennings[57]将熔融石英柱的前面部分（约为 25 cm）弯曲为 U 型，放置于一个充满液氮的杜瓦瓶中。采用气

---

❶ 例如，Tekmar Model 7000/7050 顶空分析仪和带有集成吸附阱的 PerkinElmer TurboMatrix 自动顶空进样器。

体密封的注射器将 500 μL 的顶空气样品注射进入柱子，注射时间为 30 s，结束后，将杜瓦瓶移走，然后再开始程序升温进行分离。

如果通过负温度梯度将低温聚焦与另外的聚焦效果组合，则可以获得非常有效的带浓度。可以通过温度调节，使移动带前方的温度低于后方的温度。在进样的过程中，移动带后方的分子被加速，以相对较高的移动速率（R_f）进行迁移，而移动带前方的分子速率近乎为零。温度梯度的实现需要熔融石英毛细管柱具有相当的长度（如 20~60 cm）。Rijks 等[90]发现一个 20 cm 带涂层的毛细管柱，如果用干冰-乙醇混合物在外部制备冷气（约 60°C）进行冷却时，长度也是足够的。冷却气体在与载气相反的方向上流动，被捕获的化合物在与载气相同的方向上被热气体闪蒸，从而产生捕集和蒸发的负梯度。使用两个独立而又配置相同的熔融石英捕集器，进行冷热氮气流变换冷却和加热，也可获得这种双聚焦效应[65]。

如果这个捕集器是设置在 GC 柱温箱中，则不需要额外的热气来加速捕获的化合物的迁移[42,63]。Kolb 等[91]将 Kuck[42]的冷凝捕集技术进行了升级改造，建立了梯度冷聚焦设备。由于此处的色谱图都是通过这个设备得到的，因此在图 3-25 中，对这一设备的构成进行了详解。

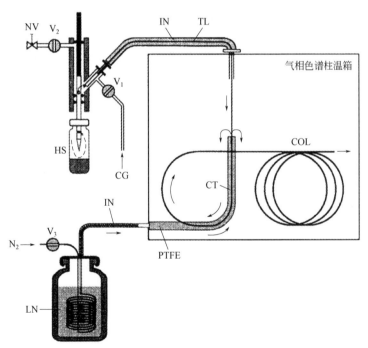

图 3-25　平衡压力系统下的开管柱柱前方柱上冷聚焦[91]

HS—顶空进样的位置［见图 3-14 和图 3-16（b）］；CG—载气；V_1、V_2、V_3—电磁阀；
LN—液氮池；IN—绝缘套；TL—加热的传输线，包在熔融石英柱上；COL—开管分析柱；
CT—冷阱捕集；分析柱的第一个线圈（约为 60 cm）；PTFE—聚四氟乙烯管

这里的冷阱捕集器是一个聚四氟乙烯管，类似于 Jennings[70]的设计，它将熔融石英毛细管柱的第一个线圈夹套其中，进行工作。冷却剂不是液氮，而是低温氮气。这个气体是在气相色谱外部产生的。液氮通过浸泡其中的铜圈，变为低温氮气，吹入夹套中，进行冷却工作。或者，冷却气体也可以通过如下所述的冰箱产生，从而避免使用液氮。操作阀 V_3 是一个自动控制的阀门，它可以控制冷气的开合。在进样过程中，低温氮气流入熔融石英毛细管柱外部的聚四氟乙烯管内，而另一个方向，高温顶空气则向柱内部流入。如果冷却气是由外部液氮池产生，初始温度为−196°C，那么在流速为 5 L/min 的情况下时，通常在捕集器尾部，这个温度会调整为−30°C。在这种情况下，一个非常强的负温度梯度就产生了。顶空气体在较高的最终温度（例如，−30°C）下进入捕集器，其中挥发性成分在液相中溶解并缓慢移动到较冷的区域，在那里它们几乎停止运动。在进样快要结束时（比如，过了几分钟），冷却气就会停止流动。此时，进入的温暖的顶空气体从内部加热熔融石英毛细管，并且在溶质带的后部变暖的同时产生第二个负温度梯度，而前部仍然是冷的。由于这种双重聚焦作用，被捕集的化合物在柱温条件下以较窄的谱带宽度离开捕集器。这种建立在平衡压力取样系统上的技术，现在应用在 Perkin-Elmer 公司的自动顶空仪上（TurboMatrix 自动顶空进样器）。

另一个问题是需要灵活选择顶空转移体积。在平衡压力式取样系统中，通过调整进样时间从几秒钟到几分钟，人们可以从一个顶空瓶中选择几乎任何体积进行进样；这些步骤都可以自动完成且具有较好的重复性。图 3-26 展示的是测定香味洗涤剂中的芳香性化合物时，富集与不富集进样的色谱图比较，以此来表示富集效应对测定的影响。谱图 A 表示的是常规顶空进样，进样时间为 3.6 s，谱图 B 中则采用了冷聚焦技术，样品传输时间为 30 s。这一测定步骤共重复做了 9 次，精密度良好：谱图 B 中最高峰的相对标准偏差为 1.5%。在实践中，通常仅需要大约 10 倍的因子以获得更好的灵敏度。

图 3-25 中所表示的系统在分析柱的选择上也是灵活的。捕集和分离柱之间的区别允许它们之间存在多种组合，这组合很多是非常有用的。比如说，冷阱捕集段所使用的柱子可以覆盖固定化二甲基硅氧烷，甚至是某种可吸收的固定相，由对接连接器连接的分离柱可以根据特殊的分离要求进行选择，此选择不受低温捕集的低温条件限制。例如，低温阱中的厚膜硅胶毛细管柱可以连接到 Carbowax 型柱上，但是 Carbowax 型柱不能用于低温阱，由于低温阱温度低于−80°C。这种组合用于测定停车场空气中的碳氢化合物（参见图 3-27）。

对于高挥发性化合物，具有多孔聚合物或氧化铝涂层作为固定相的吸附毛细管可能是特别有用的。图 3-28 就给出了一个例子，即采用 Al_2O_3/KCl 作为固定相涂层的熔融石英毛细管柱对 PVC 树脂中的浓度为 85 ng/g 氯乙烯单体进行测定（Chrompack，即现在的 Varian，荷兰米德尔堡）。

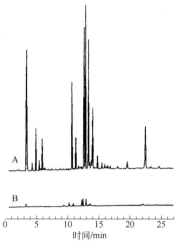

图 3-26 顶空-气相色谱测定香味洗涤剂中的芳香化合物

谱图：A—通常顶空进样，样品传输时间 3.6 s；B—图 3-25 中的冷聚焦进样，样品传输时间 30 s

GC 条件：分析柱—50 m×0.32 mm 内径熔融石英开管柱，固定相为键合的苯基（5%）甲基硅氧烷，膜厚 5 μm。A 柱温—以 3°C/min 的速率从 60°C 升到 200°C；B 柱温—以 20°C/min 的速率从 40°C 升至 60°C，再以 3°C/min 的速率升至 200°C；不分流进样，FID 检测器

HS 条件：1g 固体洗涤剂，在 90°C 条件下平衡 60 min

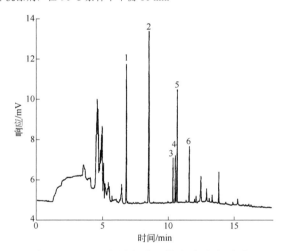

图 3-27 低温 HS-GC 法测定地下停车库大气中的 BTEX[54]

仪器条件：Perkin-Elmer 公司的 AutoSystem 系列—HS40 自动化顶空仪，带有水捕集器和气体冷却装置的低温附件；分析柱—60 m×0.25 mm 内径熔融石英开管柱，键合 Carbowax 固定相（Restek）；膜厚 0.25 mm；柱温—在 40°C 条件下恒温 1 min，以 20°C/min 速率升至 65°C，在 65°C 条件下恒温 4 min，在以 10°C/min 的速率升至 120°C；FID 检测器

HS 条件：低温捕集阱：60 cm×0.32 mm 内径熔融石英开管柱，交联二甲基硅氧烷相作为固定相涂层；膜厚 1 mm；顶空传输时间，不分流条件下为 3 min；通过样品瓶采样技术收集样品（参考图 4-6）；外标法计算

峰辨认：1—苯（807 mg/m³）；2—甲苯（1596 mg/m³），3—乙苯（228 mg/m³）；4—对二甲苯（228 mg/m³）；5—间二甲苯（531 mg/m³）；6—邻二甲苯（245 mg/m³）

来源：经 *LC-GC International* 杂志许可复制

3.7.1.3　温度对冷聚焦的影响

我们在前面已经对冷凝和冷聚焦的差别进行了比较，即在冷聚焦中，慢的色谱迁移还是存在的，但是在冷凝技术中，待测成分是被冻结住了，停止运动了。在这里我们选取沸点（bp）为−14℃的单体氯乙烯作为高度挥发性成分的代表样来进行研究。无论是对聚合树脂（见图 3-28）、塑料原材料还是日用消费品，都

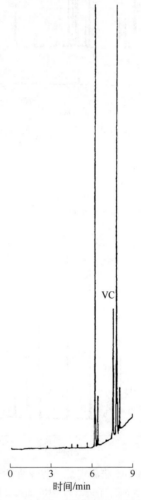

图 3-28　采用静态低温 HS-GC 技术对 PVC 树脂中浓度为 85 μg/kg 的氯乙烯单体进行测定

仪器条件：Perkin-Elmer SIGMA 2000，HS-100 自动顶空分析仪，低温配件；分析柱—50 m×0.32 mm 内径熔融石英开管柱，采用多孔 Al$_2$O$_3$/KCl 作为固定相涂层（Chrompack）；柱温—以 10℃/min 的速率从 50℃ 上升至 150℃，在 150℃ 恒温 5 min，然后以 30℃/min 的速率上升至 180℃；载气为氮气，180 kPa；FID 检测器，衰减×2

HS 条件：2 g PVC 树脂在 110℃ 恒温条件下，搅拌 30 min。样品传输时间 2 min，不分流进样；通过多级顶空萃取（MHE）和外部蒸气标准法进行定量

很难实现μg/kg 级浓度单体氯乙烯的测定，因此，关于此物质的测定一直是分析研究的热点。在此例中，不仅讨论了温度的影响，也对开管柱的覆膜厚度对测定所造成的影响进行了详述。

图 3-29 显示氯乙烯与其它具有类似挥发性化合物，如 1,3-丁二烯（bp=−3℃）、环氧乙烷（bp=+11℃）和三氯氟甲烷（bp=+25℃）的分离。采用的开管柱尺寸为50 m×0.32 mm 内径，固定相为交联的二甲基硅氧烷，膜厚为 3 μm。分析条件为恒温 50℃。这个色谱图是采用柱上冷聚焦技术得到的，仪器结构见图 3-25。图中标明的条件足以将氯乙烯与这种混合物中存在的其它化合物分开。要对化合物的色谱保留进行测定，就得保证分析柱从头到尾都处于恒温状态，因此，可以使用全柱冷捕集技术（WCC）。

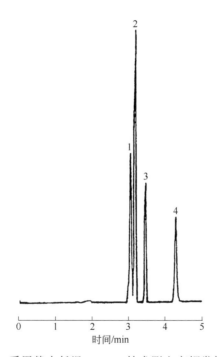

图 3-29　采用静态低温 HS-GC 技术测定高挥发性化合物

仪器条件：Perkin-Elmer SIGMA 2000，HS-100 自动顶空分析仪，低温配件；分析柱—50 m×0.32 mm内径熔融石英开管柱，采用交联的苯基（5%）甲基硅氧烷相作为固定相涂层（Chrompack），膜厚 3 μm；柱温—在+50℃ 条件下恒温 4.5 min；FID 检测器

HS 条件：样品为混合气体；样品传输时间 27 s，不分流进样

峰：1—氯乙烯（bp = −14℃）；2—1,3-丁二烯（bp = −3℃）；3—氧化乙烯（bp = +11℃）；4—三氯氟甲烷（bp = +25℃）

保留因子（k）描述了化合物的保留，根据公式（3.18）和公式（3.19），保留因子（k）的测定需要死时间（t_M）。此处使用的是 FID 检测器，FID 检测器对于

一些惰性成分的响应峰是检测不到的，因此，在 Petersen 和 Hirsch[92]所提出的方法中，通过对正烷烃——乙烷、丙烷、正丁烷和正戊烷的连续保留时间进行外推计算死时间（t_M）。采用 2 根固定相涂层为交联二甲基硅的熔融石英开口管柱，对氯乙烯的保留因子（k）在各种温度下测定，2 个柱子尺寸为 50 m×0.32 mm 内径，一个厚度为 3 μm（参见图 3-29），另一个为 1 μm。

分配系数（K）受温度的影响，与任何其它平衡常数（例如蒸气压）一样，其与热力学温度（T）呈指数变化。温度变化同样影响保留因子（k），因为根据公式（3.17），其与 K 相关，公式（3.23）通过函数方程列出了 k 与温度的变化关系：

$$k = \frac{1}{\beta} \times e^{\frac{\Delta G^o}{RT}}$$ （3.23）

式中，ΔG^o 是固定相和流动相自由焓的差异。

上述关于 k 与温度的关系方程还可以用公式（3.24）来表示：

$$\lg k = A\frac{1}{T} + B$$ （3.24）

公式（3.24）还可以用一个线性方程来表示：$y = Ax + B$，其中 $x = 1/T$，$y = \lg k$：通过在不同温度条件下进行实验，可以得到这个线性方程中的具体 A 与 B 值，此时，就可以通过这个线性回归方程计算得到其它温度条件下的 k 值。

采用全柱冷捕集技术（WCC），恒温分离，在−75~+75°C 范围内对两根毛细管柱上的氯乙烯分离因子进行测定。图 3-30 显示了 $\lg k$ 与热力学温度的倒数（$1/T$）的关系图。回归方程的结果列于表 3-11。随着温度下降，氯乙烯的迁移速率降低，这一点通过相对迁移速率（R_f）的递减可以明显体现出来，而 R_f 可以通过公式（3.21）从 k 值导出。这些数据用于以下计算。在等压条件下，顶空取样在柱入口处的线性流速为 20 cm/s，取样时间为 1 s，这个时间是足够短的，可以良好地避免谱带展宽。在这种情况下，顶空样品插入毛细管柱 20 cm。通过不同温度条件下的 R_f 值，可以得到氯乙烯溶质谱带的长度，具体列于表 3-12。

虽然在这个例子中，VC 的溶质区总是对应于 1 s 的采样时间，但随着温度的降低，它以长度在变小，如图 3-31 所示。此处开管柱的厚度为 3 mm。因为空气是顶空样中的主要成分，且在液相中没有保留，因此，顶空样插入色谱柱的长度为恒定的，不受温度影响。

在图 3-31 的色谱条件下，氯乙烯峰在+50°C 的保留因子 k=0.832（参见图 3-30），相对迁移速率（R_f）为 0.55，这些条件足以实现氯乙烯与其它成分的分离。氯乙烯的移动带在进入柱子 11cm 处。下面我们还会参考上述数据，进行一些比较说明。采用降低柱温的方法，还可以进一步提高进样时间，直至溶质谱带在柱

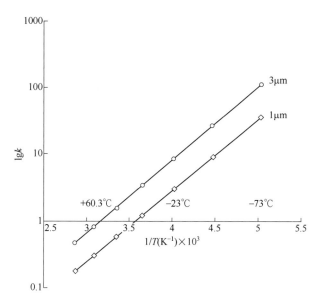

图 3-30　在温度为−75~+75℃ 范围内，氯乙烯在两根分析柱上的
保留因子与温度的相应关系[46]

两根分析柱均为 50 m×0.32 mm 内径熔融石英开管柱，固定相为交联的
二甲基硅氧烷，膜厚分别为 1 μm 和 3 μm

来源：经 *Journal of Chromatography A* 杂志许可复制

表 3-11　采用两根不同涂层厚度的熔融石英开管柱（尺寸为 50 m×0.32 mm 内径），
通过线性回归 [参考公式（3.24）] 得到氯乙烯的保留因子（*k*）
在+75~−75℃ 范围内的温度函数

膜厚	回归系数 A	回归系数 B	相关系数 r
1 μm	1052.31	−3.767	0.99988
3 μm	1075.81	−3.404	0.99999

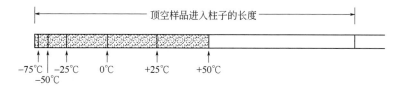

图 3-31　在给定温度条件下，氯乙烯顶空样进入熔融石英开管柱头部的插入长度

此处柱子膜厚度为 3 μm。这是由 1 s 的取样时间和 20 cm/s 的载气流速（样品的传输速率）
产生的。这个长度不受温度的影响

中的长度也达到 11 cm。进样时间增长了，顶空样的体积也增多了。通过较低温度下的相对迁移率与参考温度下+50℃ 的相对迁移率之比，可以得到富集因子（*EF*）值，具体列于表 3-12 中。

表 3-12　在特定色谱条件下（色谱柱为熔融石英毛细管开管柱，尺寸 50 m×0.32 mm 内径，涂有交联聚二甲基硅氧烷为固定相，厚度分别为 1 μm 和 3 μm，进样时间 1 s，样品传输速率 20 cm/s），温度每变化 25℃，氯乙烯的保留因子（*k*）、相对迁移率（*R*~f~）和富集因子（*EF*）与温度的变化关系

温度/℃	*k*		*R*f		*EF*	
	1 μm	3 μm	1 μm	3 μm	1 μm	3 μm
+50	0.305	0.832	0.77	0.55	1.0	1.0
+25	0.573	1.585	0.64	0.39	1.2	1.4
0	1.186	3.332	0.46	0.23	1.7	2.4
−25	2.906	8.332	0.26	0.11	3.0	5.0
−50	8.65	25.40	0.10	0.04	7.4	13.6
−75	34.41	104.25	0.03	0.01	27.4	54.6

　　当我们对膜厚分别为 1 μm 和 3 μm 的两根开管柱得到的结果进行比较时，发现膜的厚度对于结果的影响也较为明显。对于+50℃，进样时间为 1 s 的条件，膜较厚的柱子在−75℃，进样时间可以增加至 55 s，此时可以得到与前述条件相同的初始谱带宽度，富集因子可以达到 55；而膜厚为 1 μm 的柱子，进样时间就得浓缩至 18 s，相应的得到较低的富集因子 18；膜厚增加 3 倍，要想得到相同的富集因子，捕集温度可以提高 15℃。

　　随着温度降低，氯乙烯的保留因子增加，这一现象清楚地表明即使温度较低，色谱迁移也是存在的。人们普遍认为的在低温条件下化合物被冻结或休眠，这一现象的存在恰恰与之相反。随着保留因子 *k* 的增加，化合物的迁移速率只是简单的降低了。

3.7.1.4　不同冷阱捕集技术的比较

　　相对于冷聚焦技术，冷凝捕集具有较多短板：冷凝需要将温度降低到挥发性成分的露点以下，并且考虑到顶空样中浓度较低的情况，需要非常低的温度；因此，液氮是推荐使用的冷却剂。可以认为低温冷凝捕集器与程序升温蒸发（PTV）进样器相同，其中起始谱带宽度由样品传输的时间确定。因此，要使样品以一道细流快速进入分析柱，需要将冷凝捕集器快速升温。那么对于这些设置在外部的冷阱捕集器，特别是金属管，这种快速升温会导致一些不稳定化合物的分解[72,75]。冷凝捕集的另一个固有问题是气雾在形成过程中有可能会泄漏。Graydon 和 Grob[66]发现浸泡在液氮中的简单开放式冷阱中，挥发性有机物具有明显的泄漏。特别是一些极性化合物，在热的气体状态下被迅速冷却时，会形成气雾，这种气雾通常

带电，且可以毫无保留地通过冷却带。这些液滴的形成会导致捕获的不完全，产生峰分裂或峰变形等现象。较大的表面积可以抑制气雾的形成，因此经常采用玻璃珠对玻璃管[59]或毛细管[61]进行填充，以此作为捕集器来使用。Hagman 和 Jacobsson[59]给出了样品泄漏的理论处理以及捕集对于露点和捕集阱几何结构的依赖性。

柱上冷聚焦技术还有其它一些显而易见的优点：固定相保持其作为色谱相的性质，被捕集的溶质溶解在液相中或被吸附剂涂覆的开管柱吸附。这样就可以避免气雾的形成。样品分解也不太可能发生，因为捕获的化合物不会与任何其它材料接触，就像在其余的色谱分离过程中那样。然而，最主要的优点在于，被捕集的化合物已经进入色谱柱中。因此，此技术对于在低温冷凝的情况下，样品转移期间的谱带展宽没有影响。由于这个原因，也没必要对捕集阱尽可能快的加热，因为被捕集的化合物已经在温度的控制下在固定相中缓慢移动：这是一个色谱过程，等同于程序升温色谱柱的热聚焦效应。捕集阱的升温速率决定着移动带的移动速率；因此，它只对化合物最终的保留时间有影响，而不会影响谱带宽度。这就是为什么在图 3-25 所示的布置中，尽管载气流速缓慢，热容量低，熔融石英捕集阱内的热载气可以蒸发捕获的化合物，或者更确切地说，加速它们的迁移速率。

冷阱捕集还有一个重要的方面是对冷却剂的适宜选择。由于低温冷凝技术的强大影响及其对低温的刚性需求，液氮非常受欢迎；它的价格便宜，对几乎所有实验室都简便易得。干冰和液体二氧化碳也有使用，但其允许使用的最低温度为 −78.5°C，这个温度往往不能满足需要。干冰和丙酮、甲醇或者和其它溶剂的混合物则没有什么优势，也不适合在常规检测中使用。所有这些液体或固体冷冻剂的使用和处理对于无人值守的常规分析来说并不理想。

由于冷聚焦技术不需要极低的温度，因此也可以使用替代的冷却装置。可以用 RanqueHilsch 涡流管产生冷气进行冷聚焦[93]。这是一种气动操作装置，包含一个同心孔，可以将压缩空气（最小压力为 0.6 MPa）分成冷气流和热气流。冷气流最低温度可以达到−50°C，热气流最高温度可以达到+225°C。−50°C 的低温对于捕集弱挥发性的化合物是足够的，但是对于挥发性强的化合物则是不够的。Bertman 等[94]提供了一个两步制冷装置，将覆有涂层的熔融石英捕集器的温度降至−100°C，它采用单级闭环氟里昂冰箱冷却散热器，用于三级串联热电（Peltier）泵，从热接点温度 60°C 开始，可实现 40°C 的温差。

还有一种非常简单的装置，特别适用于冷聚焦，它由一个封闭循环的氟里昂制冷剂集合体组成，它对铝块进行冷却，冷却气体通过该铝块被引导到盘管中。这种冷气体发生器[95]允许人们在任何温度下都可以以 1°C/步的速率将温度降低至−80°C。使用这个技术产生冷气非常方便，因为它只需要电源、洁净的氮气和压缩空气，避免了其它冷却剂的使用。这个装置曾被用来产生冷气流，代替液氮池进行制冷，具体见图 3-25。图 3-27 则是在对地下车库中的空气进行分析时，使用这个装置的一个例子。使用小瓶采样技术收集空气样本，这一点将在第 4 章（参见图 4-6）中讨论，将空气泵入一个开口的顶空小瓶，即迷你样品罐[54]，随后以通常的方式压口密封。在进样的 3 min 时间内，由于集水器的额外流动阻力，载气流量略微减少，使色谱图开始时的基线出现峰值。在下一章将会讨论采用集水器将顶空气中多余的水分去除，从而避免液氮池中的冰块产生堵塞。

3.7.2 低温 HS–GC 中水分的影响

在前面的章节中，提出了各种进行顶空富集的低温捕集技术及方案。除了 SPME，无论是静态还是动态 HS-GC，都多少面临着如何对水分进行处理的问题。在 GC 中，大多数样品含有水（作为溶剂或作为湿气存在），如果毛细管被冰阻塞，则伴随的水的问题则立即显现出来。另外，即使在某些情况下水分并不是很明显，但是所捕集的这些少量的水分也会产生一些不好的影响，如峰形的破坏。尤其是在色谱图的早期部分，这个时候水分是和高挥发性化合物共同洗脱出来的。尽管在静态和动态 DS-GC 样品中，水分都有可能存在，但是最终的含量上还是有差别的，因此，用来处理这些水分的方法技术也有所不同。

大多数处理水问题的技术都是针对动态 HS-GC 开发的，主要用于吹扫捕集（P&T）过程，相对于静态 HS-GC，动态技术除水的问题更加突出，原因很简单，因为需要对水溶液样品长时间吹扫，当饱和水蒸气的浓度保持恒定时，汽提气中分析物的浓度就呈指数下降。这样在最终的大体积提取气中，就会积累大量的水分。举个例子，按照 U.S.EPA 的方法，在 60°C 条件下，以 40 mL/min 的流速对一个水溶液样品吹扫 11 min，最终所得到的水分饱和的吹扫气体积就是 440 mL，其中含有水分 57 mg（60°C 条件下的饱和水蒸气密度为：0.130 g/L）。

通常，用于吹扫捕集的吸附阱都含有非极性的吸附剂（Tenax，炭黑，碳分子筛等），极性的水会通过吸附阱而不吸附在吸附剂的非极性表面上。但是，也会有一些水分被捕集进来，特别是当采用毛细管冷凝时，这些水分在热脱附过程中会和被捕集的化合物一同被释放出来。关于动态顶空的水分去除在 1.2.2 节中讨论过，包括常用的所谓的干吹扫法，即通过在接近环境温度的温度下冲洗捕集阱来除去捕获的水，但存在一些挥发性成分丢失的风险。还有一个方法就是在吸附阱后面连接冷阱，使水分冷凝。然而，如果整个系统中包括冷阱，则中间吸附阱就显得没有必要，因为冷阱也可以对化合物进行捕集。

Badings 等[96]提出如果水分可以通过冷凝器冷凝去除，那么吸附阱就没有必要存在了，因为吹扫气可以直接进入一个冷却的开管柱内。而这个装置目前已经商品化（荷兰，米德尔堡，瓦里安）。吹扫气流（载气）通过冷凝器，被冷却剂制冷至-15℃，此时所有的水分都已经凝固，也就被去除出去了。含有挥发性成分气流的吹扫气经过一个加热设备后进入熔融石英毛细管柱制成的冷阱，其尺寸为30 cm×0.32 mm 内径，覆有交联二甲基硅氧烷涂层，厚度为 1.2 μm；来自杜瓦瓶的液氮冷却的空气流将该冷阱的温度保持在-120℃。通过柱温箱内的分流器，大的吹扫流量与柱流量互不干扰，其中吹扫流可以被排出。完成样品吹扫并且系统切换到注射模式时，电磁阀关闭。Pankow[97]将这种冷凝器小型化，他使用填充玻璃珠的管子，将其冷却至-10℃，高挥发性化合物通过不保留；在室温条件下对集水器进行干燥，将凝结在捕集的水分中的低挥发性化合物和极性化合物最终转移至分析柱中。

在静态顶空技术中，样品上方的顶空气体所含有的分析物浓度与水的比例是初始的，也是最高的，这个有利的比例在整个进样时间内保持不变，因为顶空不会被水饱和的高流量的吹扫气进一步稀释。因此，在静态 HS-GC 中，对水分的去除没有过多要求。举例来说，在 60℃ 条件下，对 20 mL 顶空瓶中的液体样品来说，在液面上方的顶空气体积为 10 mL，其中含有水分为 1.30 mg。如果通过低温捕集将 5 mL 样品引入开管柱中，则 0.65 mL 的小滴水的结冰不足以阻塞如 0.32 mm 内径这样的开管柱，特别是在低温聚焦条件下，其中水在温度梯度的区域中会伸展一定的长度。结冰形成的堵塞还取决于涂层柱中液相的极性和润湿性[98]。另一方面，平衡压力顶空进样中，在 0.32 mm 内径的柱被堵塞之前，可以将进样时间从通常的几秒钟（例如，3 s；参见表3-8）增加至 1.5 min。灵敏度增加了 30 倍，对于大多数实际应用来说已经足够了。图 3-32 就给出了一个例子，即采用低温 HS-GC 测定鼠尾草汁中的芳香性化合物。这种液体样品在 80℃ 条件下进行平衡，尽管在这个温度条件下顶空气中的水蒸气浓度较高（0.293 mL/min），但是在 1 min 的进样时间内（此时所对应的进样的顶空气体积约为 1.5 mL），这些水蒸气所形成的冰并不会对内径为 0.32 mm 的开管柱造成堵塞。

在静态 HS-GC 中，只有当灵敏度进一步提高或水引起其他问题时，这些问题通常和检测器的类型有关，这时才有必要在低温捕集之前从顶空样品中除去水蒸气。冰的形成是一个较为严重的问题，但是严重的程度也取决于毛细管柱的内径：直径越小，允许进入的样品体积就越小。因此，细孔开管柱较易受到成冰堵塞的影响，而对于内径为 0.53 mm 的柱子而言，即使含水分的顶空气进样量达到几毫升，也是可以接受的。

这些就是顶空技术中对于水分问题解决的基本差异。也可以解释，为什么在冷阱捕集前除水的技术，大部分是开发应用于吹扫捕集程序，或者是采用吸附管对空气样品进行热解吸采样过程。

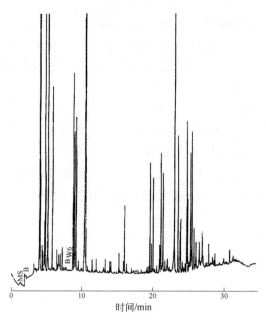

图 3-32　低温 HS-GC 测定鼠尾草汁中的芳香性化合物

仪器：Perkin-Elmer SIGMA 2000，HS-100 自动顶空仪，低温附件。柱子—50 m×0.32 mm 内径熔融石英开管柱，固定相涂层为交联的苯基（5 %）甲基硅氧烷，涂层厚度 1 μm。柱温—在 45℃ 下恒温 8 min，然后以 8℃/min 的速率上升至 120℃，最后以 6℃/min 的速率上升至 250℃。载气为氢气；FID 检测器，衰减×4

HS 条件：样品—1 mL 鼠尾草汁在 80℃ 条件下恒温 30 min，顶空传输时间 1 min，不分流进样；冷阱—0.8 m×0.32 mm 内径熔融石英开管柱，涂层为交联的苯基（5%）甲基硅氧烷，涂层厚度 5 μm

3.7.2.1　静态 HS-GC 中水分的去除

目前开发的很多除水技术都应用在顶空样品吹扫捕集测定之中；然而，静态 HS-GC 中含水量较少，这些技术不一定适用。采用水在吸湿盐上的选择性化学吸附特性来进行除水，似乎更有希望应用于静态 HS-GC。有一些工作人员使用 $Mg(ClO_4)_2$ 来进行吸附，然而他们的结论各不相同。Matuska 等[99]得到了所有烷烃（C_2~C_{10}）的定量回收率，Doskey[100]则报道采用这种技术，存在长链烯烃和 C_1~C_3 取代苯基类烯烃的损失，因此不再推荐这种盐。另一个用来进行除水的是 K_2CO_3[99-101]。研究发现 K_2CO_3 的使用，对于脂肪族和芳香族烃类有良好的回收率，但对于重芳烃类化合物却有明显的损失[102]。

研究发现，长期使用的盐会结块，这也使它的性质与纯盐有所不同；为了避免这个现象的产生，Kolb 等人[103]将吸附剂涂覆在多孔载体材料上。研究发现，在所有的吸湿性盐类中，LiCl 尤为有用。它是一个惰性盐，且和 K_2CO_3 相比，它具有高的水溶性[104]。同样重要的是，它易于再生，因为每次运行结束后都要将水分从集水器中清除出去。可以通过提高温度来实现 LiCl 的修复：120℃ 的温度，对 LiCl 而言，足够使其快速脱水。集水器由一个含有小的玻璃衬管的不锈钢管

（6 cm×0.8 mm 内径）组成，其中装有 10 mg 由 Chromosorb W，AW，60/80 目组成的材料，并涂有 65%（质量分数）LiCl。

图 3-33 显示了适用于平衡压力采样的系统设置。这是图 3-25 所示的标准化冷聚焦系统的延伸和改进。通过对顶空瓶进行施压来开始进样（Ⅰ）：载气流过阀 V_1 和阀 V_4，通过进样针进入到顶空瓶中。通过关闭阀 V_1，切断载气，开始样品传输（Ⅱ）。当系统切换到待机位置（Ⅲ）时，取样完成，此时阀 V_4 将载气转向集水器和低温阱中捕集柱之间的 T 形件方向。这样，载气开始向捕集柱流动，并且通过加热柱温箱，捕获的化合物将被带入分离柱进行分析。同时，集水器通过传输管线经阀 V_2 回流。阀 V_2 出口处设置有针阀（NV），可以对这股清洗气的流量进行调节。在样品导入之前，控制阀 V_3，使冷气进入几分钟，确保捕集阱中的柱子得到足够冷却。在样品传输过程中，冷却不间断。当取样针位于待机位，进样结束，可以继续冷却一小段时间，通过使阀门 V_1 和 V_4 打开来保持载气流过传输线和集水器（图 3-33 中未表示出来）。这一步的目的是对传输线和集水器中的

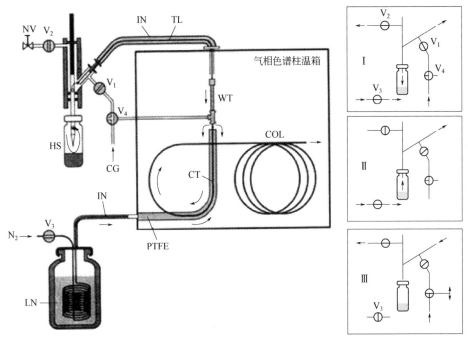

图 3-33　采用集水器除水的冷聚焦平衡压力式采样系统示意图[103]

HS—顶空采样位（见图 3-25）；V_1~V_4—电磁阀；TL—含有熔融石英毛细管柱的热传输线；
PTFE—Teflon 管；WT—集水器；LN—液氮池；COL—进行分析的开管柱；CT—冷阱
分析柱的第一个线圈或者是一个独立的捕集柱，阀 V_1 和 V_4 控制载气流，阀 V_2 控制
清洗气流，阀 V_3 控制冷气流（氮气），阀 V_4 控制集水器的回流气
电磁阀位置：Ⅰ—顶空瓶加压；Ⅱ—样品传输；Ⅲ—待机状态（分析）

残余样品蒸汽进行清洗，使其在冷阱中聚集。接下来，关闭阀 V_3，切断冷气，系统处于待机位（Ⅲ）。整个系统通过微处理器控制，自动化运行，重复性良好。例如，含有 BTEX 的一系列 40 个小瓶，每种组分在水中的浓度为 25 mg/L，在进样时间为 2 min 的情况下，苯、甲苯和邻二甲苯相对标准偏差为±2.4%~±2.8%。这种自动化的过夜运行仅消耗 6 kg 的液氮质量[103]。

集水器中的 LiCl 并没有将顶空气中的水分全部去除。一小部分水分将会从集水器通过，这主要是由柱温箱温度以及由此导致的 LiCl 上方的蒸气压决定的。例如，柱温箱温度为 40℃，会发现进入集水器的水分有 0.6%能够穿过集水器而不被捕集[103]。这一小部分水汽可以防止系统出现由于过于干燥而导致的吸附性很强的现象。另一方面，当 LiCl 被水饱和时，它液化并再次平滑地重新涂覆于多孔载体上。因此，在 120℃ 以上温度进行再生，可以防止结晶盐的结块。

3.7.2.2　应用

前面已经提到，相对于动态 HS 步骤，静态 HS-GC 中水分含量较小，因此，除水这一步骤显得不那么紧迫。因此，低温 HS-GC 的大多数应用可以不除去顶空气中的水分。然而，虽然开管柱的冰堵不是主要问题，但是水会干扰色谱图或检测器响应中的基线，特别是对于 ECD 和光电离检测器（PID）以及 GC-FTIR 组合。其中 PID 常被用来对水中低浓度（μg/L 级以下）的挥发性卤代和芳香烃进行顶空分析。图 3-34 显示了基线稳定性的提高。

两个色谱图的比较显示了采用 ECD 进行检测时集水器的作用。如果没有集水器，过量的水导致基线严重的变形，且水洗脱过程中的峰会展宽，而这会影响到峰的分离度，如峰 2 和峰 3 所示。在从三氯氟甲烷到氯仿的整个范围内可以观察到峰展宽。对于这种带有集水器的分析，可以获得超高灵敏度，如峰 6，对应的是 3 ng/L 的四氯化碳，与图 3-20 没有低温富集的情况下获得的色谱图比较，其中峰 10 对应 50 ng/L 四氯化碳。从理论上讲，检测限甚至在千万亿分之一（1：10^{-15}）范围内也是可行的，因为系统尚未达到可能达到的最高灵敏度，如稳定基线所表示的无噪声的情况。然而，在实践中，灵敏度受到普遍存在的空白的限制，任何进一步的浓缩都是无用的。在使用 ECD 时，多余水分对于基线破坏的现象，也会出现在使用 PID 检测器的情况下，这时也可以通过添加集水器进行改善。

集水器最初是在对水溶液样品中非极性挥发性芳香烃和氯代烃进行顶空分析时开发出来的。根据我们的经验[103]，甚至一些极性和不挥发性的物质也会通过集水器进入冷阱中。图 3-35 中显示了一个实例，即药用水性缓冲溶液中 0.1 mg/L 甲醇的定量测定。图 3-36 的色谱图中包含的化合物极性范围较宽，极性最低可达到萘，还有极性的醇类。没有观察到吸附和记忆效应，并且在研究的 1：80 的工

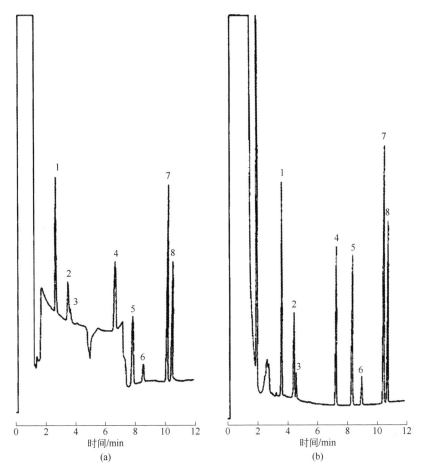

图 3-34　静态低温 HS-GC/ECD 测定水中挥发性卤代烃

（a）不用集水器；（b）用集水器

仪器条件：Perkin-Elmer AutoSystem，HS-40 自动顶空仪，配低温附件。柱子—50 m× 0.32 mm 内径熔融石英开管柱，固定相涂层为交联的苯基（5%）甲基硅氧烷，涂层厚度 2 μm。柱温—在 40℃ 下恒温 5 min，再以 6℃/min 的速率上升至 150℃，在 150℃ 下恒温 6 min，再以 6℃/min 的速率上升至 200℃。载气为氢气，160 kPa。ECD 检测器

HS 条件：样品—2 mL，在 80℃ 条件下恒温 30 min，顶空传输时间 2 min，不分流进样

峰（浓度单位μg/L）：1—三氯氟甲烷；2—1,1,2-三氯三氟乙烷；3—二氯甲烷（1.1）；4—氯仿（0.1）；5—1,1,1-三氯乙烷（0.05）；6—四氯化碳（0.003）；7—三氯乙烯（0.15）；8—二氯溴甲烷（0.03）

作标准溶液范围内，峰面积和浓度之间为线性关系。回归系数（r）接近 1，只有萘的 $r=0.9998$，为最差的[103]。萘的挥发性较低（bp 217.9℃），且必须通过设置在柱温箱内的集水器，而柱温箱在程序设置中初始温度较低，只有 45℃，因此，这种现象尤其值得注意。在这种条件下萘的检测限低于 1 μg/L 水平。然而，易发生反应的化合物如游离酸，可能是与 LiCl 发生了反应，因此不能通过集水器。不能

忽视的事实是集水器还是处于柱温箱温度下，并且由于它不是色谱系统，因此低挥发性化合物可能会被吸收。然而，如果在样品进样结束后继续对水阱短时间（例如，1 min）清洗，这些被吸附的化合物也可能向下游扫进，并随后再次被冷阱捕获，最终所有被捕获的化合物都被一起洗脱。

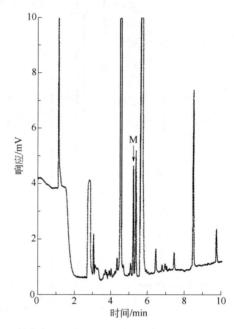

图 3-35　使用集水器冷聚焦 HS-GC 测定药用缓冲水溶液中 0.1mg/L 的甲醇（M）

GC 条件：柱子—50 m×0.32 mm 内径熔融石英开管柱，固定相涂层为键合聚乙二醇，涂层厚度 0.4 μm；柱温—在 40°C 下恒温 1 min，再以 20°C/min 的速率上升至 55°C，在 55°C 下恒温 2 min，再以 6°C/min 的速率上升至 180°C；载气为氢气，175 kPa，3.4 mL/min；FID 检测器

HS 条件：样品—2mL 水溶液样品+2 g K$_2$CO$_3$，在 80°C 条件下恒温 60 min，样品传输时间 5 min，不分流进样；冷阱—55 cm×0.32 mm 内径熔融石英开管柱，固定相涂层为交联的苯基（5%）甲基硅氧烷，膜厚 1 μm

来源：*Journal of High Resolution Chromatography* 杂志许可复制

　　前面已经提到了，在 GC 分析中对灵敏度和分辨率二者兼顾与折中的问题。在冷聚焦 HS-GC 中，毫无疑问，也需要面对这个问题。图 3-37 解释了集水器与冷阱结合使用的效果，图中为茴香种子的顶空分析谱图，样品转移时间长达 9.9 min，使用窄孔开口管柱，内径为 0.18 mm。尽管进样时间较长，但是峰形还是非常尖锐，且能得到较高的分离效率。应当注意的是，通过冷聚焦来增加灵敏度允许样品处于室温条件下，这样可以避免过度加热。对于动态顶空技术和 HS-SPME，在吸附和解吸过程中要严格避免任何热应力。尤其是芳香性化合物，对温度较为敏感，易分解，分解产物会被误认为是真实组分。

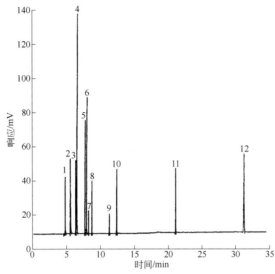

图 3-36　使用集水器静态低温 HS-GC 对水中混合物极性进行测试[103]

仪器条件：Perkin-Elmer AutoSystem，HS-40 自动顶空仪，配低温附件。柱子—50 m× 0.32 mm 内径熔融石英开管柱，固定相涂层为交联的氰基丙基苯基（14%）甲基硅氧烷，涂层厚度 1 μm。柱温—在 40℃下恒温 5 min，再以 8℃/min 的速率上升至 80℃，在 80℃下恒温 8 min，再以 20℃/min 的速率上升至 160℃。载气为氢气，205 kPa。FID 检测器。

HS 条件：样品——2 mL，在 80℃ 条件下恒温 1 h，顶空传输时间：1 min，不分流进样。冷阱—55 cm× 0.32 mm 内径熔融石英开管柱，固定相涂层为交联的苯基（5%）甲基硅氧烷，膜厚 1 μm

峰辨认：见表 3-13

来源：经 *Journal of High Resolution Chromatography* 杂志许可复制

表 3-13　图 3-36 中的峰辨认

编号	成分	浓度
1	甲醇	6.5 mg/L
2	乙醇	6.2 mg/L
3	二氯甲烷	0.28 mg/L
4	叔丁醇	2.5 mg/L
5	乙酸乙酯	0.52 mg/L
6	2-丁酮	1.0 mg/L
7	正庚烷	87.7 μg/L
8	苯	20.1 μg/L
9	正辛烷	9.4 μg/L
10	甲苯	25.7 μg/L
11	1,2,4-三甲基苯	26.3 μg/L
12	萘	68.6 μg/L

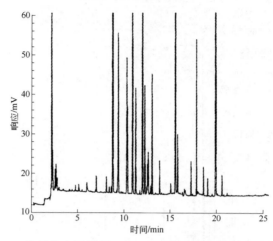

图 3-37　使用集水器低温 HS-GC 对茴香种子的顶空分析谱图

　　GC 条件：柱子—15 m×0.18 mm 内径熔融石英开管柱，固定相涂层 OV-1701，膜厚 1 μm。柱温——在 40°C 下恒温 4 min，再以 5°C/min 的速率上升至 90°C，再以 8°C/min 的速率上升至 120°C。载气为氢气，79 kPa。FID 检测器

　　HS 条件：样品—250 mg 茴香种子在+25°C 条件下，样品传输时间 9.9 min，不分流进样。冷阱—120 cm×0.25 mm 内径熔融石英开管柱，固定相涂层为键合氰丙基（14%）甲基硅氧烷（OV-1701），膜厚 1 μm

3.7.3　吸附富集

　　对于低温富集来讲，吸附富集的操作多种多样，且主要应用在动态顶空技术中（参见 1.2.2 节）。吸附还可以和静态顶空中的取样技术结合起来使用。从原则上来讲，从顶空瓶中取出的等分体积样品，如果体积过大，而导致开管柱无法接收，那么通过前面讨论的进样技术可以将其排掉。这部分气体首先通过一个吸附管，在这个吸附管中，待测成分被吸附，这样就和由空气和载气构成的顶空气分离开来。此后，将吸附的化合物热解吸并作为浓缩的样品传输到色谱柱。尽管通常也包含额外的冷阱捕集，该技术可以避免使用液体冷冻剂，因此可以更方便用于常规分析。而这一步骤主要是在解吸速度较慢的情况下抑制谱带展宽。然而，吸附技术的使用要求样品中的成分构成已知，且无论是吸附过程中所释放出的能量还是热脱附中的高温，都不能使化合物发生变化。

3.7.3.1　吸附阱中水分的去除

　　使用吸附阱不一定能避免水分问题，因为极性水是被吸附剂微孔中的毛细管冷凝捕获，而不是吸附在非极性吸附剂（Tenax、炭黑、碳分子筛等）上。现在已经研究了许多技术以防止捕获的水干扰色谱分离，主要是用在动态 HS-GC 中。然而，通过添加一个集成的吸附步骤，这些技术也可以应用于静态顶空进样。这些技术中大部分将吸附过程与冷阱捕集相结合，主要是为了克服由于解吸缓慢引起的谱带展宽。

　　Pankow 和 Rosen[84]提出了一种技术，采用这种技术，可以把包含水在内的所

有挥发性化合物捕集到一个吸附管中,然后再通过一个干燥阱将水分先移除出去,接下来再通过热脱附,将待测成分传送至开管柱中,而这个开管柱已经通过全柱冷阱(WCC)的方法,温度降低到-80°C。然而,这个方法在使用干燥阱的时候,也必须面对高挥发性化合物损失的风险。

Werkhoff 和 Bretschneider[78]通过使用反射冷凝器避免了这个问题的产生,反射冷凝器在喷射容器和填充了 Tenax TA 的吸附管之间,冷却至 5~10°C。热脱附结束后,分析物被捕获在熔融石英毛细管中(保留间隔),这个毛细管柱没有涂层,且经过惰性化处理,用液氮冷却至-130°C,最后通过在 40 s 内加热冷阱至150°C,将待测成分最终转移到开口柱中。图 3-38 为这项顶空技术的一个应用实例,即 200 g 新鲜采摘的玫瑰花的顶空挥发物的指纹色谱图。这个例子可以用来对动态和静态 HS-GC 技术进行比较。前面已经提到静态 HS-GC 不需要关心水问题,通过比较两个花冠的指纹色谱图可以明显看出这种差异:图 3-38 是通过动态 HS-GC 得到的,图 3-39 则是通过静态 HS-GC 得到的。动态技术中所需要的样品量至少为 200 g 鲜玫瑰花,由于要用到大体积(9 L)的湿吹扫气,因此必须除水。图 3-39 是由静态低温 HS-GC 技术得到的,仪器条件见图 3-25。这里需要的样品量要少得多,只需要 250 mg 的山谷百合花冠,因此,没有必要从顶空中除水。但是两个色谱图峰的个数都较多。

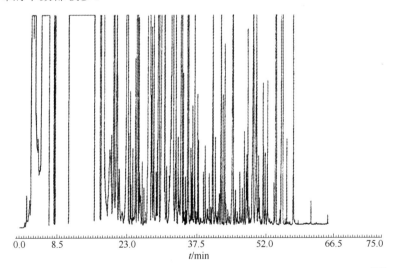

图 3-38　在 Tenax TA 富集后,200 g 玫瑰花的顶空挥发物的色谱图[78]

仪器:Carlo Erba HRGC 5300;分析柱—60 m×0.32 mm 内径熔融石英开管柱。柱温—以 50°C/min 的速率从-30°C 升至 0°C,再以 3°C/min 的速率升至 250°C。载气为氦气,2.5 mL/min。FID 检测器。吹扫条件—总吹扫体积 9 L 氦气,吹扫气流速 50 mL/min,样品温度 20°C。解吸—解吸温度 250°C,解吸流速 30 mL/min,解吸时间 30 min,总解吸体积 0.9 L(氦气)。低温条件—保留间隔 2.5 m×0.53 mm 内径熔融石英毛细管柱,采用八甲基环四硅氧烷(D4)(J&W Scientific)在-130°C 条件下失活;柱温箱温度-30°C

来源:经 *Journal of Chromatography* 杂志及作者许可复制

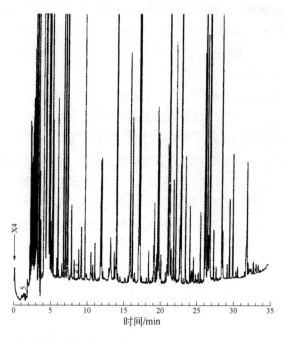

图 3-39　通过冷聚焦技术得到的山谷百合花（铃兰）的顶空色谱图

GC 条件：柱子—50 m×0.25 mm 内径熔融石英开管柱，固定相涂层交联的苯基（5%）甲基硅氧烷，膜厚 1 μm。柱温—在 45°C 下恒温 8 min，再以 8°C/min 的速率上升至 120°C，再以 6°C/min 的速率上升至 250°C。载气为氢气，不分流进样。FID 检测器，衰减×4

HS 条件：样品—8 个花冠在 80°C 条件下恒温 30 min，顶空传输时间 60 s。冷阱和传输线—1 m×0.32 mm 内径熔融石英开管柱，固定相涂层为交联的苯基甲基硅氧烷，膜厚 5 μm

最近，图 3-14 中描述的自动顶空进样器还配备了集成的吸附阱。因此，它是一种将静态 HS-GC 原理与动态 HS-GC 技术相结合的混合系统。捕集阱管以石墨化炭黑和碳分子筛填充。这个改进后的顶空进样器的主要工作模式如图 3-40 所示。在通常的平衡步骤结束后，通过载气对小瓶加压（图 3-40 中 A）。样品转移到图 3-40 中 B 所示的捕集阱中，即加压的顶空气体膨胀，经取样针进入至捕集阱内。另外一路气体（色谱柱隔离）将顶空进样器与气相色谱仪气动分离，以防止空气在捕集步骤中进入色谱柱，并迫使顶空样流入捕集阱而不是气相色谱。吸附的水（如果存在的话）通过随后的干燥吹扫从带电的捕集器中除去（图 3-40 中 C）；这就需要将捕集阱温度上升至 40°C，而最下端的吸附管温度为 25°C，可以将解吸的水蒸气凝结起来。吸附管的一端进行了设计，使得当气流方向反转，进行热脱附这一步骤的时候，凝结的水分不会回流到吸附管上。图 3-41 展示了这种阱式设计的效果。最后，将捕集阱加热至 300°C，脱附的化合物流入气相色谱（图 3-40 中 D）。

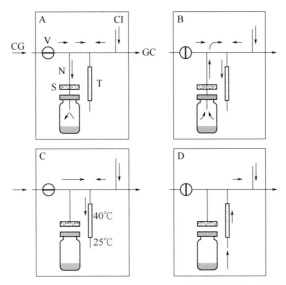

图 3-40　Perkin-Elmer TurboMatrix 顶空进样器中所使用的
静态顶空取样集合吸收阱技术的原理示意图

A—顶空瓶加压；B—样品传输到捕集阱；C—捕集阱的干燥吹扫；
D—捕集阱的脱附，样品传输至气相色谱

CG—载气；GC—气相色谱；CI—柱隔离；V—阀；N—进样针；S—进样针封口；
T—石墨化炭黑和碳分子筛填充的捕集阱

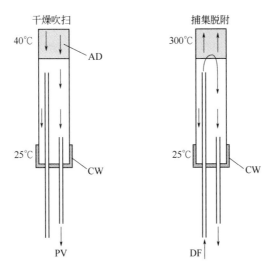

图 3-41　Perkin-Elmer TurboMatrix 顶空进样器的干燥吹扫和吸收阱的热脱附
AD—吸附剂；CW—凝结的水分；PV—吹扫出口；DF—脱附气流

　　图 3-40 只是显示了这个系统的工作原理，而仪器的详细信息，如通过多个阀门对气流的操作都没有在这里显示。有兴趣的读者可以从仪器制造商处获得相关

信息❶以及一些其它工作模式的说明，如自动检漏，从同一个小瓶重复进样，向每个转移的顶空样品中自动添加内标，这主要是为了确认样品的完整性。无论如何，必须布置必要的开关系统，以便顶空蒸气不必通过旋转阀。

3.8 平衡压力式系统中的一些特殊技术

3.8.1 多级顶空萃取（MHE）的仪器条件

在 2.6 节中，我们对 MHE 的理论背景进行了详细的讨论；在 5.5 节中，将进一步关注此技术在定量分析中使用的相关问题。如上所述，MHE 是逐步进行连续气体提取，对同一小瓶中取出的多个顶空样品进行顺序分析。每一次分析结束后，顶空瓶中的压力降至大气压，在下一次分析开始之前进行重新平衡。如结合图 3-14 所示，在利用加压装置的自动化 HS-GC 中，分析包括三个步骤。在步骤（a）中，顶空瓶恒温加热，直至达到它的平衡状态（平衡）。在这一步中，像通常那样，操作载气直接流入分析柱中。平衡状态达到后，载气对顶空瓶进行加压，直至压力达到分析柱入口处压力或者是预先选定的压力［步骤（b）］。在步骤（c）中，一定体积的样品进入到分析柱中，可以直接进入，也可以通过一个固定的样品环。样品传输结束后，系统开始转向下一个样品。

在 MHE 中，在上述操作中还需要再额外添加 2 个步骤。首先，顶空瓶中的压力需要释放至大气压（排气）。这可以通过用注射器针刺穿隔膜或通过系统的适当构造手动完成。压力释放后，为了进行下一个顶空分析，顶空瓶就需要重新平衡。

在目前的 HS-GC 系统中，这些额外的步骤也可以自动完成。我们在这里先用一个平衡压力式的系统作为例子，来对这种操作进行详述。排气时，样品针稍微向下移动，使得中空部分的上部开口对大气开放［步骤（d），图 3-42（d）］。重新平衡时，采样针保留在样品瓶中，但向上移动，这样，中空部分的上部开口处于针杆下部的两个 O 形环之间的封闭隔室中［步骤（e），图 3-42（e）］：这样，顶空部分仍然处于封闭状态。换句话说，在整个操作期间，针保持在小瓶中，并且在多步骤程序开始时小瓶的隔膜仅被刺穿一次，从而避免可能由于多次刺穿隔膜而导致的任何泄漏。顶空瓶再次平衡，下一次分析也就开始［步骤（b），图 3-14（b）］。

在压力/回路式系统中，MHE 也是按照同样的方式进行操作。只是排气步骤是与样品传输相结合的，并且压力气用来对平衡状态下的顶空瓶进行施压［步骤

---

❶ PerkinElmer TurboMatrix 自动顶空仪。

（b），图 3-15（b）］。加压的顶空气通过样品环排入至大气，使得顶空瓶压力下降，接近初始瓶压［步骤（c₁），图 3-15（c₁）］。因此，在样品传输过程中样品环开口面向大气。环中剩余的顶空气就注射进入 GC 柱中进行分析［步骤（c₂），图 3-15（c₂）］。这个步骤可以重复操作 10 次[105]。

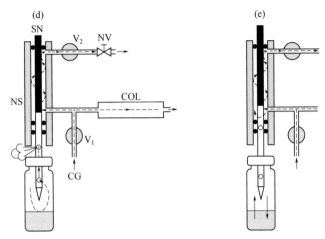

图 3-42　采用平衡压力式系统进行 MHE 操作时 2 个额外的步骤

（d）排气；（e）再平衡（待机）

CG—载气；V₁，V₂—阀开关；SN—可移动的进样针；NV—针阀；NS—针轴；COL—分析柱

3.8.2　反冲

反冲是 GC 中一种成熟的方法，在顶空分析中具有特别重要的意义，有两个原因。通常来讲，我们对于挥发性较强的组分更为关注；因此，消除较重的（挥发性弱的）成分可以加速分析。并且，当溶解的固体样品用于顶空分析时，溶剂通常具有比目标挥发性化合物更高的沸点。此外，当使用改性剂（替代溶剂；见 5.6 节）时，溶剂沸点会更高。这样，溶剂或改性剂从整个分析柱上洗脱就会延长分析时间。

使用填充柱，即使在自建系统中，也可以使用加热的六通阀来完成柱的反冲。ASTM 标准实践讨论用于分析聚合物中存在的挥发物的 HS-GC 方法[5]时，对这种系统进行了描述；其功能原理图如图 3-43 所示。

在平衡压力式系统中，不需要使用多通阀[38]。并且认为不需要对整柱反冲。当首个挥发性待测成分从柱中出来的时候，较重的样品组分仍然在柱子的初始部位；因此，载气在柱子的第二部分保持常规流动（向前流）的同时，也足够实现柱子前半部分的反冲。串联使用两根相同的柱子可以实现这种效果（图 3-44）。辅助载气流从两根柱子的中间点处引入，调整其压力值为第一根柱子入口压力的一半。这个辅助载气流是永久开放的。这种双柱布置具有额外的优点，即在反冲

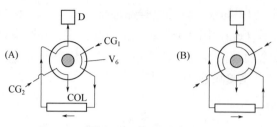

图 3-43　柱子回流

（A）分析位；（B）柱子反冲

V₆—六通阀；COL—分析柱子；D—检测器；CG₁—载气流主路（从进样器）；CG₂—载气流辅路

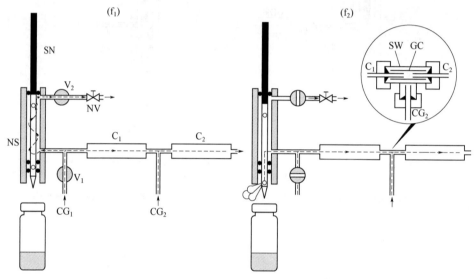

图 3-44　平衡压力式系统的柱回流[38]

（f₁）分析位（向前流）；（f₂）第一根柱回流，第二根柱向前流

CG₁—载气主流路；CG₂—载气辅助流路；V₁，V₂—电磁阀开关；SN—可移动的进样针；NV—针阀；NS—针轴；C₁,C₂—分析柱。在插图中：SW—Swagelock T 型件；GC—玻璃毛细管

模式（f₂）下柱流失碎片不会使检测器信号中断，因此没有观察到基线紊乱（见图 3-45），即使在高灵敏度检测器下也是如此（图 3-46）。在通常操作（f₁）中，两个柱子是串联的。当切换至回流模式（f₂），通过阀 V₁ 可以将载气主流路切断。同时，取样针 SN 从其封闭的隔间向下移动一小步，直到其下部排气口与大气相通，柱 C₁ 就通过这个口进行回流。在这个时候，载气流继续以通常的方式流过柱 C₂；这样，在系统切换时柱中的挥发性成分继续得到洗脱，出现在色谱图中。

在开管柱情况下，必须对系统进行改进。这是因为串联两个毛细管柱会出现一些连接方面的常见问题。改进包括使用一个特殊的中间件[106]（参见图 3-44 中的插图），这个中间件可以用 Swagelok T 型件制造，其中放置一个玻璃或熔融石英毛细管（对于 0.32 mm 内径的熔融石英开管柱，这个管尺寸约为 20 mm×0.40 mm 内径❶）。柱 C_1 和 C_2 都插入该管的两端，两个柱子伸入端极为接近而不接触。在此位置，使用石墨或 Vespel 密封垫圈将两根柱子紧固到 Swagelok T 上。辅助载气流通过 Swagelok T 的第三臂进入，并沿着玻璃插件连续流动，从而可以冲走任何死体积。

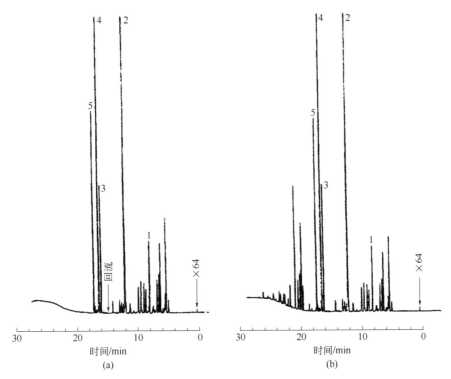

图 3-45　使用开管柱测定使用过的发动机油中的芳烃（BTEX）含量

（a）没有回流；（b）回流

　　GC 条件：柱子—两根 25 m×0.32 mm 内径串联熔融石英开管柱，固定相为苯基甲基硅氧烷。柱温—在 40℃ 下恒温 8 min，再以 8℃/min 的速率上升至 160℃。载气为氢气；主流路 190 kPa（0.7 mL/min），辅助流路 120 kPa。在 15 min 时回流。分流进样，分流比 1/57。FID 检测器

　　HS 条件：样品体积 1 mL，平衡温度 80℃

　　峰辨认：1—苯；2—甲苯；3—乙基苯；4—间/对二甲苯；5—邻二甲苯

　　建议测量毛细管之间的压力。将压力计完全逆时针旋转到辅助气体线，就可以进行测定。应该对辅助气流的压力进行调整，使得其真实值高于测定值 20 kPa。对于现在程序化压力控制仪器，可以更精确的实现这种压力调整。这就可以保证所连接的设备在（f_1）状态下连续扫过。

---

❶ 该部件的内径应略大于两个开口管柱 C_1 和 C_2 的外径。

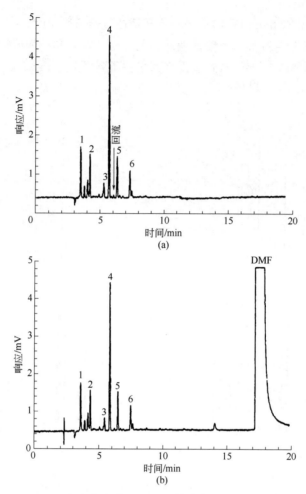

图 3-46　DMF 中浓度各为 10 mg/L 的溶剂分析，用作外部校准
标准，用于测定药品中的有机挥发性杂质（OVI）

（a）回流；（b）没有回流

　　GC 条件：分析柱一两根 25 m×0.32 mm 内径串联熔融石英开管柱，固定相涂层为键合氰丙基（14%）甲基硅氧烷（OV-1701），膜厚 1 μm；柱温一在 80℃ 下恒温。载气为氢气，150/100 kPa；分流进样，流速 20 mL/min，辅助流路 85 kPa。在 6 min 时开始回流，12 min 时停止回流。 FID 检测器

　　HS 条件：样品—1 mL DMF 溶液，在 80℃ 下平衡 45 min

　　峰辨认：1—甲醇；2—二氯甲烷；3—氯仿；4—苯；5—三氯乙烯；6—1,4-二氧杂环己烷

　　图 3-45 表示的是一个采用开管柱进行回流的例子。当分析用过的发动机油的 BTEX 含量（苯、甲苯、乙苯和二甲苯）时，二甲苯之后出现的许多挥发性烃延长了分析并使色谱图更复杂。在乙苯出现前，15 min 时系统切换至回流状态，乙苯和二甲苯（当回流开始时已经在第二根柱中）将继续洗脱，同时，在切换瞬间仍然存在第一根柱内的高碳氢化合物将得到回流。第 2 个例子是对溶解在 DMF

中的一些溶剂的分析（图 3-46），每种溶剂浓度为 10 mg/L。根据美国药典[48]，该样品是采用溶液法（见 4.2 节）测定药物样品中有机挥发性杂质（OVI）的外标。如果将这些溶质溶解在 DMF 中，制备浓度为 10%的溶液，则 10 mg/L 浓度对应于原始药物样品中的 100 mg/L。通过回流，可以消除 DMF 的峰并缩短分析时间。

3.9　反应 HS-GC

顶空小瓶可方便地用作反应器以进行化学反应并通过 HS-GC 监测所得的挥发性产物。通常通过简单衍生化反应从极性化合物产生挥发性衍生物。另一种可能性是通过降解或通过从生物缀合物中释放，从非挥发性母体分子产生挥发性化合物。

几乎所有的化学反应都是平衡系统。因此，使用直接静态 HS-GC 的一个优点就是，目标反应产物通常具有较高的挥发性，因此可以通过蒸发进入顶部空间，从液体反应介质中除去，使化学反应转变完全。而另一方面，SPME 技术则更易于分析低挥发性化合物的衍生物，因为尽管它们在顶空中具有较低的浓度，但是它们可以更好地溶解于纤维涂层中。接下来它们可以毫不费力地从气相色谱热进样器中的带电涂层中挥发回来。

尽管气相反应也可以在液体样品上方或通过 TVT 方法在固体样品顶空中进行，但是很明显，化学反应最好在液体样品基质中进行。采用 SPME 技术时，反应也可以在纤维涂层的固定相中进行。

在本节中，我们对所选应用进行总结，从而对反应 HS-GC 的各种可能性进行概述，每种应用都说明了某种类型的反应。对反应条件的具体描述超出本书的范畴。我们的讨论局限于发生在顶空瓶中的反应和在线取样过程中发生的反应。独立的外部衍生化技术超出了我们讨论的范畴，因此也不会在这里详述。

3.9.1　顶空瓶中的衍生化反应

更易挥发的衍生物的形成是 GC 中广泛使用的通用性技术。在 HS-GC 中，当使用顶空瓶作为反应容器的时候，也可以使用这些技术。酯化、酯交换、乙酰化、甲硅烷基化和烷基化等衍生化反应是简单的化学反应；然而，当使用顶空分析的时候，还是有一些问题。因为，通常衍生化试剂都是挥发性性的且超量化添加，这些物质将会对色谱图产生影响；另外，如果产生过量的其它挥发性反应产物，在小瓶中产生过大的压力，则衍生化反应在 HS-GC 中则不适用。这些限制可能会导致一个问题，例如通过加入过量的乙醇制备乙酯。该试剂还可含有许多杂质，或可与基质中其它原来存在的非挥发性化合物反应，而产生一些峰。最后，许多衍生化反应需要无水条件，这就限制了一些实际样品应用的可能性。

如上所述,基本上任何产生挥发性产物的衍生化反应都可用于 HS-GC;3.9.1.1 节至 3.9.1.5 节简要概述了最常用的衍生化试剂。关于一般衍生化和 GC 中使用的反应的详细信息，读者可参考涉及该主题的书籍和评论，例如文献[107-109]。

3.9.1.1 甲基化

甲基化的通用方法包括在碱和/或碳酸钾存在下使用硫酸二甲酯[110]。硫酸二甲酯在高 pH 值的水溶液中与许多极性基团反应，包括醇、二醇、酚、酸和胺:

$$R—OH + (CH_3O)_2SO_2 \xrightarrow{K_2CO_3 + KOH} R—OCH_3$$

这个反应很快，过量的试剂通过无机离子如氯离子、氰化物、硫化物和碳酸盐等离子以及水等缓慢分解。这就使得我们可以选择一些条件，在这个条件下多余的试剂被分解消失，也不会对色谱图产生影响。在对酚类物质测定时，有报道好的回收率可以达到 90%,甚至在采用 ECD 检测器时,可以实现水溶液中 50 ng/L 五氯酚的测定。羧酸的回收率随着碳链的增加而提高，但是对二羧酸，情况则有所不同。这种因为结构不同而存在的差异也同样适用于二醇类化合物:如 1,2-二醇（1,2-乙二醇和 1,2-丙二醇）不能实现较为理想的反应，但随着分子中羟基距离的增加，反应产物可以实现定量（例如，对于 1,4-丁二醇）。例 3.4 列出了二醇在水溶液中的甲基化条件。

【例 3.4】

首先，将 6 g K$_2$CO$_3$ 放置于顶空瓶中，然后，加入两颗 KOH，接下来，加入 5 mL 水溶液样品和 0.1 mL 硫酸二甲酯。瓶立刻旋盖密封，在 80°C 条件下震荡 1 h。虽然二醇的甲基化相对较快，但是 1 h 的恒温时间还是必需的，这样才能保证多余的试剂得到分解转化。

这里还有一个重要的警告:硫酸二甲酯是致癌的，也是非常危险的！它的毒性很高，吸入它的蒸气会造成肺水肿。因此，选用毒性较低的替代物很有必要。还有很多其它的试剂用来甲酯化[107]，但是它们在 HS-GC 中的使用较为罕见。

3.9.1.2 酯化

利用游离酸的酯化反应来制备出挥发性更强，极性更弱的酯类是 GC 中的常用反应:

$$RCOOH + R'OH \xrightarrow{催化剂} RCOOR' + H_2O$$

该反应需要催化剂如酸（硫酸或盐酸）、甲基碘、三氯化硼或三氟化硼[111]，其中最后一个是优先使用的。还有一种可以很方便地替代硫酸的物质是固体 NaHSO$_4$，它非常易于处理，并且用在 HS-GC 中还有一个特殊的优点，那就是它具有额外的盐析效应[112]。这个反应可以在水溶液中进行，或者采用全挥发技术（见4.6.1 节），使除了催化剂的所有化合物最终都进入气相。图 3-47 的例子是对糖蜜中一些挥发性游离脂肪的测定，这些脂肪酸在 80°C 下在水溶液中生成相应乙酯，对乙酯的测定实现脂肪酸的测定。定量分析表明，由于反应产物乙酯的高挥发性（低分配系数），这个反应的转化率接近 100%。这个反应的速度没有那么快，因此至少需要 1.5 h 的平衡时间。尽管这些游离酸浓度高，但除非利用它们在水溶液中的低挥发性而通过低温聚焦来富集，否则它们不能在没有酯化的情况下直接分析。这种酯化生成挥发性较低的酯的反应还有其它一些优点，如甲酸，作为游离酸存在时，不能使用 FID 检测器进行测定，但是酯化后则可以。

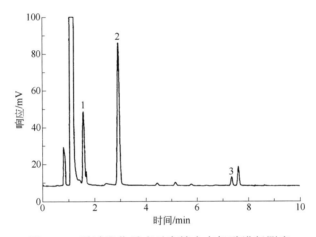

图 3-47　通过酯化反应对蜜糖中有机酸进行测定

　　GC 条件：柱子—25 m×0.25 mm 内径的熔融石英开管柱，固定相涂层甲基硅氧烷，膜厚 5 μm。柱温—在 60°C 下恒温 5 min，再以 8°C/min 的速率上升至 150°C，再以 20°C/min 的速率上升至 250°C。载气为氢气，135/100 kPa，分流进样 0.08 min。FID 检测器

　　HS 条件：样品—500 μL 蜜糖水溶液（10 %）＋100 μL 饱和的 NaHSO₄溶液＋100 μL 乙醇在 80°C 条件下震荡 1.5 h。

　　峰：1—甲酸乙酯（0.23 mg/mL）；2—乙酸乙酯（0.61 mg/mL）；3—正丁酸乙酯（0.026 mg/mL）

　　如果反应得到的酯类挥发性不强，且分析中需要高温（>100°C），那么可以使用 TVT（全挥发）技术：因为瓶中的水溶液在此温度下会产生过多的内部压力。采用 TVT 技术，样品的体积不会超过 15 μL（对于 22.3 mL 的瓶来讲），确保了单一的气相系统。第 8 章给出的一个例子（见图 8-7）显示了脆弱拟杆菌中的二羧酸甲酯化后的分析。

　　由于 SPME 技术的多样性，该技术也被用来对极性化合物进行衍生化。Pan 和 Pawliszyn[113]在使用聚丙烯酸酯（PA）纤维的两步 SPME 程序中使用重氮甲烷，这是制备甲酯的常用试剂。在衍生化之前，将纤维浸入液体样品中提取长链脂肪

酸，随后将带电纤维转移到含有重氮甲烷/乙醚的小瓶的气相中。很明显，反应在纤维涂层上进行，且在 20 min 内完成。在类似的 HS-SPME 方法中，水和尿样中的邻苯二甲酸单酯用重氮甲烷进行在纤维上衍生化成为甲酯[114]。

长链脂肪酸通过酯化转化为更易挥发的甲酯，但是衍生短链脂肪酸衍生化则优选采用 SPME。水溶液中的乙酸与苄基溴反应，并使用 PA 纤维[115]从顶空测定所得的乙酸苄酯。由于这些短链脂肪酸挥发性较高，这些反应也可以在气相中进行：在室温下向含有脂肪酸蒸气的小瓶中加入 1 mL 3.13 mmol/L 的 1-(五氟苯基)重氮基乙烷（PFPDE）的甲苯溶液。也可以将相同的试剂（5 mL 4.7 mmol/L PFPDE）添加到短链脂肪酸的水溶液中，并且通过纤维在顶空中对所得 PFPDE 衍生物进行取样[113]。这些产生的氟化苯酯非常适合采用 ECD 检测器进行灵敏测定。在 55℃，碳酸钾存在的条件下，采用 2,3,4,5,6-五氟苄基溴（PFB-Br）作为试剂，与短链脂肪酸反应，在 3 h 的反应时间内也获得了类似的衍生物[113]。采用被试剂饱和的纤维涂层可以避免向顶空瓶中的样品中添加试剂。因此，可以先将 PA 纤维浸入 5 mg/mL 1-吡喃基重氮甲烷的己烷溶液中 60 min，以使纤维涂层饱和。然后将带电的纤维插入顶空瓶，与存在于气相中或水溶液上方的顶空相中的脂肪酸进行接触[116]。

3.9.1.3　酯交换反应

酯交换反应特别用于从脂肪和脂类中存在的甘油酯制备挥发性脂肪酸（甲基）酯：

$$R— COO —甘油 + CH_3OH \xrightarrow{CH_3ONa} R— COOCH_3 + 甘油$$

同样，这个反应也需要催化剂，通常使用甲醇溶液中的甲醇钠。

关于这个反应的一个好的例子是采用 HS-GC 对牛奶巧克力中的乳脂含量进行测定[117]。乳脂的甘油三酯含有丁酸，产生挥发性丁酸甲酯的酯交换可以方便地在顶空小瓶中进行。 图 3-48 显示测定得到的色谱图。

【例 3.5】

向含有 100 mg 样品的顶空瓶中添加 2 mL 含有 0.5%甲醇钠的甲醇溶液，混合物在 70℃ 条件下恒温 1.5 h。

当然，许多与丁酸同源的高级脂肪酸也存在于样品中，也会形成它们的甲酯。但是可以通过反吹将它们从色谱中除去（参见 3.8.2 节）。

3.9.1.4　乙酰化

另一个简单的反应是用乙酸酐或类似的酸酐进行的乙酰化反应。一个很好的例子是测定多烃蜡样品中的甘油。由于多烃蜡基质具有良好的水溶性，因此不能用水提取。因此，先将甘油转化为三乙酸甘油酯：

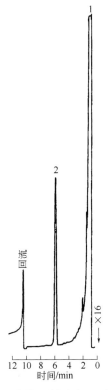

图 3-48   通过酯交换测量牛奶巧克力的乳脂含量

GC 条件：两个 1 m×1/8 in（约 3.2 mm）外径的填充柱，担体 80/100 目 Carbopak C，固定相 0.1% SP-1000。柱温 140℃，等温。回流时间 10 min。FID 检测器

HS 条件：样品—100 mg 巧克力+2 mL 含 0.5%CH₃ONa 的无水甲醇，在 70°C 下恒温 1.5 h

峰：1—甲醇；2—丁酸甲酯（0.71%）

$$C_3H_5(OH)_3 \xrightarrow{(CH_3CO)_2O} (CH_3COO)_3C_3H_5$$

三乙酸甘油酯的闪点为 259°C，因此，在 120°C 的时候，它具有足够的蒸气压能被 HS-GC 测定。图 3-49 就是这个测定中所得到的色谱图。加入无水碳酸钠以键合反应过程中释放的过量乙酸。

3.9.1.5   羰基化合物的反应

通过 HS-GC 测定加热食用油中的 11 种脂族醛，使它们与 2-氨基乙硫醇（半胱氨酸）反应，形成相应的噻唑烷[118]。这里使用一种对氮和磷有选择性的热离子检测器进行检测。还有采用 HS-SPME 采样技术对醛、酮和五氟苄氧基胺反应得到的肟衍生物进行测定，从而得到雪碧和酒精饮料中此类物质的含量[119]。在这里使用 ECD 检测器。在 HS-SPME 中，采用五氟苯肼（PFPH）和 o-(2,3,4,5,6-五氟苄基)羟胺盐酸盐（PFBHA）作为纤维内置化衍生试剂，对水溶液中的低分子量

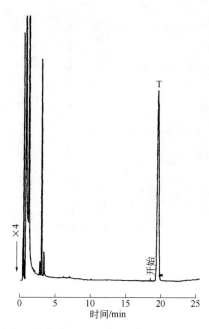

图 3-49　通过乙酰化为三乙酸甘油酯测定多蜡样品中的甘油

GC 条件：柱子—25 m×0.32 mm 内径熔融石英开管柱，固定相涂层 OV-1701 氰基丙基（7%）苯基（7%）甲基硅氧烷，膜厚 1 μm。柱温—在 80℃ 下恒温 2 min，再以 8℃/min 的速率上升至 120℃，再以 20℃/min 的速率上升至 200℃。载气为氢气，158 kPa；分流进样，FID 检测器

HS 条件：样品—1 mg 多烃蜡样品 + 100 mg 无水 Na₂CO₃ +100 μL 乙酸酐，在 120℃ 条件下恒温 90 min，顶空传输时间 1.2 s

峰：T—三乙酸甘油酯（9.8%）

醛（C_1~C_{10}）衍生化[120]。这个报道同时也对使用顶空分析前，醛类衍生的其它方法做了简单的总结。

3.9.2　HS-GC 中的减峰法

前面讲到的例子都是将一些完全不挥发或者是挥发性较小的化合物衍生化，转变成为挥发性强的物质，然后通过 HS-GC 直接测定。在一些情况下，则需要将一些挥发性成分变为不挥发性的。如果这些物质干扰到色谱图中我们需要测定的成分，这个操作就是有益的。

图 3-50 表示了一个例子，即对啤酒中的游离脂肪酸、醇和乙酸盐的分析（色谱图 A）。由于这些成分挥发性较低且浓度不高，因此在测定中很必要的加上了冷聚焦技术。通过添加 NaOH，使得游离脂肪酸形成了它们的钠盐，而这些钠盐是不挥发的。而酯类经过皂化，也形成不挥发的钠盐，由此产生挥发性的醇，可以被 HS-GC 测定。

$$R-COOR' \xrightarrow{NaOH} R-COONa + R'OH$$

色谱图 B 中，游离酸和酯（例如乙酸 2-苯乙酯）的峰消失，而醇（例如 2-苯基-乙醇和糠醇）的峰保持不变。

色谱图 B 中，乙酸的峰（色谱图 A 中的峰 1）下面有一个小峰，应该是未知物（可能是乙醇），但不是乙酸。之所以这样认为，是因为在碱性溶液中用乙酸进行空白运行时根本没有显示峰，因此也排除了乙酸的任何印迹峰。Berezkin[121]对 GC 中这种减峰法进行了详细的概述，列出了这种现象产生的多种可能性。尽管对于 HS-GC，并没有针对性的具体的报道，但这些反应也可以在顶空小瓶中进行。

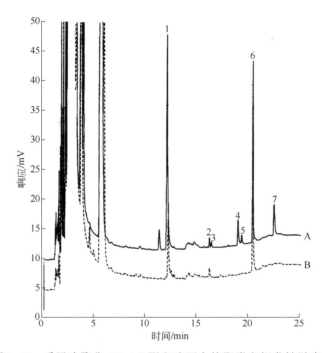

图 3-50　采用冷聚焦 HS-GC 测定啤酒中的脂类和挥发性游离酸

谱图：A—没有采用减峰法；B—采用减峰法

GC 条件：分析柱—50 m×0.32 mm 内径熔融石英开管柱，固定相涂层 SP1000，膜厚 1 μm。柱温—初始温度 60°C，再以 25°C/min 的速率上升至 80°C，在 80°C 下恒温 6 min，再以 8°C/min 的速率上升至 200°C。载气为氢气，215 kPa；不分流进样，FID 检测器

HS 条件：样品—0.5 mL 啤酒+（A）100 μL 水或（B）100 μL NaOH 溶液，在 60°C 条件下平衡 60 min，顶空传输时间 2 min。冷阱—1 m×0.32 mm 内径极性衍生化熔融石英保护柱（Restek）

谱图 A：1—乙酸；2—糠醇；3—异戊酸；4—2-苯基乙酸酯；5—己酸；6—2-苯基乙醇；7—正辛酸

谱图 B：向啤酒样品中加入 NaOH 溶液后，游离酸和酯的峰消失

3.9.3　一些特殊的反应

前面的讨论主要针对的是通常条件下应用的化学反应。另外，文献中也报道了很多特殊的化学反应，用来对特定的化合物或化合物族群进行修饰。这里我们

会对一些在顶空使用中有益的特殊化学反应进行说明。对于某些特定的条件，还需要求助于参考文献。

前面提到过（3.9.1.1 节），硫酸二甲酯对邻二醇的甲基化不是很令人满意。另一方面，测定水和土壤中低于 mg/L 或 mg/kg 级浓度的二醇是有一定意义的。例如检测飞机除冰对机场土壤的污染，二醇的检测在这其中则较为普遍。因为采用顶空对乙二醇进行测定有一些附带的问题，如瓶壁的吸收（见 3.1.4 节）和灵敏度不够（见图 3-3），因此，采用衍生的测定方法可能更为适宜。二醇与苯硼酸反应产生挥发性环状化合物，该操作适用于顶空分析[122]：

$$\begin{array}{c} CH_2-OH \\ | \\ CH_2-OH \end{array} + \begin{array}{c} HO \\ HO \end{array} B-\!\!\!\!\bigcirc \longrightarrow \begin{array}{c} CH_2-O \\ | \quad\quad\ \ B-\!\!\!\!\bigcirc \\ CH_2-O \end{array} + 2H_2O$$

图 3-51 表示了采用 TVT（全挥发）技术对水中的甘油进行测定，采用 2 μL 的衍生化试剂与 2 μL 的水溶液样品进行混合。

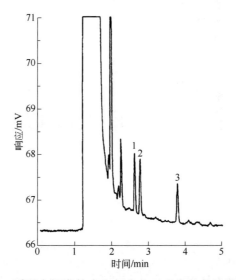

图 3-51　采用全挥发技术和衍生化对水中的甘油进行测定

GC 条件：柱子—50 m×0.53 mm 内径熔融石英开管柱，固定相键合的甲基硅烷，膜厚 1 μm。柱温—在 165℃ 条件下恒温 8 min，再以 20℃/min 的速率上升至 250℃。载气为氦气，155/127 kPa，分流进样。FID 检测器

HS 条件：样品—2 μL 的水溶液样品+2 μL 的衍生化试剂（0.41 mmol/L 苯硼酸溶于 2,2-二甲氧基丙烷中）；在 120℃ 条件下气化 15 min，样品传输时间 0.04 min

峰（每种成分浓度为 10 mg/L，衍生化的）：1—乙二醇；2—1,2-丙二醇；3—1,3-丙二醇（内标）

通过用 6 mol/L 硫酸处理样品，将甲醛脱肟，生成挥发性乙醛，在动物组织中测定乙醛[123]：

$$(CH_3CHO)_n \xrightarrow{H_2SO_4} CH_3CHO$$

对于受吸入烟雾影响的受害者，对其血液中与血红蛋白结合的一氧化碳（CO-Hb）的测定是有意义的，德国官方分析程序[124]利用反应 HS-GC 进行测定：一氧化碳通过与六氰基铁酸钾（Ⅲ）（铁氰化钾）反应，从封闭的顶空小瓶中释放出来，并在催化反应器中转化为甲烷，后用 FID 测定（参见第 5.8 节）：

$$CO—HB \xrightarrow{K_3Fe(CN)_6} CO \xrightarrow{H_2(cat.)} CH_4$$

图 3-52 表示的是对于吸烟者血液中 17 mg/L 的一氧化碳（CO）的测定❶。

图 3-52　测定吸烟者血液中 17 mg/L 的 CO 含量，
用甲烷化器将释放的 CO 转化为甲烷

GC 条件：柱子—两根 0.5 m×1/8 in（约 3.2 mm）外径的填充柱，包含 60/80 目的 Carbosieve SⅡ。柱温 40℃，恒温。在 10 min 时柱回流。FID 检测器

HS 条件：样品—1 mL 血液+ 100 mL 30 % K_3Fe(CN)_6 水溶液；在 50℃ 条件下恒温 30 min

另一个采用反应 HS-GC 对血液的测定项目则是氰基的测定。通过添加冰醋酸将血液中结合的氰化物转化为游离氰化氢，然后 Porapak Q 柱和热离子（NPD）检测器测定[125]：

$$R—CN \xrightarrow{(CH_3CO)_2O} HCN$$

采用同样的方法，可以对水中浓度范围为 0.01~100 mg/L 的氰根或硫氰根进行测定[126]。

农药通常挥发性不够强，不能够采用静态 HS-GC 直接测定。事实上，二硫代氨基甲酸盐（Maneb，Zineb，Mancozeb，Mezined，Ferbam，Manam，Propineb，二甲基二硫代氨基甲酸钠和福美双）广泛用作花粉、水果和蔬菜栽培中的杀菌剂，是非挥发性的，因此即使正常的 GC 分析对它们也不适用。然而，在用氯化亚锡/

---

❶ 在这个测定中，为了加快 GC 分析和采用 MHE 外标法定量，对官方方法[124]进行了修改，即在形成的气流回路中设置了两根短的热解吸管（Carbosieve SⅡ）。

盐酸溶液降解时，所有的二硫代氨基甲酸盐都可以生成共同的衍生物——高挥发性的二硫化碳。例如，在对 Maneb 进行测定的情况下：

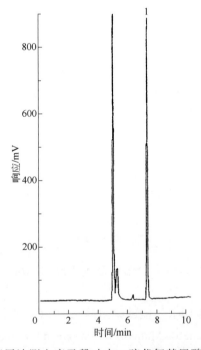

所形成的二硫化碳既可以被 FPD 检测器[127,128]测定也可以被 ECD 检测器[129]测定，检测限分别约为 25 μg/kg 和 10 μg/kg。图 3-53 表示的是康乃馨叶子（100 mg）中 2 μg/g Maneb 的测定。该反应可以用几克样品进行，例如，食品类样品，在 70℃[127]或 80℃[128]条件下，可以在顶空小瓶中与 5 mL 试剂（1.5%氯化亚锡，溶剂为 5 mol/L 盐酸水溶液）震荡平衡反应 1 h 再进行测定。这个反应唯一的缺点就是 HCl 蒸气较强的腐蚀效应。因此，在这个例子中需要采用一种非金属惰性化处理的取样系统。如果这个设备无法得到的话，也可以采用一个两步完成的步骤[129]。首先，这

图 3-53　二硫化碳还原法测定康乃馨叶中二硫代氨基甲酸酯（Maneb）的含量

GC 条件：柱子—50 m×0.53 mm 内径熔融石英开管柱，固定相键合的苯基（5%）甲基硅氧烷，膜厚 1 μm。柱温—50℃条件下恒温，样品传输时间 0.08 m。分流进样，ECD 检测器，补偿气为氮气

HS 条件：2 片康奶馨叶子+5 mL 的试剂（1.5%氯化亚锡，溶剂为 5 mol/L 盐酸水溶液），在 100℃ 条件下恒温 1 h 进行反应，然后在 50℃ 下平衡 30 min

峰辨认：1—二硫化碳

个反应可以在 HS 外部的高压密闭小瓶中进行，然后，等这个反应完成后，将小瓶转移至 HS 进样器中，在 40℃ 条件下进行平衡，那么在这个温度条件下这种腐蚀效应就会减弱许多。

酶反应也可以在顶空小瓶中进行。例如，用 2,2,2-三氯乙基-β-D-半乳糖吡啶-甘露作为底物对 β-半乳糖苷酶活性进行测定，采用 ECD 对反应中释放的 2,2,2-三氯乙醇进行顶空分析。该测定可以应用于大肠杆菌的定量测定[130]。对血浆中 3-羟基丁酸酯的测定，是通过使用与乙酰乙酸脱羧酸酯偶联的 3-羟基丁酸脱氢酶/乳酸脱氢酶转化为丙酮的反应进行 HS-GC 测定的[131]：

$$CH_3-CH-CH_2-COOR \xrightarrow{\text{酶}} CH_3-C-CH_3$$
$$\underset{OH}{|} \qquad\qquad \overset{||}{\underset{O}{}}$$

还有一种酶反应，是通过测量尿液中的苯酚含量来确定人体的苯摄入量。苯酚是苯的代谢产物，因此，在尿液中是以苯基硫酸盐或苯基葡糖苷酸存在的。使用 β-葡萄糖醛酸酶/硫酸酯酶作为水解酶，可以将游离酚释放出来，通过 HS-GC 测定[132]。这个水解过程是在 40℃ 条件下的密闭顶空小瓶中完成的，瓶中含有 1 mL 样品，0.2 mL 醋酸缓冲溶液和 50 μL 准备好的酶溶液，反应时间为 16 h（过夜）。反应完成后，不用经过进一步的处理，小瓶可以直接转移至 HS-GC 仪器中进行分析。后来又报道改用硫酸进行水解，将水解反应加快，对此技术进行了改进[133]。在温度为 75~80℃ 条件下，此例中 1 h 的平衡时间足以使苯酚释放出来。该技术用于尿液中苯酚与对甲酚比例的常规测定，当人体内的肠道受到干扰时，此比例会发生显著变化。

在矿物培养基中对细菌进行接种，通过 HS-GC 测定，可以对挥发性化合物，如甲苯、对二甲苯、壬烷和萘的生物降解进行监控[134]。

HS-GC 甚至可以分析金属有机化合物。例如，采用碘乙酸将有机汞转化甲基碘化汞，可以测得生物样品中的有机汞化合物[108]：

$$R-Hg-CH_3 \xrightarrow{ICH_2COOH} CH_3-HgI$$

在这个例子中也需要惰性化非金属的进样通路，以便于顶空取样[135,136]。

在毒理学研究中也会采用 HS-GC 对有机砷化合物进行测定，这里就使用硼氢化钠将其还原为氢化砷后，用热离子（NPD）检测器进行测定[137]。也有通过与 NaOH 反应生成三甲基胂氧化物，从而对鱼和海产品中的砷巴西汀（[Btn]As）进行测定的报道。这个反应最终是通过采用硼氢化钠将三甲基胂氧化物还原为三甲基胂，然后用 HS-GC 和 FID 测定[138,139]：

$$[Btn]As \xrightarrow{NaOH} (CH_3)_3AsO \xrightarrow{NaBH_4} (CH_3)_3As$$

3.9.4 采用 HS-GC 测定无机化合物的挥发性衍生物

在每一种样品中都实际存在的，最重要的挥发性无机化合物就是水：它可以采用 HS-GC 配热导检测器（TCD）进行直接测定。无论是对于固体样品，还是液体样品，这个方法都可以较好的替代卡尔·费休滴定法进行操作（参考例 5.6）[140]。但是，也可以通过一些特定的反应对水进行测定：采用 2,2-二甲氧基丙烯酸酯与水反应，使用 FID 测定反应产生的丙酮[141]：

$$H_2O + CH_3 - \underset{\underset{OCH_3}{|}}{\overset{\overset{OCH_3}{|}}{C}} - CH_3 \longrightarrow CH_3 - \overset{\overset{O}{\|}}{C} - CH_3 + 2CH_3OH$$

众所周知的水与电石形成乙炔的反应，通过 HS-GC 测定乙炔的量，从而得到水的含量[142]：

$$H_2O + CaC_2 \longrightarrow C_2H_2 + CaO$$

应该强调的是，所有用于确定样品中水量的方法必须意识到有这样一个现象的存在：由于瓶中空气的固有湿度，测定主要受水空白的影响（参见表 2-1 和实施例 5.6），样品中水的峰面积（高度）与空白的面积（高度）的比值将从根本上对最小可检测量（MDQ）有所限制。

可以使用 HS-GC 对牛皮纸浆厂水溶液中的碳酸盐测定，采用硫酸酸化样品，使碳酸盐释放二氧化碳，并通过 TCD 对二氧化碳进行检测[143]。

无机阴离子也可以通过反应 HS-GC 进行分析。除极性有机化合物外，硫酸二甲酯还可以与几种阴离子反应，形成相应的甲基衍生物（如氰化物中的乙腈）[110]：

$$R - CN \xrightarrow{(CH_3O)_2SO_2} CH_3 - CN$$

在龋齿和氟化物的研究中，离子化氟是尤为关注的。其测定的标准方法[144]是基于甲基硅烷化反应。氟化物离子在酸性介质中与三甲基氯发生硅烷反应，形成高挥发性和防水性的三甲基氟硅烷：

$$F^- + (CH_3)_3SiCl \longrightarrow (CH_3)_3SiF + Cl^-$$

在标准方法中，是采用一种溶剂对反应产物进行提取；不过这个测定还可以采用直接顶空分析来完成。通过对反应形成的硅烷进行顶空 HS-GC 分析，该方法已用于化妆品、药物[145]和氟化牛奶[146]中氟化物的测定。图 3-54 即为采用这种技术对茶叶中的氟进行测定所得到的色谱图。采用这种技术也可以对大气中的氟化氢进行测定，首先要采用碱性溶液吸收氟化氢。

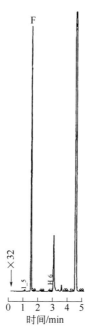

图 3-54　茶叶样品中无机氟的测定

GC 条件：柱子—50 m×0.32 mm 内径熔融石英开管柱，固定相键合的苯基（5%）甲基硅氧烷，膜厚 5 μm。柱温—在 60°C 条件下恒温 5 min，再以 20°C/min 的速率上升至 120°C。载气为氦气，117 kPa，不分流进样。FID 检测器

HS 条件：样品—100 mg 茶叶浸泡在 1 mL 水中+1 mL 浓盐酸+5 μL 三甲基氯硅烷；在 80°C 条件下恒温 30 min，样品传输时间 2.4 s

峰辨认：F—三甲基氟硅烷（由样品中的无机氟化物形成）

参 考 文 献

[1] B. Kolb, D. Boege, P. Pospisil, and H. Riegger, German Patent 2834186 (1980).

[2] Chromatography Catalog No. 350, Alltech Associates, Inc., Deerfield, IL, 1995.

[3] C. Sadowski and J. E. Purcell, Chromatogr. Newslett. 9, 52-55 (1981).

[4] P. J. Gilliver and H. E. Nursten, Chem. Ind. (London) 1972, 541.

[5] ASTM D-4526-85 (91): Standard Practice for Determination of Volatiles in Polymers by Headspace Gas Chromatography.

[6] N. R. Litvinov, T. M. Lyutova, and Yu. G. Sukhareva (1976): described in B. V. Loffe and A. G. Vitenberg, Head-Space Analysis and Related Methods in Gas Chromatography, John Wiley & Sons, New York, 1982, p. 70.

[7] HSS-3A/2B Headspace Analysis Systems, Shimadzu Corp., Kyoto, Japan.

[8] Z. Penton, J. High Resol. Chromatogr. 17, 647-650 (1994).

[9] J. Pawliszyn, Solid Phase Microextraction: Theory and Practice, Wiley-VCH, New York, 1997.

[10] J. Pawliszyn, Applications of Solid Phase Microextraction, RSC Chromatography Monographs, Royal Society of Chemistry, London, 1999.

[11] J. Pawliszyn, Theory of Solid Phase Microextraction, J. Chromatogr. Sci. 38, 270-278 (2000).

[12] Supelco Bulletin 929, 595 North Harrison Road, Bellefonte, PA.

[12a] J. O'Reilly, Q. Wang, L. Setkova, J. P. Hutchison, Y. Chen, H. L. Lord, Ch. M. Linton, and J. Pawliszyn, J. Separ. Sci. 28, 2010-2022 (2005).

[13] E. Matisova, M. Medvedóva, J. Vraniakova, and P. Simon, J. Chromatogr. A 960, 159-164 (2002).

[14] R. Kubinec, V. G. Berezkin, R. Góróvá, G. Addová, H Mračnová, and L. Soják, J. Chromatogr. B 800, 295-301 (2004).

[15] M. Chai, C. Arthur, J. Pawliszyn, R. Belardi, and K. Pratt, Analyst 118, 1501 (1993).

[16] P. A. Martos, A. Saraullo, and J. Pawliszyn, Anal. Chem. 69, 402-408 (1997).

[17] M. Llompart, M. Fingas, and K. Li, Anal. Chem. 70, 2510-2515 (1998).

[18] H. Yaping, S. Y. Yuen, T. Mylaine, and W. S. Shing, J. Chromatogr. A 1008, 1-12 (2003).

[19] Y. Liu, M. Lee, K. Hageman, Y. Yang, and S. Hawthorne, Anal. Chem. 69, 5001-5005 (1997).

[20] R. Doong, S. Chang, and Yuh-Chang, J. Chromatogr. Sci. 38, 528-534 (2000).

[21] D. Djozan and Y. Assadi, Chromatographia 60, 313-317 (2004).

[22] D. A. Lambropoulou and T. A. Albanis, J. Chromatogr. A 993, 197-203 (2003).

[23] M. A. Farajzadeh and M. Hatami, Chromatographia 59, 259-262 (2004).

[24] D. Wang, J. Peng, J. Xing, C. Wu, and Y. Xu, J. Chromatogr. Sci. 42, 57 (2004).

[25] Y. Chen and J. Pawliszyn, Anal. Chem. 76, 6823-6828 (2004).

[26] D. Djozan and S. Bahar, Chromatographia 59, 95-99 (2004).

[27] A. F. de Oliveira, C. B. da Silveira, S. D. de Campos, and E. A. de Campos, Chromatographia 61, 277-283 (2005).

[28] M. Liu, Z. Zeng, and B. Xiong, J. Chromatogr. A 1065, 287-299 (2005).

[29] V. G. Zuin, A. L. Lopes, J. H. Yariwake, and F. Augusto, J. Chromatogr. A 1056, 21-26 (2004).

[30] B. Schäfer, P. Hennig, and W. Engewald, J. High Resol. Chromatogr. 20, 217-221 (1997).

[31] Y. Y. Shu, S. S. Wang, M. Tardif, and Y. Huang, J. Chromatogr. A 1008, 1-12 (2003).

[32] J. Czerwinski, B. Zygmunt, and J. Namiesnik, Fresenius J. Anal. Chem. 356, 80-83 (1996).

[33] J. S. Elmore, E. Papantoniou, and D. S. Mottram, in: R. L. Rouseff and K. R. Cadwallader (editors), Headspace Analysis of Foods and Flavors—Theory and Practice, Advances in Experimental Medicine and Biology, Kluwer Academic/Plenum Publishers, 2001, pp. 125-134.

[34] L. Nardi, J. Chromatogr. A 985, 67-78 (2003).

[35] B. Jaillais, V. Bertrand, and J. Auger, Talanta 48, 747-753 (1999).

[36] W. B. Dunn, A. Townshend, and J. D. Green, Analyst 123, 343-348 (1998).

[37] D. Jentzsch, H. Krüger, G. Lebrecht, G. Dencks, and J. Gut, Fresenius Z. Anal. Chem. 236, 96-118(1968).

[38] W. Closta, H. Klemm, P. Pospisil, R. Riegger, G. Siess, and B. Kolb, Chromatogr. Newslett. 11, 13-17 (1983).

[39] H. Pauschmann, Chromatographia 5, 622-623 (1972).

[40] G. Göke, Chromatographia 3, 376-377 (1970).

[41] Courtesy of T. A. Berger (Hewlett-Packard Co., Wilmington, DE) and P. A. Kester (Tekmar Co.,Cincinnati, OH).

[42] M. Kuck, Second International Colloquium on Gas Chromatographic Headspace Analysis, Überlingen, October 18-20, 1978, in B. Kolb (editor), Applied Headspace Gas Chromatography, Heyden & Son, London, 1980, pp. 12-22.

[43] B. Kolb, P. Pospisil, T. Borath, and M. Auer, J. High Resol. Chromatogr. 2, 283-287 (1979).

[44] L. S. Ettre, J. E. Purcell, J. Widomski, B. Kolb, and P. Pospisil, J. Chromatogr. Sci. 18, 116-125(1980).

[45] B. Kolb and P. Pospisil: in P. Sandra (editor), Sample Introduction in Capillary Gas Chromatography

Volume 1, Huethig Verlag, Heidelberg, 1985, pp. 191-216.

[46] B. Kolb, J. Chromatogr. A, 842, 163-205 (1999).

[47] M. V. Russo, Chromatographia 41, 419-423 (1995).

[48] U.S. Pharmacopeia XXIII, Organic Volatile Impurities (467), Method IV, 1995, pp. 1746-1747.

[49] J. V. Hinshaw and W. A. Seferovic, 17th Intenational Symposium on Capillary Chromatography and Electrophoresis, Wintergreen, VA, May 7-11, 1995; Proceedings, pp. 188-189.

[50] R. E. Kaiser, J. High Resol. Chromatogr. 2, 679-688 (1979).

[51] H. U. Buser, R. Soder, and H. M. Widmer, J. High Resol. Chromatogr. 5, 156-1575 (1982).

[52] L. S. Ettre and J. V. Hinshaw, Basic Relationships of Gas Chromatography, Advanstar, Cleveland, 1993.

[53] B. Kolb, B. Liebhardt, and L. S. Ettre, Chromatographia, 21, 305-311 (1986).

[54] B. Kolb, LC-GC International 8, 512-524 (1995).

[55] Y. Shirane, Anal. View (Japan), No. 22, 7-12 (1993).

[56] W. P. Brennan, Thermal Analysis Study No. 7, PerkinElmer Corp., Norwalk, CT, 1973.

[57] G. Takeoka and W. Jennings, J. Chromatogr. Sci. 22, 177-184 (1984).

[58] S. Jacobsson, J. High Resol. Chromatogr. 7, 185-190 (1984).

[59] A. Hagman and S. Jacobsson, J. Chromatogr. 448, 117-126 (1988).

[60] K. J. Krost and E. D. Pellizzare, Anal. Chem. 54, 810-817 (1982).

[61] P. G. Simmonds, J. Chromatogr. 289, 117-127 (1984).

[62] H. Xie and R. M. Moore, Anal. Chem. 69, 1753-1755 (1997).

[63] S. Adam, J. High Resol. Chromatogr. Commun. 6, 36-37 (1983).

[64] F. A. Dreisch and T. O. Munson, J. Chromatogr. Sci. 21, 111-118 (1983).

[65] G. Regiero, T. Herraiz, and M. Herraiz, J. Chromatogr. Sci. 28, 221-224 (1990).

[66] J. W. Graydon and K. Grob, J. Chromatogr. 254, 265-269 (1983).

[67] A. J. Borgerding and C. W. Wilkerson, Jr., Anal. Chem. 68, 701-707 (1996).

[68] A. J. Borgerding and C. W. Wilkerson, Jr., Anal. Chem. 68, 2874-2878 (1996).

[69] R. Simo, J. O. Grimalt, and J. Albaiges, J. Chromatogr. A 655, 301-307 (1993).

[70] W. G. Jennings, Comparisons of Fused Silica and Other Glass Columns in Gas Chromatography, Hüthig Verlag, Heidelberg, 1981, p. 59.

[71] M. A. Klemp and R. D. Sacks, J. Chromatogr. Sci. 29, 243-247 (1991).

[72] M. A. Klemp, M. Akard, and R. D. Sacks, Anal. Chem. 65, 2516-2521 (1993).

[73] Ch. R. Rankin and R. D. Sacks, J. Chromatogr. Sci. 32, 7-13 (1994).

[74] M. Akard and R. D. Sacks, J. Chromatogr. Sci. 32, 499-5054 (1994).

[75] M. A. Klemp and R. D. Sacks, J. High Resol. Chromatogr. 14, 235-240 (1991).

[76] M. A. Klemp, A. Peters, and R. D. Sacks, Environ. Sci. Technol. 28, 369A-376A (1994).

[77] P. Werkhoff and W. Bretschneider, J. Chromatogr. 405, 99-106 (1987).

[78] P. Werkhoff and W. Bretschneider, J. Chromatogr. 405, 87-98 (1987).

[79] A. van Es, J. Janssen, C. Cramers, and J. Rijks, J. High Resol. Chromatogr. 11, 852-556 (1988).

[80] St. R. Springston, J. Chromatogr. 517, 67-75 (1990).

[81] M. F. Mehran, M. G. Nickelsen, N. Golkar, and W. J. Cooper, J. High Resol. Chromatogr. 13, 429-433 (1990).

[82] C. Bicchi, A. D'Amato, F. David, and P. Sandra, J. High Resol. Chromatogr. 12, 316-321 (1989).

[83] J. F. Pankow, J. High Resol. Chromatogr. 6, 292-299 (1983).

[84] J. F. Pankow and M. E. Rosen, J. High Resol. Chromatogr. 7, 504-508 (1984).

[85] J. F. Pankow, J. High Resol. Chromatogr. 9, 18-29 (1986).

[86] J. F. Pankow, J. High Resol. Chromatogr. 10, 409-410 (1987).

[87] X-P. Lee, T. Kumazawa, K. Sato, K. Watanabe, H. Seno, and O. Suzuki, Analyst 123, 147-150(1998).

[88] K. Watanabe, H. Seno, A. Ishii, and O. Suzuki, Anal. Chem. 69, 5178-5181 (1997).

[89] P. L. Wylie, Chromatographia 21, 251-258 (1986).

[90] J. A. Rijks, J. Drozd, and J. Nova´k, J. Chromatogr. 186, 167-181 (1979).

[91] B. Kolb, B. Liebhard, and L. S. Ettre, Chromatographia 21, 305-311 (1986).

[92] M. L. Peterson and J. Hirsch, J. Lipid Res. 1, 132 (1959).

[93] Th. J. Bruno, J. Chromatogr. Sci. 32, 112-115 (1994).

[94] St. B. Bertman, M. P. Buhr, and J. M. Roberts, Anal. Chem. 65, 2944-2946 (1993).

[95] National Lab. Mölln, Birkenweg 20, Germany.

[96] H. T. Badings, C. de Jong, and R. P. M. Dooper, J. High Resol. Chromatogr. 8, 765-763(1985).

[97] J. F. Pankow, Environ. Sci. Technol. 25, 123-126 (1991).

[98] M. Shimoda and T. Shibamoto, J. High Resol. Chromatogr. 13, 518-520 (1990).

[99] P. Matuska, M. Koval, and W. Seiler, J. High Resol. Chromatogr. 9, 577-582 (1986).

[100] P. V. Doskey, J. High Resol. Chromatogr. 14, 724-728 (1991).

[101] A. Tipler; 15th. International Symposium on Capillary Chromatography, Riva? del Garda, Italy(1993).

[102] R. D. Cox and R. F. Earp, Anal. Chem. 54, 2265-2270 (1982).

[103] B. Kolb, G. Zwick, and M. Auer, J. High Resol. Chromatogr. 19, 37-42 (1996).

[104] K. W. Röben, Chemie-Technik 20, 57-68 (1991).

[105] S. Chai and J. Y. Zhu, Anal. Chem 70, 3481-3487 (1998).

[106] B. Kolb, P. Pospisil, and M. Auer, German Patent DE 31-17173-C3 (1989).

[107] K. Blau and G. S. King (editors), Handbook of Derivatives for Chromatography, Heyden & Son,London, 1977.

[108] J. Drozd, Chemical Derivatization in Gas Chromatography, Elsevier, Amsterdam, 1981.

[109] T. G. Luan and Z. X. Zhang, Fenxi Huaxue 31, 496-500 (2003).

[110] H. J. Neu, W. Zimer, and W. Merz, Fresenius J. Anal. Chem. 340, 65-70 (1991).

[111] A. Akan, S. Fukushima, K. Matsurbara, S. Takahashi, and H. Shiono, J. Chromatogr. 529, 155-160(1990).

[112] S. Heitefuss, A. Heine, and S. H. Seifert, J. Chromatogr. 532, 374-378 (1990).

[113] L. Pan and J. Pawliszyn, Anal. Chem. 69, 196-205 (1997).

[114] R. Alzaga, A. Pena, and J. M. Bayona, J. Separation Sci. 26, 87-96 (2003).

[115] G. Y. Wittman, H. Langenhove, and J. Dewulf, J. Chromatogr. A 874(2), 225-234 (2000).

[116] L. Pan, M. Adams, and J. Pou, Anal. Chem. 67, 4396-4403 (1995).

[117] B. Kolb, D. Matthes, and M. Auer, Applications of Gas Chromatographic Headspace Analysis No.25, Bodenseewerk Perkin-Elmer Co., Überlingen, 1979.

[118] A. Yasuhara and T. Shibamoto, J. Chromatogr. A 547, 291-299 (1991).

[119] W. Wardencki, P. Sowinski, and J. Curylo, J. Chromatogr. A 984(1), 89-96 (2003).

[120] Q. Wang, J. O'Reilly, and J. Pawliszyn, J. Chromatogr. A 1071, 147-154 (2005).

[121] V. G. Berezkin, Z. Anal. Chem. 296, 1-17 (1979).

[122] W. H. Porter and A. Auansakul, Clin. Chem. 28, 75-78 (1982).

[123] C. J. Griffiths, J. Chromatogr. 295, 40-247 (1984).

[124] H. Greim (editor), Analysen in biologischem Material, Vol. 2: Analytische Methoden zur Prufung gesundheitsschädlicher Arbeitsstoffe, 15th ed., Wiley-VCH, Weinheim, 2002.

[125] J. Zmaecnik and J. Tam, J. Anal. Toxicol. 11, 47-48 (1987).

[126] G. Nota, V. R. Miraglia, C. Improta, and A. Acampora, J. Chromatogr. 207, 47-54 (1981).

[127] T. K. McGhie and P. T. Holland, Analyst 112, 1075-1076 (1987).

[128] Report by the Panel on the Determination of Dithiocarbamate Residues, Ministry of Agriculture, Fisheries and Food (United Kingdom), Analyst 106, 782-787 (1981).

[129] M. J. M. Jongen, J. C. Ravensberger, R. Engel, and L. H. Leenheers, J. Chromatogr. Sci. 29, 292-296 (1991).

[130] B. Koppen and L. Dalgaard, J. Chromatogr. Sci. 321, 385-391 (1995).

[131] M. Kimura, K. Kobayashi, A. Matsuoka, K. Hayashi, and Y. Kimura, Clin. Chem. 31, 596-598(1995).

[132] E. R. Adlard, C. B. Milne, and P. E. Tindle, Chromatographia 14, 507-509 (1981).

[133] W. Tashkov, L. Benchev, N. Rizov, M. Kafedzhieva, and A. Kolarska, Chromatographia 32, 466-468 (1991).

[134] S. K. Sakata, S. Taniguchi, D. F. Rodrigues, M. E. Urano, M. N. Wandermuren, V. H. Pellizari, and J. V. Com'asseto, J. Chromatogr. A 1048, 67-71 (2004).

[135] P. Lansens, C. C. Laino, C. Meuleman, and W. Baeyens, J. Chromatogr. 586, 329-340 (1991).

[136] P. Lansens and W. Baeyens, J. High Resol. Chromatogr. 12, 132-133 (1989).

[137] W. Vycudilik, Arch. Toxicol. 36, 177-180 (1976).

[138] U. Ballin, Ph.D. Thesis, University of Hannover, Fachbereich Chemie, 1992.

[139] U. Ballin, R. Kruse, and H. A. Rüssel-Sinn, Arch. für Lebensmittelhygiene 42, 27-32 (1992).

[140] B. Kolb and M. Auer, Z. Anal. Chem. 336, 291-296, 297-302 (1992).

[141] G. Scharfenberger, Colloquium über die gaschromatographische Dampfraumanalyse, October 20-21, 1975, Überlingen.

[142] J. M. Loeper and R. L. Grob, Jr. J. Chromatogr. 463, 365-374 (1989).

[143] X. S. Chai, Q. Luo, and J. Y Zhu, J. Chromatogr. A 909(2), 249-257 (2001).

[144] J. Fresen, F. Cox, and M. Witter, Pharm. Weekblad 103, 909 (1968).

[145] J. Hild, Colloquium über die gaschromatographische Dampfraumanalyse, October 3-4, 1983, Bad Nauheim.

[146] W. Tashkov, I. Benchev, N. Rizov, and A. Kolarska, Chromatographia 29, 544-546 (1990).

第 **4** 章

顶空-气相色谱的样品制备

在顶空分析中，样品通常是挥发性和不挥发性化合物的混合物（特别准备的单一标准物质除外）。我们关注的或者是样品中挥发性组分的定性组成，或者是所存在的部分或全部挥发性成分的量（浓度）。通常在顶空瓶中有一个两相系统（气-液或气-固），我们分析的是一定体积的气相部分（顶空）。就气相色谱而言，这种情况的优点在于不用担心非挥发性样品组分，因为它们不会进入气相色谱。这是 HS-GC 优于一般 GC 的特殊优势。

用来分析的样品通常是液体或者固体，有时会将固体样品溶解并分析其溶液。我们还对气体样品进行分析，或者将气体样品收集到样品瓶中，或者将样品瓶中小体积样品完全蒸发，从而进行分析。

通过顶空-气相色谱法，还可以直接分析复杂样品中存在的挥发性化合物，此时需要特别考虑样品的基质。诚然，定量分析取决于两相之间分析物的分布，因而，样品相的组成对待测物的分配系数有重要影响。这一点在标准溶液的制备和分析过程中尤为重要。就如同常规气相色谱中，我们需要一个校正（响应）因子，以便通过色谱峰面积得到其所对应的含量（浓度）。然而，与一般 GC 相比，该因子不仅仅取决于检测器对特定化合物的响应，因此不能简单地通过分析已知量的分析物来获得：样品的基质也影响着校正因子。因此，一般来说，如果想要通过分析比较已知含量（浓度）的分析物来定量，样品基质必须具有重现性。或者，有可以减少或消除基质效应的方法。

由于被分析物组分的性质和挥发性不同，将样品引入到顶空瓶的方法是至关重要的。同样，由于定量分析所用标准的重要性，它们的制备也是需要特别考虑的。

如第 2 章所述，转移同样体积的样品进入气相色谱进行分析之前，样品瓶中的挥发性成分需要在两相中达到平衡，只有这样，才能够对定量分析的重现性和独立分析（例如样品与标准物）的对比进行研究。因此，平衡是首要考察的问题。

4.1 平衡

平衡时间本质上取决于被测组分分子从样品基质到气相的扩散速度。有关平衡时间的研究有一些总的指导原则；但是，它是不可预测的。所以对于未知样品，特别是没有文献可查的，需要建立其各自的平衡时间。通过由同一样品制备多个平行样，在完全相同的外部条件下记录它们在恒温器中不同的时间所得到的峰面积（峰高）。如图 4-1 所示：峰面积基本恒定时所对应的时间是所需要的平衡时间。恒温器先进的自动化模式对这个时间的动态测量非常有效。具体细节可参考 3.4.2 节。样品平衡时间就是使样品达到平衡的最短时间，即使加热时间延长也不会改变分析结果，但是应该避免超长时间加热，因为一些样品对过长时间加热比较敏感。

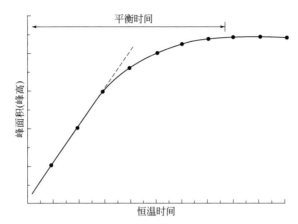

图 4-1　渐进化工作模式下的恒温时间与峰面积的关系

　　有时候样品平衡时间可能比样品分析时间还要长。如果分析完第一个样品以后才开始第二个样品的平衡，这样会浪费时间和降低进样频率。为了消除快速常规分析中的这种时间延迟，现代自动化仪器可以同时对每个样品进行恒温调节，并在前一个样品仍在分析时对后一个样品恒温。这就是叠加持续恒温模式（参考 3.4.2 节，图 3-8）。

4.1.1　气体样品

　　顶空-气相色谱常被用于分析气态样品。样品大概有两方面的来源：收集得到的气体（参考 4.3.1 节）或瓶中液体通过全气化（TVT；参考 4.6.1 节）得到的少量气体。

　　尽管气体样品已经平衡，但是保持一个稳定的平衡时间是非常重要的。从以下两方面来解释。首先，在整个分析过程中样品需要保持一个恒定的温度；其次，如果收集的样品的原始温度高于其在运输和储存期间所接触环境的温度，则可能发生来自初始气态样品的冷凝，并且这种冷凝的样品需要时间用于全气化。

　　说到样品在样品瓶中的全部蒸发（全蒸发技术；参见 4.6.1 节），需要注意的是这个过程不是瞬时完成的。因此，一个特定的平衡时间是必要的，自从全蒸发技术被广泛应用于标准曲线制备中，它已经成为最便捷的方法（让标准样品与原始样品经过相同的平衡过程）。

4.1.2 液体样品

4.1.2.1 理化性质

采用低黏度的液体样品（例如：水溶液），可以获得最短的平衡时间，但是样品体积不同，平衡时间也会不同。如图 4-2 所示。

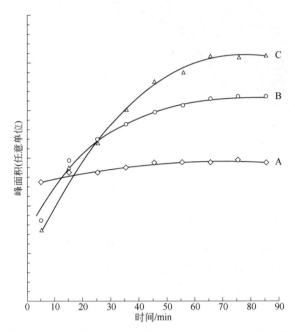

图 4-2 不同体积甲苯水溶液（2 mg/L）的平衡时间
样品体积：A—2.0 mL；B—5.0 mL；C—10.0 mL
恒温温度：60°C。顶空瓶体积：22.3 mL

用顶空法分析甲苯水溶液，绘制峰面积与平衡时间的函数。甲苯水溶液体积从 2.0 mL 增加到 10.0 mL，最佳平衡时间也随之显著增长，这就说明增加基质中分析物的扩散途径，最佳平衡时间也会增加。因此，从平衡时间长短考虑，优先考虑小体积的样品。另一方面，前面提到的顶空灵敏度（峰面积，A）与原样浓度 C_0、分配系数 K、样品体积气液比（相比 β：顶空瓶上部体积与样品体积的比值）有着一定的基本关系。

$$A \propto C_G = \frac{C_0}{K + \beta} \qquad (2.19)$$

基质中分析物的溶解度小，分配系数就会小（例如，甲苯在 60°C 水中的分配系数 $K=1.86$）[1]。在这种情况下，对于一个已知浓度的样品，相比 β 对峰面积有较大的影响。因此，具有小的相比（即，使用大的样品体积）是有利的。在这种特定的情况下，样品体积从 2.0 mL（β=10.15）增加到 10.0 mL（β=1.23），公式（2.19）的分母就会减小❶，相应的峰面积就会增加到 4 倍。因此，在这种情况下，使用对应于小瓶体积的 50% 的样品体积并不罕见。

分析物在基质中的溶解度大，分配系数也会大，那么此时样品体积对顶空灵敏度的影响是忽略不计的。就拿 60°C 甲醇水溶液（K=511[2]）来说，样品体积从 2.0 mL 增加到 10.0 mL，公式（2.19）的分母值分别是 521.5 和 512.2。这也就是说样品体积增长 5 倍，而峰面积仅仅增加了 1.8%，而这个值是可以忽略的。因此，对于甲醇水溶液没有必要使用大体积的样品。

4.1.2.2 减少液体样品的平衡时间

通过升高温度可使液体样品加速达到平衡。爱因斯坦定律表明扩散系数❷ D 与热力学温度 T 成正比例关系：

$$D \approx T/f \qquad (4.1)$$

其中，f 是摩擦因子，它与分析物分子尺寸成正比。但是，由于扩散系数和热力学温度成正比，对于液体样品，升温加速平衡在实际应用中没什么优势：样品温度从 60°C 升到 90°C，样品平衡时间仅减少 8%。

减少平衡所需时间的更好方法是在平衡过程中连续搅拌样品瓶中的样品。这可以通过例如摇动、搅拌或超声处理来完成，并且大多数商业 HS-GC 系统提供这样的功能。当使用振动器时，重要的是样品与振动器频率达到共振，这样便于获得所需的机械混合效果。然而，液体样品的共振频率与样品体积和黏度有关。为了克服这个问题，振荡器的频率应在平衡期间自动扫描，应覆盖较宽的振动范围（程序化的振动频率），以使恒温器中的每个样品处于共振状态。

当测定水溶液中非极性 VOCs，样品体积超过 3 mL 时，推荐使用振荡器。如图 4-3 所示，22.3 mL 顶空瓶中 5 mL 甲苯和丙酮水溶液的振荡效果图：不使用振荡器时，甲苯水溶液平衡状态比较缓慢，需要将近 2 h；另一方面，从丙酮的反应曲线上来看，振荡器的使用对极性化合物没有太大的影响。这个区别可能是由于分析物的高分配系数，以及相对于样品浓度，其较低的气相浓度造成的。使用振荡器与否引起的峰面积的差别变小，这个差别也可能隐藏在精密度的带宽中。

---

❶ 在此计算和随后的计算中，样品瓶的体积始终为 22.3 mL。

❷ 扩散系数表示 1 s 内通过 1 cm^2 的平面扩散的分析物的质量。

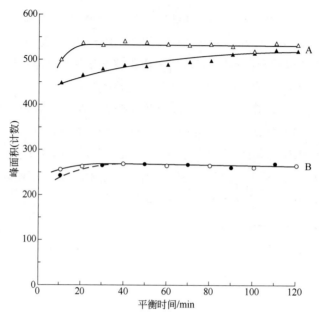

图 4-3 振荡（空心符）和不振荡（实心符）条件下甲苯和丙酮水溶液的平衡时间

平衡温度：60℃。样品体积：A—5.0 mL 8 mg/L 甲苯水溶液；B—5.0mL 150 mg/L 丙酮水溶液

4.1.3 固体样品

对于固体样品，扩散需要更久。从不同种类样品扩散系数 D 的数值上可看出：当气体达到 10^{-1} 数量级时，液体样品的数量级是 10^{-6}，固体样品的数量级是 $10^{-11} \sim 10^{-8}$。因此，长时间的平衡时间是固体样品的特点，固体颗粒的直径和厚度决定扩散时间。但是，固体样品的孔隙也是至关重要的。很明显，固体的表面也影响着平衡速率。因此，一些有高表面积的多孔固体样品经常有惊人的短平衡时间。

固体样品可分成两类[3]。第一类，在一定条件下，这些固体的表现类似一个分配系统。换句话说，挥发性分析物的分布情况由它的分配系数决定，在不同浓度范围下这都是一个固定值。一般来说，聚合物的加热温度高于它们各自的玻璃化转变温度。这些样品会以固体形式（固体方法），或溶入有机溶剂中，以溶解液形式（溶液方法，在 4.2 节中讨论）被分析。

根据 ASTME 1142 规定[4]，玻璃化转变（二级转变）是指无定形聚合物结构从硬的、相对脆的条件到黏性的橡胶状态（或反之亦然）的可逆变化，这种转变同时伴随扩散速率的增加。总体上来说，这种转变出现在一个相对窄的温度区域。玻璃化转变温度通常指定为玻璃化转变发生的温度范围的近似中点。表 4-1 列出了一些聚合物的玻璃化转变温度[5,6]。

表 4-1　一些聚合物的玻璃化转变温度 T_g

聚合物	$T_g/°C$	注释	参考文献
硅橡胶	−125		6
二甲基硅油	−123		5
顺式聚丁二烯	−99		6
顺式聚异戊二烯	−83		6
天然橡胶	−63		6
聚丙烯酸丁酯	−55	无规立构	5
丙烯腈丁二烯共聚物	−41	无规	6
苯乙烯丁二烯共聚物	−39	无规	6
氯丁橡胶	−38		6
聚丙烯	−6	有规立构	6
聚乙酸乙烯酯	+29	无规立构	5
尼龙-6	+51	纤维	6
尼龙-66	+59	纤维	6
聚氯乙烯	+81		5
聚酯	+85	纤维	6
聚苯乙烯	+100	有规立构和无规立构	5
聚丙烯腈	+101	纤维	6
聚甲基丙烯酸甲酯	+105	无规立构	5
聚碳酸酯	+149		5
聚酰胺/聚酰亚胺	+279		6

　　如果使用固体方法，首先需要确定的是分配系统的存在。这一点可从比如 MHE 线性曲线（参考 5.5 节）上看出来。因此，对于一个新的样品，尽管最后采用的是不太耗时的常规定量分析方法，但首先还是要先通过 MHE 分析它测试的可能性。这将在第 6 章方法开发中介绍到。

　　正如前文所述，一般情况下，固体样品的平衡时间没有必要比液体样品长，这取决于固体样品的结构和平衡温度。图 4-4 通过比较不同聚苯乙烯样品上残留的苯乙烯单体的平衡，很好地说明了平衡温度的影响。多孔泡沫样品在温度足够高的情况下可以快速气化，就聚苯乙烯泡沫来说，120°C 平衡温度下可以很快蒸发达到平衡。但在较低温度下，即使是多孔泡沫，也至少需要 2.5 h 才能达到平衡。相反，聚苯乙烯颗粒在 120°C 就达不到平衡：4 mm×3 mm 的聚苯乙烯颗粒从聚合物基质中释放出来需要太长的扩散路径。同样是聚苯乙烯颗粒，通过低温研磨得到聚苯乙烯粉末，在恒温器 120°C 条件下，大约 2 h 就可以得到平衡。在 90°C 下，聚合物水分散体（乳液）达到平衡也需要这么长的时间。这种分散体是三相体系，从聚合物液滴缓慢扩散到周围的含水基质中较为耗时，进一步分配到气相中的过程要快得多。在任何情况下，应该注意的是，这种聚合物乳液的分析不再需要经典的溶液方法[7]，因其会随之带来灵敏度降低的问题。

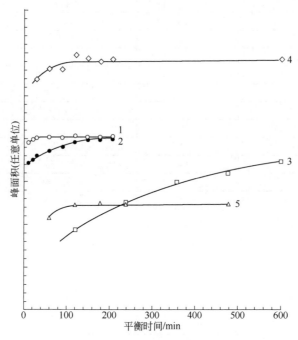

图 4-4　不同聚苯乙烯样品中残留苯乙烯单体的平衡时间/温度

1—聚苯乙烯泡沫，120℃ 恒温；2—聚苯乙烯泡沫，100℃ 恒温；3—聚苯乙烯颗粒（4 mm×3 mm），
120℃ 恒温；4—低温研磨得到的聚苯乙烯粉末，120℃ 恒温；5—水性聚合物分散体，90℃ 恒温

　　为了减少扩散途径，固体样品应该被分割成小片（例如，通过裁剪）。在干冰
或者液氮下低温研磨可以避免在研磨过程中生热而导致挥发性化合物的损失。在
方法开发过程中，通过与独立方法进行比较（例如，液体处理方法；见下文）来
验证方法的可行性，但是通常没有其它选择。

　　在前面讲到，提高恒温器的温度可减少平衡所需的时间。但是，对于聚合物
来说，必须考虑到聚合物的解聚或副反应。例如，如果检测临床灭菌 PVC 材料中
残留的环氧乙烷，那么这些聚合物样品加热温度不应该超过 100~120℃，这样可
以避免 HCl 的释放和氯乙醇的生成。

　　从 Romano 在确定用于灭菌的残留环氧乙烷方面的开创性工作开始[8]，固体
方法已被广泛应用。PVC 树脂中残留氯乙烯单体的测定是这种方法的另一个经典
例子[9,10]。

　　在 HS-GC 分析中出现的另一种固体形式则代表着吸附系统：事实上，大多数
固体，特别是那些具有高表面积的固体，会显示出一些吸附效应。不管什么样的
吸附系统，挥发性分析物的相分布还是由吸附系数决定，这个系数不是独立存在

的浓度值，而是一个函数。因此，如果有的话，吸附系统仅仅有一个窄的线性浓度范围。有限或非线性相分布是由吸附位点的不均匀二维分布引起的，该吸附位点在样品表面上具有不同的吸附能。

吸附系统另一个独有的特点是平衡时间上显著的不同。比起液体样品或固体样品的分配系统，吸附系统达到稳态平衡所需要的时间是相当长，甚至很长。这是由于样品在微孔中的扩散过程较慢。另外，平衡时间函数由浓度决定：分析物浓度越低，越容易被吸附在样品的强吸附位点上（因此，需要更长时间解吸）。这就解释了 5.5.6 节中案例 F 中讨论的 MHE 图的特定形状。

总体来说，代表着非线性吸附系统的样品，由于其非线性行为，不能按照其初始分子形态进行定量。需要通过改变材料的表面特性等进行必要的修饰。比如通过添加改性剂，这是有可能改变材料表面特性的。通过掩盖强吸附点，改性剂将样品引入到有均匀吸附能力的弱吸附系统中，可以延长线性范围。当液体替代剂（改性剂）添加量增加时，吸附系统开始转变成分配系统；继续添加液体改性剂会形成一个独立的液相，解吸的待测物可以溶解其中。用这种方法，固体样品转变成具有优良的基质（添加的溶剂）液体样品；剩余的悬浮在液体中的固体颗粒，则对气液两相的分配没有进一步的影响。

5.6 节中将对与吸附型固体样品的顶空定量分析相关问题进行讨论。

4.2 溶液方法

如果固体样品溶解在有机溶剂或水中，那么采用溶液方法就可以使分析变得简化：样品溶解在溶剂中，溶解液用顶空-气相色谱分析。平衡时间取决于所得溶液的黏度，并且不一定短于直接分析固体样品时的黏度。例如，多孔 PVC 树脂中氯乙烯单体加热温度超过玻璃化转变温度 85°C，那么不到 30 min 就会达到平衡。然而从有机溶剂中得到的一定黏度的溶解液达到平衡往往需要 1 h 以上。当然，人们会尝试获得高浓度的溶解聚合物，来保证对其中挥发性单体测定时具有高灵敏度，但需要以溶液的高黏度和较长的恒温时间来作为交换。然而，如果固体聚合物以粒料或颗粒的形式存在，平衡时间过长时，如果降低的灵敏度是可接受的，那么传统的溶液方法无疑是冷冻研磨技术的有利替代方案。Rohrschneider 是最早用液体处理法处理样品的[11]。

他使用这个技术测定了聚苯乙烯颗粒中残留苯乙烯单体，将颗粒溶解在 DMF（200 mg 聚苯乙烯溶解在 2 mL DMF）中，用正丁基苯作为内标。采用这个方法，可以对 1 mg/kg 苯乙烯进行检测。图 4-5 在 75°C 条件下（依据 Rohrschneider 给出的数据）对聚苯乙烯颗粒和 DMF 聚苯乙烯溶解液的平衡时间进行了对比。从图中可以看出，聚苯乙烯颗粒需要 20 h 以上才能达到平衡，然而 DMF 溶解液需要大约 100 min。

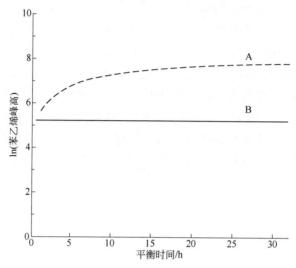

图 4-5　聚苯乙烯样品中残留苯乙烯单体平衡时间和峰面积的关系

恒温温度：75℃。曲线：A—聚苯乙烯颗粒；B—DMF 溶解液

来源：参考文献[11]，经 *L. Rohrschneider* 和 *Zeitschrift für* 以及 *Analytische Chemie* 杂志许可复制

　　溶液处理法是一种简便的样品制备方法，但是它也有一些缺点。相对于直接进样（固体处理法）的顶空灵敏度有所下降。由于溶剂（溶解液）的体积至少比固体样品高出一个数量级，最终溶解液中分析物的浓度比初始（固体）样品低。

　　溶液处理法的另一个负面效应与分析物在有机溶剂高溶解度有关，在固体样品基质中分配系数比较小的，在溶剂中分配系数将会增大。另外，从公式（2.19）中可以看出 K 值增大，C_G 减小，灵敏度也相应降低。

　　看一下在固体药物样品中测定 100 mg/kg 溶剂的实际例子，其中初始分配系数 K 应为 10。如果使用 USP[12]测定 OVIs 的推荐方法（参考 3-46），将 1 g 样品溶解在 5 mL 溶剂中，样品被稀释，分配系数增大，假设分配系数从 10 增加到 100，将会产生两种结果，稀释效应和挥发性减少。可以通过公式（2.19）来分析顶空灵敏度的影响因素：样品分析物浓度 C_o，分配系数 K，相比 β（顶空瓶上部体积与样品体积的比值）。

$$C_G = \frac{C_o}{K + \beta} \tag{2.19}$$

　　假设 1 g 固体样品的密度为 1.0，加到 22.3 mL 顶空瓶中，那么相比 β=21.3。同样的样品溶解在 5 mL 溶剂里，假设分配系数 K=100，则相比 β=3.46。固体样品原始浓度（C_o^S）从 100 mg/kg 减少到最终溶解液中的（C_o^L）20 mg/kg。通过公式（2.19）可以得到 C_G^S / C_G^L =16.5。因此固体处理方法的灵敏度是液体处理方法的 16.5 倍。运用液体处理方法处理固体样品的唯一原因就是液体样品相对于固体样品在定量分析方面有一定优势。这些优势将在第 5 章中讲到。

因有机溶剂中分配系数增加导致的灵敏度降低可以通过液体处理法来改善，这个方法是 Steichen[13]首先提出的，他曾经用此方法对残留单体进行分析，如聚合物中的丙烯酸 2-乙基己基酯（EHA）。在 2.3.4 节中已经提及，聚合物样品溶解在水溶性溶剂（如 DMA）中，再加入一定量的水，可使其分配系数下降，但是分析物仍然保留在溶解液里。例如，Steichen 曾报道在 DMA 溶解液中加入一定量的水，当水量从 3 mL 增加到 4 mL，灵敏度增加了 600 倍。

对于溶液处理法，溶剂纯度要尽可能的高。极低含量的杂质也有可能对色谱的分离产生干扰❶。因此，溶剂在使用之前必须考虑到可能的干扰。要想进一步提高灵敏度，采用冷阱捕集技术尤为重要。

大部分官方推荐方法用到溶液处理法。例如，一些 ASTM[14,15]方法以及 USP[12]对不同种类药物中有机挥发性杂质测定的方法都有用到。只要有可能，直接分析固体样品仍旧是首选方法。

4.3 样品前处理和样品引入

这里将会对样品制备和样品传输到顶空瓶中分析进行详述。

4.3.1 气体样品

前面已经提到，当样品瓶只有单一的相，样品不能被浓缩时，HS-GC 能用来分析气态（蒸气）的样品。事实上，这将不再有"顶空"分析，样品瓶只是作为储存样品的容器。

气体（蒸气）样品大概有两个来源：大气中收集的或其它气体（汽车尾气、呼吸气等等）；少量全蒸发的（液体）样品。

空气样品的收集是直截了当的：实践中，将一个开口瓶在样品收集点放置一段时间，通过扩散，瓶内将充满围环境的大气。使用一个小手泵（图 4-6）将瓶内

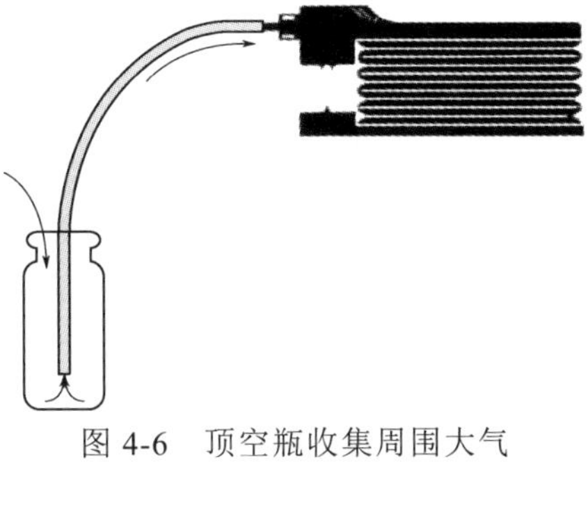

图 4-6　顶空瓶收集周围大气

---

❶ 例如，Romano[8]选择固体法测定聚合物管中残留环氧乙烷的原因之一就是，如果在溶液法中采用丙酮，则总是有杂质，且杂质保留时间与环氧乙烷非常接近。

现有的气体排出，收集样品时间将会缩短。挤压几次手泵，瓶内空气被外围大气置换。如果用带有隔垫的钳口盖将瓶子密封，样品可以稳定保存直到上机分析[16]。这个样品瓶类似于大型的、钝化的不锈钢密封罐[17]，而它本身可被看作迷你的密封罐；实际上，由于它是一次性瓶子，不会有交叉污染的情况，而不锈钢密封罐中会有样品残留的问题，每次用完都要清洗。

另外一种方式就是从样品管中释放出气态样品并与样品瓶中空气进行置换，用开口瓶技术将样品管插进开口瓶中，就像用注射器吸入液体样品一样。这个技术有一个特殊的应用就是分析呼吸气：呼吸气样品通过塑料管吹入样品瓶中，类似与进样针吸取液体样品一样（参考图 3-7）。当样品瓶内充满气体样品时，样品管迅速撤出，盖上密封盖。实验的重复性多少也与实验员的实验技能有关，然而在整个过程中样品损失的风险比替代性技术（比如，隔垫被两个进样针刺穿两次，一个用于气体进品进口，一个用于出口）低很多[18]。

每当容器用气体冲洗时，它就作为指数气体稀释装置来工作，并且该过程可以用一阶方程来描述：

$$C_e = C_o e^{\left(-\frac{Ft}{V}\right)} \qquad (4.2)$$

式中，C_o 是原始浓度；C_e 是在时间 t 时原始气体（空气）的实际浓度；V 是容器的体积；F 是新气体进入容器的流速。因此，从公式中可以计算出置换出样品瓶中大气所需要的时间：

$$t = -\frac{V}{F} \times \ln\left(\frac{C_e}{C_o}\right) \qquad (4.3)$$

例如，置换样品瓶中 95% 的空气，那么 C_e / C_o =5/100=0.05，置换 99% 的空气时，C_e / C_o =0.01。假设 F=50 mL/min，V_v=22.3 mL：

95% 的置换率：t=1.2 min

99% 的置换率：t=1.8 min

气体样品的定量分析可以采用外标法（参考 5.3 节）。外标法最简单的样品制备就是全蒸发技术（参考 4.6.1 节）。在 4.1.1 节中讲到，即使是气体样品达到平衡也需要一定的时间。

4.3.2 液体样品

考虑到一些分析物在特定基质中的高挥发性，液体样品必须谨慎处理。因此，用移液管吸取样品的方式可能会受到限制，因为汽化时的损失更容易引入误差。下面将会讲解分析物的低和高分配系数之间的区别。

由于分析物的高挥发性及低分配系数，在用移液管吸取样品时，样品可能汽化造成损失，这个操作是不推荐的。例如，芳香烃化合物（BTEX）的分配系数小于 5，使用移液管吸取样品时就会产生伪造分析的风险。因此，这些样品应该用注射器或注射器类型的装置来转移，使用时避免注射器内有气体空间形成。如果不遵循这个原则，最终会得到一个非线性校正曲线，比如在逐级稀释储备液的情况下。同样的考虑适用于总是应该完全填充的样品容器，其中没有任何剩余的顶部空间。负责任的分析师应该拒绝只装半瓶的样品，这些样品是存在疑问的。

高分配系数的样品则不是这个情况。例如，分析血液中乙醇的样品只装了半瓶，瓶内气体空间部分含有的乙醇只占到血液中乙醇的 0.1%，此时使用移液管转移样品的话，只有很少一部分损失，对最终的准确分析几乎没有影响。

在很多情况下，样品处理不当会造成预期的精密度降低。可以准备一个标准测试样品来核查准确度，样品包含两个化合物：一个分配系数高，一个分配系数低。水中乙醇和甲苯就是一个很好的具有代表性的例子：它们的分配系数分别是（参考表 2-2）：

乙醇：40°C，K=1355；60°C，K=511。

甲苯：40°C，K=2.82；60°C，K=1.77。

用 HS-GC 技术对这个样品进行多次测定，就可以得到这样一个结果：乙醇有良好的精密度（＜1%），但是甲苯的精密度较差（＞2%），这组数据很好地说明了样品处理不当造成的影响。如果乙醇的精密度也不好，就要考虑是否是仪器本身的问题。

在有机溶剂中大部分化合物的分配系数是相对较高的。在这种情况下，移液器可用于将等分试样从一种溶液转移到另一种溶液或转移到顶空小瓶中，这是没有任何问题的。

有时候移液管或注射器都不能转移有黏度的样品。这种情况下，样品应首先溶解在合适的溶剂中；否则，样品移取体积的重现性较差（相比），校准也变得更为复杂（参考 5.7 节）。

4.3.3　固体样品

在顶空分析中，典型的固体样品有聚合物（树脂，球团，颗粒）、印刷包装材料（塑料或铝箔膜）、药物（毒药或赋形剂）和土壤。它们可以按照固体（固体处理方法）或溶液（液体处理法）来分析，前面已经对这些分析技术进行了总结。这里将会对样品前处理过程进行讨论：如何处理原始大块固体材料，直接分析或溶解。

当然，这些样品有一个特殊问题就是需要使一大块样品分割成一小块有代表性的样品。在分析化学上需要有一个综合考虑，一些标准化机构（ASTM，DIN等等）已经制订了指导方针。

通常来讲，由于固体聚合物样品本身太大，在有限时间内不能达到平衡（如果时间允许另当别论）。扩散过程遵从爱因斯坦方程[19]，这个方程将扩散时间 t、扩散系数 D 和扩散路径的长度 d 之间的关系表示了出来：

$$t = d^2 / 2D \qquad (4.4)$$

因此，在不能使用溶液处理法的情况下，唯一的选择就是通过机械研磨使材料粉碎。为了避免研磨中产生过多的热量和同时存在的挥发性化合物的损失，有必要采用低温研磨，此时样品应用干冰或液氮进行冷却。这些处理使原材料的尺寸大幅度减小。例如，聚乙烯对苯二甲酸酯（PET）样品相当难粉碎，在液氮下冷冻研磨 10 min 可以得到 0.15~0.42 mm 的颗粒[20]。

F. Kurt Retsch 公司用 ZM1000 超离心研磨仪，在 15000 r/min 下研磨 5 mm PET 颗粒 2 min 得到的粒度分布如下[21]：

>315 μm   80.8%

315~500 μm   16.6%

>500 μm   2.6%

借助公式（4.4）可以对研磨后颗粒可能减少的程度进行评估。d_1 为原始扩散路径，d_2 为研磨后扩散路径，那么

$$t_2 = t_1 (d_2 / d_1)^2 \qquad (4.4a)$$

例如，扩散路径从 4 mm 减少到 0.315 mm，扩散时间几乎减少了 3 个数量级（$t_2 = 0.0014 t_1$）。

低温研磨得到的聚合物粉末可以直接放置在顶空瓶中用固体处理方法分析（参考 4.1.3 节）。

需要注意的是，如果粉末状的聚合物样品已经在密闭的瓶内储藏了一段时间，当有需要取出一小部分进行分析时，首先要将其摇匀。其原因在于，储液瓶在储存期间可能形成浓度梯度，因为即使在室温下储存，封闭瓶粉末上层中的挥发物也会更快地挥发到顶部空间中。

薄的印刷塑料薄膜可以切割成碎片直接分析。但是对于厚的复合薄膜，低温研磨很有必要，因为其会减少平衡时间。对于这种样品，收集和选择较为重要。各种标准[22,23]描述了选择代表性样品的精确方法。放入样品瓶中的最终等分试样的大致大小取决于样品瓶的体积。德国标准[23]建议使用以下部分进行分析：

瓶体积/mL	膜面积/cm²
6	15
20~25	25~50
50	50~100

ASTM 标准建议借助模具将样品裁剪成 8 in×36 in（2 ft²，203.2 mm×914.4 mm）的碎片，然后切割成 1 in（25.4 mm）宽的条，最后放置到顶空瓶中。当然，这样大的样品需要大一点的样品瓶。引用 ASTM 标准的一小段描述：手动用 5 mL 的气体注射器从 1 L 烧瓶中吸取等分注入气相色谱，这里使用 1L 的烧瓶就是这个目的。但是随着 HS-GC 发展的日新月异，更小的样品也可以被测定（参见 6.3 节）。这些推荐方法就需要进行改进，以适用于现代实验设备，如前所述，要想得到恒定的顶空灵敏度，相比 β 必须恒定，而不是瓶子或样品的绝对尺寸。另一方面，一个大的瓶子可以放置较大的印刷膜样品，这样样品更具有代表性。

4.4 标准溶液的配置

通常，用于确认和校准的标准溶液应该是新鲜配制的。因为在 HS-GC 中，分析物的挥发性高，认证过的标准溶液稀缺且稳定性较差。定量分析需要这种低浓度的标准溶液，通常用溶剂对原始储备液进一步稀释，也可以采用 MHE 技术进行稀释。

使用标准溶液而不是纯化合物的主要原因是后者通常被添加到样品中或特定基质（作为内部或外部标准）中，或者添加到用于全蒸发测定的样品瓶中（参见 4.6 节），数量较少，以至于操作起来较为困难；另一方面，当使用微量注射器或微量移液管移取液体样品时，即使量很小操作起来也不难，且准确度高。有一个很好的实例就是在第 5 章（参考图 5-6）中橄榄油中四氯乙烯（TCE）的测定，在纯橄榄油中加入 TCE 作为外标。TCE 浓度大约是 1 µg/mL，样品体积 5 mL：TCE 作为外标，直接精确添加几纳升到橄榄油中才可以得到 1 µg/mL，这样的操作在实践中是不可能的。相反，取 50 µL 原始标准溶液（81.5 mg TCE 每 10 mL 溶剂）稀释 100 倍得到 81.6 µg/mL 的溶液，再取 10 µL 上述溶液（包含 0.816 µg TCE）稀释到 5 mL 的纯橄榄油中，橄榄油中 TCE 的最终浓度就是 0.16 µg/mL。

4.4.1 液体或固体物质标准溶液的配制

配制储备液过程中，主要问题就是溶剂的纯度及其会在气相色谱中出峰的杂质。通常来讲，在气相色谱中高沸点的溶剂洗脱较晚，能够在色谱柱中实现反吹，日常工作过程中，为了减少分析时间，通常会利用这一特性进行反吹。溶剂在使用之前必须用 GC 分析它的纯度。表 4-2 中列出一些常用溶剂[24,25]。

将液体或固体物质配制成混合溶液的通常步骤是将特定量（或体积）的纯化合物放置到磨口具塞容量瓶（比如，10 mL）中。当配制多组分混合溶液时，优先选择是先添加低挥发性化合物，然后依据沸点从高到低（挥发性增加）的原则添加。接下来，用溶剂定容，盖上塞子；反复颠倒几次容量瓶使组分混合均匀。混合标准溶液应该储存在最小顶空体积的瓶子里，瓶子带有聚四氟乙烯密封垫的螺旋帽，最后避光保存在冰箱里。未使用的标准溶液可以密封储存在冰箱里几个月，一旦瓶子打开，从中取过一份溶液，剩余的溶液最好在打开后几天内完成使用。可以借助微量注射器对溶液移取。

表 4-2　配制顶空标准溶液的推荐溶剂[①]

溶剂	沸点/°C	相对密度 d_4^{20}	水中溶解度/(g/L)
苯甲醇	205	1.045~1.046	40（19°C）
苯甲酸乙酯	214	1.046~1.047	0.5（20°C）
苯甲酸苄酯	324	1.117~1.119	
N,N-二甲基乙酰胺	165	0.940~0.942	∞
N,N-二甲基甲酰胺	155	0.948~0.949	∞
甲氧基乙醇	124	0.964~0.965	∞
乙二醇乙醚	135	0.929~0.930	∞
碳酸丙二醇酯	241~242	1.204~1.205	214（20°C）
丙三醇	290	1.259~1.262	∞
1,3-二甲基-2-咪唑烷酮[②]	104（15 Torr[③]）	1.055~1.057	∞

① 来源：文献[25]，除非另有说明。

② 来源于文献[24]。

③ 1 Torr=133.322 Pa。

如果需要配制低浓度的标准溶液，那么移取适量体积的初始储备液到另一个磨口具塞容量瓶中，采用溶剂定容。二级标准溶液的稀释溶剂不必和一级标准溶液的溶剂相同。例如，从色谱分析角度讲，最适合溶解标准组分的溶剂可能不是理想溶剂，可能会有杂质峰。在这种情况下，初始储备液想要进一步稀释的话，需要选择更适合的溶剂来减少杂质（同样被稀释）的干扰。

例 4.1 描述了测定地下车库空气中挥发性芳香烃时，储备液的稀释（参考例 5.10）。

【例 4.1】

将下表中各芳香化合物按规定体积加到 10 mL 容量瓶中，用碳酸丙二醇酯（PGC）定容。储备液 I 浓度见下表：

芳香化合物	密度 d_4^{20}	添加体积/μL	储备液 I 的浓度/(mg/mL)
苯	0.879	10	0.879
甲苯	0.867	20	1.732
乙苯	0.867	10	0.867
间二甲苯	0.864	10	0.864
对二甲苯	0.861	10	0.861
邻二甲苯	0.880	10	0.880

用微量注射器取 100 μL 储备液 I 加到另一个 10 mL 的容量瓶中，PGC 定容。储备液 II 的最终浓度见下表。

芳香化合物	储备液 II 的浓度/(μg/mL)
苯	8.79
甲苯	17.32
乙苯	8.67
间二甲苯	8.64
对二甲苯	8.61
邻二甲苯	8.80

对于挥发性分析物及其溶液，最好是按照体积添加而不是称重。体积添加更快速，可以降低挥发损失。市售注射器具有较宽的体积范围，在常温常压下操作，均可达到较好的准确度和精密度（<1%）。如果实在需要按照质量添加，那么添加的质量可以通过物质密度计算，也可以通过对密闭旋口瓶进行称重来控制。

正如前面所讲的，装有标准溶液的瓶子储存在冰箱里。将它从冰箱取出来后，需要恢复到 20℃ 才可以使用。这是因为取样器（移液管或注射器）都是在 20℃ 标定的。因此，我们不建议在原始容器转移样品之前，将（空的）顶空样品瓶和移液管冷却，如 Pelton[26]所建议的那样。

这里讲一个代表性的温度变化引入误差的例子。从冰箱里取出标准溶液的冷瓶，立即用移液管对系列顶空瓶进行移取。可以明显观察到色谱图的漂移，因为在添加第一个小瓶的时候，溶液仍为冷的，而最后一次添加的时候，在这个过程中，溶液已经升温，因此等分试样的实际添加量已经发生改变。

另一个关于标准溶液制备和定量分析方面的重要问题，就是样品基质的影响。这并不仅限于标准：基质也会影响样品之间定量分析的重复性。因此，在 4.5 节会对样品基质详细讨论。

4.4.2 气体物质标准溶液的配制

前面已经讲过通过精确计量物质的质量或体积来配制液体或固体标准溶液。对于气体物质，针对样品特点不同，应当选择适宜的方法。

含有纯气态物质（例如环氧乙烷；见图 4-7）的圆筒，安装有注射器适配器，气密注射器的针头插入适配器的隔垫，打开圆筒阀门。首先，必须用气体吹扫注射器筒以更换空气，并且在该步骤中移除柱塞。吹扫几秒钟后，将柱塞重新插入，阀门关闭 [图 4-7 (a)]。然后将测量的气体体积转移到用隔膜和铝卷边盖封闭的顶空小瓶中，除了少量的剩余气泡外，该小卷边盖几乎完全被溶剂填充。溶剂的实际质量通过称重得到。注射器中的气体体积应通过刺入隔膜而转移到样品瓶中，这种方式使注射器针头的末端浸入气泡中并不接触溶剂 [图 4-7（b）]；否则，气体的良好溶解性可能导致溶剂迅速被吸回到注射器筒中。

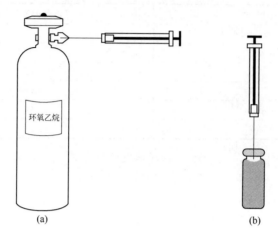

图 4-7　环氧乙烷标准溶液的配制
（a）从气缸内吸取气体至气密注射器内；（b）将气体注入充满水的密闭顶空瓶中

注射器内气体体积在大气压下测量，那么气体注射器将针头伸到大气中，可以确保气体化合物摩尔体积的测定。

采用普适气体定律计算转移气体的量，标准条件[0℃ 下 22.414 L，101.08 kPa（760 Torr）] 下的摩尔体积（V_{mol}）、大气压（p_a）、环境温度 [T_a，℃ 或 K]。以第一个为例，在给定条件下，气体体积可以从基本公式中直接计算出来。

$$pV = nRT \tag{4.5}$$

对于一个分子，$V=V_{mol}$，$n=1$；因此，对于大气压和温度：

$$V_{mol} = \frac{RT_a}{p_a} \tag{4.6}$$

气体常数 R 的值取决于压力的单位和 V_{mol} 所表示的体积的单位，如果体积单位为升（L），那么相应的 R 值为：

R=0.08204 L·atm/℃=62.3 L·Torr/℃=8.3127 L·kPa/℃

从气体的摩尔体积 V_{mol} 和实际体积 V_i 及其分子量可以计算出转移气体量。示例 4.2′和例 4.2″阐述了环氧乙烷水溶液配制过程中转移的气体量。

【例 4.2′】

首先，用气密注射器从气缸中移取 5 mL 环氧乙烷气体到密闭顶空瓶中（图 4-7）。顶空瓶含有 8.75 g 水。大气条件如下：p_a=100.8 kPa；T_a=21℃=294.16 K。

环氧乙烷分子量为 44.05。那么摩尔体积在指定条件下为：

$$V_{mol} = \frac{8.3127 \times 294.16}{100.81} \, \text{L} = 24.256 \, \text{L}$$

相应地，5.0 mL 气体的质量为：

$$\frac{5.0 \times 44.05}{24.256} \, \text{mg} = 9.080 \, \text{mg}$$

因此，环氧乙烷标准溶液的浓度为 9.08 mg/8.75 g 或 1.038 mg/mL（假设 1 mL=1 g）。

第二种计算方法，利用压力-体积基本关系式：

$$p_1 V_1 = p_2 V_2 \tag{4.7}$$

按照这个方法，摩尔体积在压力 p_a，实际温度 T_a 条件下，

$$V_{p_a, T_a} = \frac{p_0 V_0}{p_a} \times \frac{T_a}{273.16} \tag{4.8}$$

【例 4.2″】

将已知的值带入等式（4.8），V_0=22.414 L，p_0=101.08 kPa，p_a=100.814 kPa，T_a=294.16 K，则

$$V_{p_a, T_a} = \frac{100.080 \times 22.414}{100.814} \times \frac{294.16}{273.16} \, \text{L} = 24.201 \, \text{L}$$

因此，相应地 5.0 mL 气体的质量为：

$$\frac{5.0 \times 44.05}{24.201} \, \text{mg} = 9.10 \, \text{mg}$$

4.5 基质效应

在本书中经常提到基质。这个基质可以定义为"基体元素"，里面包裹或嵌入一些物质。在顶空分析中用这个词来表达大部分含有挥发性化合物的样品。通常基质不是纯化合物，而是复杂的混合物，其中一些是非挥发性物质；也有一些是挥发性物质，尽管与待测物相比，其关注度较低。例如，血液中酒精的测定，血液本身就是基质。基质组分与分析物之间的相互作用影响着分析物的溶解性（分配系数）。这就是所谓的基质效应。在之前讨论过（2.3.4 节）这样一个例子。例如，平衡后，与溶解无机盐的有着相同原始分析物浓度的溶液相比，纯水溶液中分析物在顶空部分的浓度是与前者完全不同的。同样地，基质可由两种或两种以

上溶剂混合组成，分析物在两相间的分配情况取决于基质的定量组成。

样品间的重复性测定，特别在配置用于校准的外标标准混合溶液时，基质效应是重点考虑的问题。显而易见，除了 MHE 测试技术外，上述操作中需要制作一个尽可能接近实际样品的基质。

4.5.1 制备干净的基质

如果可人为制备一个干净的基质，标准液配置就变得很容易。例如，HS-GC 测定常规样品中不存在的污染物就是这种情况。在第 5 章将介绍废发动机油中挥发性芳香烃或橄榄油中痕量四氯乙烯的测定（图 5-5 和图 5-6）。

有时用 MHE 技术去除挥发性化合物，将天然样品制备成一个"干净"的基质（比如，不包含分析物）。在第 5 章中将证实这种操作的可能性（参考 182 页例 5.2）。但是一些主要挥发性样品成分也会被去除，特别是水，因此如果没有基质补偿的话，用这种方式制备的"干净"基质和实际样品的基质有着不同的基质效应。

4.5.2 基质效应的去除

有时无法知晓样品基质的确切组成，但可以对其进行修改，使样品基质的变化不会对分析物分布产生进一步的影响。一个典型的例子就是，采用溶液法对液体样品稀释（参考 4.2 节）。实践经验表明，浓度小于约 1%的基质组分的影响一般可忽略。因此，通过对样品适当的稀释，可以有效降低基质成分的浓度。其后讨论的采用改进的方法（参考 5.2 节）对血液中酒精的分析就是一个典型例子：用带有内标的水溶液将血液样品稀释 10 倍，基质组成中微小变化所带来的基质效应的影响就可以被消除。

对于无机盐溶解液，充分稀释消除基质效应是可行的：无机盐浓度 5.0%及以下，基质效应可以忽略。表 4-3 显示从纯水开始测定不同浓度盐（Na_2SO_4）的水中几种卤代烃的情况。当基质效应严重时，可以预见峰面积值会有较大变化。但

表 4-3　顶空分析含有不同浓度 Na_2SO_4 的卤代烃[①]水溶液得到的峰面积

分析物	浓度/(μg/L)	四种浓度 Na_2SO_4 的峰面积				平均峰面积	RSD/%
		0.0%	0.2%	1.0%	5.0%		
二氯甲烷	3750	279	278	278	278	278	±0.18
三氯甲烷	295	808	808	787	779	796	±1.86
三氯乙烯	260	1574	1569	1506	1507	1539	±2.44
四氯化碳	65	1647	1621	1540	1547	1600	±3.32
一溴二氯甲烷	80	1119	1119	1061	1043	1082	±3.30

① 样品 5 mL，平衡温度 80°C，平衡时间 60 min，ECD 检测器。

是，图 4-3 仅显示了通常顶空精度内的随机变化。这些结果对 HS-GC 测定水中挥发性有机化合物（VOCs）具有重要意义，也是该技术的重要应用。

虽然稀释可以消除基质效应，但是稀释也会相应地降低顶空灵敏度。

将顶空瓶中的分析物全蒸发也可以消除基质效应。因为在这种情况下，两相间不再有任何分配比例。这项技术将在 4.6 节探讨。

尽管无机盐浓度低于 5%可能忽略基质效应，但是无机盐含量超过这个界限将会对结果有显著影响。为了证明这一点，制备浓度为 0.26 µg/mL 的三氯乙烯（TCE）水溶液，添加等体积样品（5 mL）到两个顶空瓶内。给其中一个瓶内添加 Na_2SO_4，使其浓度达到 20%。两个样品在 80°C 下振荡平衡 30 min，相同条件下分析它们，可得到以下峰面积值：

TCE 水溶液，不加盐：1738

TCE 水溶液，20% Na_2SO_4：2073

换句话说，从加盐水溶液得到的峰面积值比纯水溶液得到的峰面积值高出 19.3%。这个结果可以用顶空分析基本理论来解释：无机盐的添加减少了 TCE 在水中的溶解度，分配系数也减小，顶空瓶内顶空部分的 TCE 浓度相应增加。然而，也必须考虑到无机盐的添加量引起额外的体积效应及它对相比和灵敏度的影响；这一点在 2.3.4 节已经讨论过。

如果使用 MHE 技术对这两个样品进行彻底的气体提取（参考 5.5 节），它们总的峰面积实际上应该是相等的(分析物的含量和峰面积成正比,没有基质效应)。用 MHE 技术萃取 5 次得到的结果：

TCE 水溶液，不加盐：3546

TCE 水溶液，20% Na_2SO_4：3647

这两个测试结果相差仅 2.8%。

4.5.3　人为制造基质

当基质主要组分的浓度已知，其它少量的成分可以忽略时，可以人为制造基质。一个典型的样品就是酒精饮料成分的调查。既然在饮料中乙醇和水的浓度是已知的，可以制备一个相同乙醇含量的水溶液作为模拟基质。图 5-8 表述了假酒中乙醇的测定。

4.6　分析物完全蒸发的方法

使顶空瓶内的分析物全蒸发可以消除基质效应。充分减少样品体积和选择合适的平衡温度可以得到以上结果，这可以用公式（2.12）来解释：

$$K = \frac{W_S}{W_G} \times \beta \qquad (2.12)$$

式中，W_S 和 W_G 分别代表平衡后分析物在样品和气相中的含量；β 是相比，为样品瓶中顶空体积（V_G）与样品体积（V_S）的比值：

$$\beta = \frac{V_G}{V_S} = \frac{V_v - V_S}{V_S} \qquad (2.3)$$

V_v 为顶空瓶的体积。样品体积大幅减少（减少到几微升）将会引起相比显著性增加❶。给定温度条件下，分配系数是恒定的；因此，若相比 β 增加，W_S/W_G 会同时相应地减少，因为 $W_S + W_G$ 是常数，仅通过增加 W_G，就会导致 W_S 同时减少，甚至接近零。此时温度升高，分配系数减小，将会进一步加速这一过程的完成。

这个方法可以达到两个方面的目的：将分析物全部蒸发，和/或将整个样品分为两组。

4.6.1 全气化技术（TVT）

包含基质成分在内的整个样品将会气化，不再有顶空部分和浓缩相：在瓶内的唯一相就是气相，样品瓶仅是一个容器而已。因此，样品瓶内分析物的浓度为：

$$C_G = W_o / V_v \qquad (4.9)$$

式中，V_v 是样品瓶体积；W_o 是原始样品中分析物的含量。将这个方法称为全气化技术（TVT）。

TVT 特别适用于气体校正标准的制备。这种气态标准物质的原位制备可以使实验员避免储存在玻璃或金属容器中的低浓度标准气体混合物带来的一些问题。另外，由于样品瓶可以高温加热，将样品瓶中几微升化合物或它的稀释溶液气化，可以轻松地将常温下为液体的物质制备成气体标准物质。通过适当选择注入小瓶的溶液中的分析物浓度，也可以获得 μg/L 范围内的气体浓度。

值得注意的是，尽管可以预测适当的高温下可以发生瞬间的全气化（与用注射器向 GC 进样器注入液体样品时的瞬时气化相同），但事实也不完全如此。现在发现，即使小瓶温度高于样品成分的沸点，在小瓶中静态条件下的气化也需要一些时间。出于这个原因，使用 TVT 时，也需要一定程度的平衡时间。

理所当然地，由于气体的浓度不应该超过饱和蒸气的浓度，所以蒸发液体样

---

❶ 使用体积为 22.3 mL 的样品瓶，如果样品体积为 2 mL，则 $\beta = 10.15$。另一方面，样品体积为 10 mL，$\beta = 2229$，代表着增加了 220 倍。

品的量是有限的；另外，浓缩相也将形成。

　　关于 TVT 技术允许的样品体积，在下文中有一个粗略的评估。气体的摩尔体积为 22.4 L［在 0℃ 和 101.325 kPa（1 atm）下］，本文中顶空瓶的标准体积为 22.3 mL。这就意味着一个顶空瓶大约能装 1 mmol 体积的样品。那么对于水溶液，相应地可装 18 mg（18 μL）。由于空气本身的湿度❶，瓶内的空气已经包含一些水分，水在高温下变成蒸汽体积膨胀，应该减去 30% 的体积。因此，如果使用 TVT 时，水溶液体积不能超过 13~15 μL。粗略估计 1 mmol 的溶剂推荐添加 70% 的体积。

　　使用 TVT 时，依据气体基本定律可更准确评估样品体积。但是，这也不是精确的，因为大部分样品是混合物，不是单一的化合物。

　　在探讨不同的定量方法（第 5 章）时，许多实例都会使用 TVT 制作外标蒸汽标准。

4.6.2 　全蒸发技术（FET）

　　显然，如果分析物从样品中完全转移到气相中，则基质不再影响相分布。 实际上，这是通过尽可能高地调节相比 β 来完成的。由于小瓶的体积是有限的，因此必须减小样品体积：这样通过相对大的气体体积提取小体积样品，并且在有利条件下可以实现彻底提取。Markelov 和 Guzowski [27] 将这个方法称为全蒸发技术（FET）。相比于之前讨论的 TVT，一些基质成分仍旧以凝聚态存在。但是，在瓶内的残留物对分析物在瓶内的分布没有更多的影响。换句话说，尽管顶空瓶内所有的分析物分子应该都进入至顶空部分，样品中残留的分析物浓度接近于 0，但是我们仍然可以认为这是一个顶空分析，因为样品瓶内还存在两相。

　　分析物分子间不再有两相分配，$K \to 0$，在瓶内顶空部分分析物浓度为：

$$C_G = \frac{W_o}{V_v - V_S} \tag{4.10}$$

式中，W_o 为分析物的总量；V_v 为瓶子体积；V_S 为瓶内样品相残留的体积。FET 的目的是使非挥发性物质的体积变得微不足道，那么等式（4.10）就等同于等式（4.9），因此，在理想情况下 FET 近似于 TVT。

　　如前所述，FET 假定完全蒸发分析物，这个假设能否成立依赖于相比和分配系数，可以用萃取率来表示它们之间的这个关系。萃取率大于 90%（较好的大于 95%），这个假设将成立。接下来，表 4-4 给出了不同样品体积（相比值）和分配系数的萃取率。分配系数 K 值高，则需要非常少的样品体积就可以有很好的萃取

---

❶ 20℃的饱和水密度为 0.0173 mg/mL（参见表 2-1）。 因此，体积为 22.3 mL 的空瓶将含有 60% 湿度（22.3×0.0173）×0.6 mg=0.231 mg 的水。

率：例如，当 K=500 时，20 μL 的样品仅有 69%的萃取率。当 K 的值低（分析物在基质中溶解度低）时，可能需要用大体积的样品；但是，顶空内分析物浓度不能超过它的饱和蒸气压，分析物的其余部分仍旧保留在基质中。因此，当样品基质也可以蒸发（比如水溶液）时，FET 可以得到更好的应用。这样可以避免浓缩相的形成，这些浓缩相是非挥发性物质，作为干燥、无吸附性的、惰性固体残留在基质里（参考第 6 章，图 6-6）。

表 4-4 不同 K 值和 β 值的 FET 萃取率（样品瓶体积为 22.3 mL）

样品体积	10 mL	5 mL	2 mL	1 mL	100 μL	50 μL	20 μL	10 μL	5 μL
相比 β	1.23	3.46	10.15	21.3	222	445	1114	2229	4459
K	萃取率/%								
0.1	92.48	97.19	99.02	99.53	99.95	99.98	99.99	99.99	99.99
1.0	55.16	77.58	91.03	95.52	99.55	99.78	99.91	99.96	99.98
10	10.95	25.71	50.37	65.01	95.57	97.80	99.11	99.55	99.78
100	1.22	3.34	9.21	17.56	68.94	81.65	91.76	95.71	97.81
500	0.25	0.69	1.99	4.08	30.74	47.09	69.02	81.68	89.92

FET 的另一个局限性就是顶空灵敏度。前面已有简短叙述（4.6.4 节），常规顶空分析通常比 FET 或 TVT 有着较高的灵敏度。除了分配系数非常高的时候。

Kolb 给出了一个有关 FET 的举例[28,29]，描述了气雾包装产品中气雾推进剂和挥发性溶剂的定量分析过程。将一部分液化均一的样品转移到顶空瓶中：挥发性化合物在瓶内完全蒸发，然而像表面活性剂、树脂、其他原料组成成分的非挥发性样品成分会残留在顶空瓶内。FET 的另一个例子就是聚合物分散体中单体和溶剂残留的测定。使用标准顶空气相色谱测定时，顶空瓶内存在一个三相系统（聚合物液滴+水相+气相）。制备一个不含有单体的水性分散体外标校正曲线是很困难的。因此将使用液体处理方法这个经典技术。例如，这个分散体可能溶解在 DMF 里，这个均一的溶液可看作液体样品[7]。这个处理方法对于 100 μg/mL 以上的样品效果很好。但是，测定更低浓度的，稀释过的溶液时，这个处理方法并不尽如人意。

有两种方法可选择。一种是 FET 技术；另一种就是使用没有溶解的分散体（参考 4.1.3 节和图 4-4），通过标准加入法校正。这个方法将在后面讨论（5.4 节）。使用 FET 技术处理三相系统，在 130°C 下将含所有挥发性分析物的水相蒸发，聚合物作为固相保留在瓶内。图 4-8 中显示了这个应用的实际色谱图：仅有 20 mg 的聚合物分散体在顶空瓶内，挥发性组分和水在 130°C 的恒温器中被蒸发掉。

使用 FET 技术时有一个实际问题应该考虑到，瓶内的残留物是否引起吸附效应。这个问题可以在 MHE 技术中测试。如果通过 TVT 技术制作气体外标标准曲

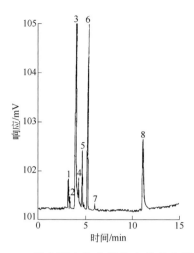

图 4-8 PET 测定聚合物分散体中单体和溶剂残留

　　HS 条件：样品 20 mg；平衡时间 30 min；平衡温度 130℃

　　GC 条件：分析柱—熔融石英开管柱，尺寸 50 m×0.32 mm×1 μm，固定相涂层为 7%氰丙基-7%苯基-86%甲基聚硅氧烷。柱温—在 70℃ 下保持 8 min，以 10℃/min 升到 90℃。分流进样；FID 检测器

　　峰（浓度，μg/g）：1—乙醛（16.2）；2—氯乙烯（14.5）；3—乙醇（251）；4—异丙醇（12.7）；5—叔丁醇（44.2）；6—乙酸乙烯酯（151）；7—乙酸乙酯（6.8）；8—丙烯酸丁酯（96）

线并分析样品，使用 MHE 技术在同样的条件下分析同一个样品，可得到两条同等状态下的平行线［参考图 5-15（e）］。就是说在使用气体外标标准曲线时，完全蒸发样品中分析物是没有残留效应的。如果这一点被证实，这样的系统可以用气体外标标准曲线来分析（参考 5.3 节）。另外，如果样品的分析结果表明是非线性行为［参考图 5-15（f）］，说明有悬浮颗粒的次级效应产生。瓶内残留的吸附效应的例子将在第 6 章介绍（参考图 6-6）。

4.6.3　FET 技术中萃取率的计算

　　FET 技术中的萃取率 $Y\%$ 是分析物在气相的含量 W_G 与分析物在原始样品中的总量 W_o 的比值乘以 100：

$$Y\% = \frac{W_G}{W_o} \times 100 \tag{4.11}$$

　　方程（2.12）中分配系数表示为：

$$K = \frac{W_S}{W_G} \times \beta \tag{2.12}$$

式中，W_S 和 W_G 分别代表平衡时样品相的分析物和顶空部分的分析物。因此 $W_o = W_S + W_G$，那么方程（2.12）可写作为：

$$K = \frac{W_o - W_G}{W_G} \times \beta \tag{4.12}$$

则

$$W_o = W_G \times \left(\frac{K}{\beta} + 1 \right) \tag{4.13}$$

代入（4.11）得到

$$Y\% = \frac{100}{\dfrac{K}{\beta} + 1} \tag{4.14}$$

表 4-4 列举了不同 K 值和 β 值计算出的 FET 萃取率，顶空瓶体积 22.3 mL，分配系数从 0.1 到 500，样品体积从 5 μL 到 10 mL。依据之前原有的关系式（2.2）和式（2.3）计算出相比：

$$\beta = \frac{V_G}{V_S} = \frac{V_v - V_S}{V_S} \tag{2.3}$$

式中，V_v，V_G，V_S 分别为瓶子体积、气相体积和样品相体积。

4.6.4　顶空灵敏度的对比

通过标准顶空技术获得的结果可以对 TVT 或 FET 技术的检测灵敏度进行简明地比较。为了进行比较，我们采用一个浓度为 1000 ng/mL 的水样。

首先，对于 TVT 或 FET，加入 15 μL 的水溶液到体积为 22.3 mL 的顶空瓶内，15 μL 的液体包含 15 ng 的分析物，那么它在顶空瓶的气相浓度为 15 ng/22.3 mL = 0.673 ng/mL。

对于标准顶空分析，假定将浓度为 1 μg/mL 的 5 mL 溶液加入到顶空瓶内。分析物在顶空部分的浓度 C_G 跟它在样品中的原始浓度（C_o=1000 ng/mL）、相比（β=3.46）和分配系数 K 有关，顶空分析基本关系式为：

$$C_G = \frac{C_o}{K + \beta} \tag{2.19}$$

给出五个分配系数 K 值，计算其 C_G 值如下：

K	C_G/(ng/mL)
1	224
10	74.3
100	9.7
500	2.0
1000	1.0

如果将 TVT 或 FET 获得的结果与气相浓度 C_G=0.673 ng/mL 相比较，将会发现常规顶空分析的灵敏度比全蒸发分析物（TVT 或 FET）的方法灵敏度要高。在有极高分配系数值的情况下，这两种技术的灵敏度是非常接近的。因此，一般情况下，使用全蒸发分析物方法的主要目的并不是要获得高的灵敏度，而是在于消除基质效应（伴随着定量分析校正的问题）或更容易地制备已知（或非常低）分析物浓度的气体标准曲线。

参 考 文 献

[1] L. S. Ettre, C. Welter and B. Kolb, Chromatographia 35, 73-84 (1993).

[2] B. Kolb, C. Welter, and C. Bichler, Chromatographia 34, 235-240 (1992).

[3] B. Kolb, P. Pospisil, and M. Auer, Chromatographia 19, 113-122 (1984).

[4] ASTM E 1142-93b: Standard Terminology Relating to Thermophysical Properties.

[5] M. Hoffmann, H. Kröner, and R. Kuhn, Polymeranalytik, Vol. I., Georg Thieme Verlag, Stuttgart,1977.

[6] W. P. Brennan, Thermal Analysis Study No. 7, Perkin-Elmer Corporation, Norwalk, CT, 1973.

[7] H. Hachenberg and A. P. Schmidt, Gas Chromatographic Headspace Analysis, Heyden & Son, London, 1977, pp. 47-50.

[8] S. J. Romano, Anal. Chem. 45, 2327-2330 (1973).

[9] A. R. Berens, L. B. Crider, C. J. Tomanek, and J. M. Whitney, J. Appl. Polym. Sci. 19, 3169 (1975).

[10] ASTM D 4740-93: Standard Test Method for Residual Vinyl Chloride Monomer in Poly(vinylchloride) Resins by Gas Chromatographic Headspace Technique.

[11] L. Rohrschneider, Z. Anal. Chem. 255, 345-350 (1971).

[12] U.S. Pharmacopeia XXIII. Organic Volatile Impurities (467), Method IV, 1995, pp. 1746-1747.

[13] R. J. Steichen, Anal. Chem. 48, 1398-1402 (1976).

[14] ASTM D 4322-83(91): Standard Test Method for Residual Acrylonitrile Monomer in Styrene-Acrylonitrile Copolymers, and Nitrile Rubber by Headspace-Gas Chromatography.

[15] ASTM D 4443-84(89): Standard Test Method of Analysis for Determining the Residual Vinyl Chloride Monomer Content in ppb Range in Vinyl Chloride Homo, and Copolymers by Headspace-Gas Chromatography.

[16] B. Kolb, LC/GC International 8, 512-524 (1995).

[17] J. P. Hsu, G. Miller, and V. Moran III, J. Chromatogr. Sci. 29, 83-88 (1991).

[18] G. Machata, Arbeitsmed., Sozialmed, Präventivmed. 21, 5-7 (1986).

[19] B. L. Karger, L. R. Snyder, and Cs. Horva´th, An Introduction to Separation Science, Wiley, New York, 1973, pp. 67-68.

[20] M. Dong, A. H. DiEdwardo, and F. Zitomer, J. Chromatogr. Sci. 18, 242-246 (1980).

[21] Courtesy of F. Kurt Retsch GmbH & Co., D-42759 Haan, Germany.

[22] ASTM F 151-86(91): Standard Test Method for Residual Solvents in Flexible Barrier Material.

[23] Methode zur Bestimmung von Restlösemitteln in lackierten Aluminiumfolien, Merkblatt 57, Verpack. Rundschau, 7, 56-57 (1989).

[24] Merck-Schuchard, Chemikalien zur Synthese, Manual 94=96, Dr. Theodor Schuchard & Co., Hohenbrunn, Germany, 1994.

[25] M. DeSmet, K. Roets, L. Vanhoof, and W. Launvers, Pharmacopeial Forum 21, 501-514 (1995).

[26] Z. Pelton, HRC 15, 834-836 (1992).

[27] M. Markelov and J. P. Guzowski, Anal. Chim. Acta, 276, 235-245 (1993).

[28] B. Kolb, Aerosol Report 24, 619-632 (1985).

[29] B. Kolb, Aerosol Age, pp. 42-62, April 1986.

第 **5** 章
顶空的定量分析方法

虽然顶空-气相色谱法可用于定性分析（见第 8 章），但是其主要应用还在于对液体、固体和气体样品中挥发性成分的定量检测。顶空-气相色谱法是对样品瓶上部空间部分进行分析。在实际操作过程中，气相色谱的一般定量分析方法都可用于顶空-气相色谱。我们可以使用内标归一化法和内标法、外标法进行色谱分析。此外，还有两种特定的加入法用于顶空-气相色谱。第一种，标准加入法，将已知量的分析物加入实际样品中，根据增加的峰面积来确定原有目标物中的分析物的浓度（质量）。第二种，多级顶空萃取法（MHE）。类似于全气体提取，MHE 是通过几个步骤分步提取，最终通过已建立的几何级数关系来计算总分析物含量。

在第 4 章中我们提到，样品中高挥发性分析物可以被完全蒸发出来。这种情况下，顶部空间包含了所有的分析物。这就是全气化技术（total vaporization technique，TVT）或全蒸发技术（full evaporation technique，FET）。因此，顶空瓶也可作为气体样品的取样器。这三种情况下，所有分析物分子存在于顶空瓶的气相中，在检测时不涉及（不同相之间的）分配。因此，这些情况下甚至可以使用内部归一化法进行测定，而这个方法在其它的顶空分析实际操作中意义不大。

通常情况下，假设在顶空部分实际转移到色谱柱之前已经在样品瓶中达到平衡。然而，在一些情况下，未达到平衡时已经开始分析了，未平衡分析的应用在第 7 章讨论。

气相色谱中的定量分析总是取决于校准，当使用外部标准或标准添加法时，它基于两个独立获得的色谱图的比较。这种情况下，保证采样的重现性是一个重要问题。利用广泛使用的微量注射器手动进样重现性较差，气相色谱分析通常优先选择内标法进行分析，同样该方法也适用于顶空-气相色谱。使用目前可用的自动采样系统，包括具有高精度的自动顶空进样器，其它校准技术应更频繁地应用。但是对于顶空-气相色谱，取样精度还需要进一步的明确。

对于顶空-气相色谱，要求高精度的将顶空瓶中的气体等量的转移到色谱柱中，因此，最重要的问题就是，样品本身在样品瓶中的可重复性以及样本体积的变化（相比，β）对整体精度的影响。我们在 2.3 节中讨论了这种复杂的关系：正如那里所解释的，在具有高分配系数的分析物中（即在样品基质中具有高溶解度），可忽略样品体积的微小差异。另一方面，如果化合物分配系数较小（即，高挥发性和较差的溶解度），则要求标准曲线和待测物的取样量具有高的重现性。尽管通常情况下待测物的分配系数是未知的，但保证样本量的重现性对于定量分析是十分必要的。

在随后的章节中将对定量分析中使用的方法进行概述；在讨论中我们会提到分析物或者标准物的"量"。然而，根据校准方法，数量也可能意味着浓度；后者可以基于质量/质量或质量/体积表示。与之类似，我们也常提到峰面积 A，或者，在某些情况下，也会使用峰高。样品这个术语通常是指原始样品，下标 o 为该样品相关的数据，与标准物相关的数据下标为 st，同样，外标相关的数据下标为 ex。

5.1 内部归一化法

顶空分析通常用来测定样品中挥发性成分的量（浓度），而样品基质中包含了低挥发性成分和不挥发性成分。因此，通过内部归一化来建立样品的总组成，几乎是没有任何意义的，有两种情况除外：一、当我们只对样品的气相组成感兴趣；二、挥发物完全蒸发到小瓶的气相中。

内部归一化法是指，确定峰面积总和后对每种成分的相对含量进行计算：

$$A_1 + A_2 + \cdots + A_i + \cdots + A_n = \sum_{i=1}^{n} A_i \tag{5.1}$$

$$A_i\% = \left(A_i \bigg/ \sum_{i=1}^{n} A_i \right) \times 100 \tag{5.2}$$

假设各个化合物等量（浓度）时具有相同的峰面积，每个组分浓度为 $A_i\%$。

表 5-1 和图 5-1 的例子描述了 4000 m 深油井中低碳烃的检测。将洗脱低碳烃的色谱柱进行反冲，得到的多碳烃为复合峰。

在上述例子中，我们假设峰面积的百分比等同于浓度，在研究过程中，如果分析物化学性质类似或具有较高的分子量（碳链长度>C_6），这种假设是成立的。然而事实却不尽如此。在许多情况下，往往不同的分析物即便量（浓度）一致，其峰面积也不相同。也就是说，浓度与面积成正比：

$$C_i = f_i A_i \tag{5.3}$$

但是每种化合物的因子 f_i 都是不同的：它是物质特定的校准因子。因此我们称 $f_i A_i$ 为折合峰面积，与公式（5.1）类似，可以写为：

$$A_1 f_1 + A_2 f_2 + \cdots + A_i f_i + \cdots + A_n f_n = \sum_{i=1}^{n} A_i f_i \tag{5.4}$$

$$C_i\% = (A_i f_i)\% = \frac{A_i f_i}{\sum_{i=1}^{n} A_i f_i} \times 100 \tag{5.5}$$

只有当挥发性待测物完全挥发时（如通过 TVT 或者 FET），校正因子 f_i 与响应因子（RF）才会一致，响应因子反映了不同检测器对不同化合物的响应差异，对于 HS-GC，它们也包括了液体或固体样品中挥发性成分的分配系数差异。因此，

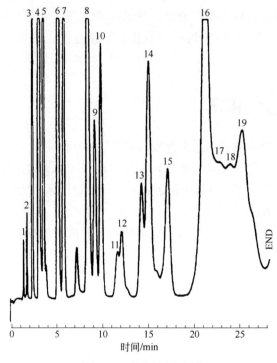

图 5-1　油井钻屑分析

HS 条件：样品 2.0 g，50℃下平衡

GC 条件：色谱柱为两根填充柱，尺寸为 6 ft×1/8 in（1.8 m×3.2 mm）外径，固定相为30%DC-200/500甲基硅氧烷，担体为洛姆沙铂 P（60/80 目）；反冲模式。柱温 120℃；FID 检测器。色谱峰相关信息见表 5-1

数据来源：Burton S. Todd，Perkin-Elmer Corporation，Norwalk，CT

表 5-1　油井钻屑中轻质烃的检测

峰序号	保留时间/min	化合物	峰面积值	面积比/%
1	1.51	甲烷	21640	0.217
2	1.90	乙烷	33656	0.337
3	2.50	丙烷	262156	2.625
4	3.20	异丁烷	2017484	20.204
5	3.72	正丁烷	342784	3.433
6	5.28	异戊烷	913254	9.146
7	5.92	正戊烷	364518	3.651
8	8.50	—	638412	6.393
9	9.25	—	218969	2.193
10	9.93	—	327769	3.183
11	11.81	—	75091	0.752
12	12.16	—	135692	1.359
13	14.38	苯	215692	2.160

峰序号	保留时间/min	化合物	峰面积值	面积比/%
14	15.12	—	586624	5.875
15	17.17	—	330880	3.314
16	21.28			
17	22.82			
18	24.00	反冲	4276069	34.811
19	25.32			
总值			10760690	99.753

注：色谱条件见图 5-1。

来源：Burton S. Todd，Perkin-Elmer Corporation，Norwalk，CT。

在顶空-气相色谱中命名为校正因子 f_i，以免与普通 GC 中的响应因子 RF 值相混淆。

校正因子可以通过检测含有两个或以上已知浓度（质量）成分的混合物得出。假设色谱峰面积与浓度之间成比例［如公式（5.3）］，可得：

$$\left. \begin{array}{l} C_1 = f_1 A_1 \\ C_2 = f_2 A_2 \\ \dfrac{C_1}{C_2} = \dfrac{f_1}{f_2} \times \dfrac{A_1}{A_2} \end{array} \right\} \qquad (5.6)$$

校正因子是一个相对值，因此我们可以将混合物中的一个指定为值 1，将其它成分相对这个值 1 得到的相对数值来表示其含量。我们把这个化合物称为标准，用下标为 st 表示，其它成分用下标 i 来表示。因此，当 $f_1 = f_{st} = 1.00$，$f_2 = f_i$ 时，

$$\frac{C_{st}}{C_i} = \frac{1.00}{f_i} \times \frac{A_{st}}{A_i}$$

$$f_i = \frac{C_i}{C_{st}} \times \frac{A_{st}}{A_i} \qquad (5.7)$$

例 5.1 说明了此类计算的过程，包括校正因子的测定。选择聚合物泡沫为样品，我们的任务就是确定其推进剂气体的浓度。采用的方法为全蒸发（FET）。气体混合物含有 3 个主要成分：异戊烷、正戊烷和 2-甲基戊烷，占 99.2%，其它成分含量很少，因此只确定 3 个主要成分的校正因子，其它成分假设其校正因子 $f = 1.000$。

【例 5.1】

（1）校正因子的确定　3 种碳氢化合物等体积混合，取 4 μL 混合物在空顶空

瓶中，于 80℃ 下进行全气化（TVT），在下述条件下进行分析。使用公式（5.7）计算校正因子，正戊烷为标准物质。表 5-2 给出相关数据。

表 5-2　例 5.1 中三个碳氢化合物校正因子的测定

化合物	体积/μL	密度/(g/mL)	实际质量/mg	峰面积[①]（量）	校正因子
正戊烷	1.333	0.625	0.833	437270	1.000
异戊烷	1.333	0.621	0.828	431306	1.008
2-甲基戊烷	1.333	0.672	0.896	454453	1.035

① 3 次平行测定的平均值。

（2）样品分析　取 4.3 mg 聚合物样品于顶空瓶中，120℃ 下使用全蒸发（FET）技术恒温 45 min。气相条件参考图 5-2。

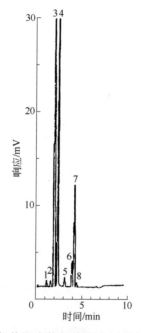

图 5-2　推进剂气体混合物组成测定（详细说明见例 5.1）

　　HS 条件：样品—4.3 mg 聚合物。平衡条件—120℃ 下平衡 45 min

　　GC 条件：色谱柱—50 m×0.32 mm 内径，开管熔融石英毛细管柱，涂布甲基硅键合固定相，膜厚 5 μm，柱温 80℃。不分流进样模式，FID 检测器

　　峰：1—异丁烷；2—正丁烷；3—异戊烷；4—正戊烷；5—2,2-二甲基丁烷；6—2,3-二甲基丁烷；7—2-甲基戊烷；8—3-甲基戊烷。定量数据见表 5-3

表 5-3 给出了测定结果和由公式（5.5）计算出的组分结果。

表 5-3 推进剂气体混合物中组分的测定（例 5.1）

成分	峰面积 A_i（值）	f_i	f_iA_i	质量分数/%
异丁烷	1614	1.000[①]	1614	0.05
正丁烷	1809	1.000[①]	1809	0.06
异戊烷	777993	1.008	784217	24.98
正戊烷	2276277	1.000[②]	2276277	72.50
2,2-二甲基丁烷	4912	1.000[①]	4912	0.15
2,3-二甲基丁烷	14684	1.000[①]	14684	0.47
2-甲基戊烷	51640	1.035	53447	1.70
3-甲基戊烷	2708	1.000[①]	2708	0.09
总值			3139668	100

① 因为该分析物浓度很低，假设其校正因子 f=1.000。

② 标准物。

5.2 内标法

内标法是指将一个已知量（浓度）的标准物质加入样品中，样品中必须不含有该标准物质，且不含有与该标准物质在色谱图中具有相同保留时间的化合物。从公式（5.7）可以得出：

$$C_i = C_{st}f_i \times \frac{A_i}{A_{st}} \qquad (5.8)$$

如果顶空瓶中的样品包含液体或者固体，校正因子 f_i 不仅仅包含不同检测器的影响还包括待测物在样品和内标之间分配系数的差异。

在一系列检测中，标准物浓度固定不变，因此，$C_{st}f_i$ 的值是一个常数，在这里可将此值作为一个混合校正系数 f_c，

$$f_c = C_{st}f_i \qquad (5.9)$$

则公式（5.8）变为：

$$C_i = f_c \times \frac{A_i}{A_{st}} \qquad (5.10)$$

与其它定量计算方法相比，内标法的优点是双重的。检测一次即可，而不是两次或多次；并且，与外标法（见 5.3 节）相比，只要选择合适的化合物作为内标，样品基质的微小改变所带来的影响就可以消除。例如，在血液中酒精含量的测定中，不同血液样品中盐和脂肪的含量会有微小的差异，如果我们选择在标准

血液样品中加入已知浓度的乙醇作为外标，而实际血液样品的组成（其盐或者脂肪含量）可能会与标准样品不同，那么两个样品中乙醇的分配系数可能不同。另一方面，如果我们应用内标法，用另一种醇作为内标，由于它们具有相同的化学极性，该醇具有与乙醇相同的基质效应，因此就对基质差异进行了补偿。这种情况类似于，同类样品其湿度不同时，内标会消除这种不同带来的影响。

当然，这也就意味着，选作内标的化合物应与目标物极性尽可能接近，这与通常气相色谱法中使用的内标是截然不同的。一般气相色谱法要求选择的内标化合物与其它组分化学性质不同。

在一些情况下，特别是在官方验证方法中，在使用外标法进行定量的同时会在样品中加入内标。如果基质的改变对实验结果有影响，那么其与内标峰的相对值是显而易见的，由此可以判断是否需要消除这种基质影响。

虽然内部标准的优点是只需要一次测定，但我们不要忘记，校准因子仍然需要单独确定，这也表示会有额外的测定工作。此外，要确定校正因子，必须保证基质具有好的重现性，而这一点很难做到。解决这个问题的一种方法是将样品不断稀释，直到稀释液的基质效应达到实际测定的需求，可以忽略不计为止。一个很好的例子是血液中酒精测定的改进方法，不久将会讨论。

而内标法的一个显著缺点是向每个样品中加入内标是费时费力的，且很容易受干扰导致误差，特别是当样品中含有易挥发性成分时。通常情况下，在生产现场使用顶空瓶取样时，由于是非专业人员取样，如果加入内标，则快速密封样品瓶不是太容易。因此，只有在其它方法不易建立或太耗时的情况下才采用内标法。

最后，应保证内标峰在色谱图中与其它峰有足够的分离度。

下面的例子为采用四氯乙烯作内标检测明胶胶囊中三氯乙烯的残留量，同时说明了校正因子的确定。首先要找到不含有三氯乙烯的胶囊作为基质，而这种"纯"胶囊并不存在，因此我们首先通过 MHE（见 5.5 节）清除三氯乙烯。随后向胶囊上加水，加热至 110°C 溶解，对溶液进行检测。加水的另一个原因是，在采用 MHE 法除去三氯乙烯时，大部分水也随之挥发，这种"干"胶囊与实际检测的胶囊基质有所不同，通过加入过量的水到标准样品和实际样品中来消除这种差别。

【例 5.2】

（1）校正因子的确定　一个纯明胶胶囊与 1 mL 水加入到顶空瓶中，同时加入 5 μL 浓度为 0.5% 的三氯乙烯（36.25 μg）和四氯乙烯（40.5 μg）的溶液。在 110°C 下平衡 1 h。得到色谱峰面积值，三氯乙烯为 882610，四氯乙烯为 2393235。将公式（5.7）中浓度改为质量（W）计算得：

$$f_i = \frac{W_i}{W_{st}} \times \frac{A_{st}}{A_i} = \frac{36.25}{40.5} \times \frac{2393235}{882610} = 2.427$$

（2）样品分析 胶囊样品（1.31 g）与 1 mL 水同时置于顶空瓶中，加入 2 μL 含 0.1%的四氯乙烯的环己烷溶液（3.24 μg）。平衡条件如上。图 5-3 为测定得到的色谱图，图注为色谱条件。得到的色谱峰值为：C_3HCl_3，64312；C_2Cl_4，307646。通过公式（5.8）计算可以得到三氯乙烯的值为：

$$W_i = W_{st} \times f_i \times \frac{A_i}{A_{st}} = 3.24 \times 2.433 \times \frac{64312}{307646} \text{μg} = 1.648 \text{μg}$$

胶囊中含有三氯乙烯浓度为 1.26 μg/g，这个结果与之相符。

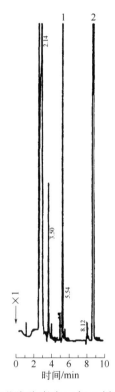

图 5-3 明胶胶囊中三氯乙烯残留检测

说明：方法采用四氯乙烯作为内标，具体操作见例 5.2

HS 条件：样品为 1.31 g 胶囊+1 mL 水+2 μL 0.1%的四氯乙烯环己烷溶液（四氯乙烯含量 3.24 μg）。110°C 下平衡 1 h

GC 条件：50 m×0.32 mm 内径的开管熔融石英毛细管柱，涂布 5%苯基甲基硅树脂固定相，膜厚 1 μm。柱温 80°C。ECD 检测器

峰辨认：1—三氯乙烯；2—四氯乙烯

5.2.1 血液中酒精的测定

HS-GC 最著名和最广泛使用的应用可能是测试汽车驾驶员在醉酒驾驶时血液

中的乙醇含量。传统方法由 G. Machata[1]开发于 1964 年，代表了使用 HS-GC 进行定量分析的开始，在随后的几年里，该方法也在不断的改进[2,3]。如今，Machata 法在许多国家为标准方法（例如见文献[4]）。

初始的 Machata 方法中，取 0.5 mL 血液加入 0.1 mL 叔丁醇标准溶液作为内标，混合溶液在 60℃ 下平衡 20~30 min。采用之前介绍的常规方法进行计算，然而，与采用血液和血液的重量（1.057 g/mL）相比，这种测定条件下的校准因子还包含与水溶液中醇的蒸气压差异相关的额外校正（用于建立校准因子），因为样品进入小瓶的方式是移取而不是称重。

在现今使用的改良方法中，取用更少量的样品，只有 0.1~0.5 mL，采用过量的内标水溶液稀释（一般为 1∶5 或 1∶10），通过稀释血液基质的方法消除基质不同所产生的影响。

除了叔丁醇，正丙醇有时也被用作内标来测定血液中酒精的含量。气相色谱使用的色谱柱的分离特性决定了采用哪种内标。图 5-4 表示了使用正丙醇作为内标得到的色谱图。

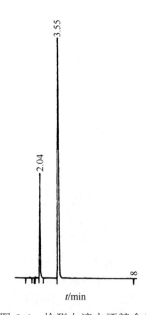

图 5-4　检测血液中酒精含量

HS 条件：样品—0.5 mL 血液按 1∶5 比例使用 4 mg/mL 正丙醇水溶液进行稀释。55℃ 下平衡 12 min

GC 条件：色谱柱—30 m×0.53 mm 内径，开管熔融石英毛细管柱，涂布甲基硅树脂固定相，膜厚 3 μm。柱温 45℃。载气为氢气，流速 7.5 mL/min。FID 检测器

峰：乙醇（2.04 min）；正丙醇（3.55 min）。

来源：参考文献[4] Brown D J, Long W C. Quality control in blood alcohol analysis: simultaneous quantitation and confirmation[J]. Anal Toxicol, 1988, 12(5): 279-283

5.3 外标法

外标法中，待测样品与标准样品需要有同样的基质，通过与已知浓度的标准样品对比分析待测样品。峰面积和物质质量（浓度）成正比，因此很容易通过两个标准溶液的峰面积和量（浓度）计算出待测物的量（浓度）。因为两种样品含有相同的分析物，因此校正因子是一样的，所以：

$$\frac{C_{i(\text{ex})}}{A_{i(\text{ex})}} = \frac{C_{i(\text{o})}}{A_{i(\text{o})}} \tag{5.11}$$

$$C_{i(\text{o})} = C_{i(\text{ex})} \times \frac{A_{i(\text{o})}}{A_{i(\text{ex})}} \tag{5.12}$$

在这些公式中，下标（ex）代表外标，下标（o）代表实际样品。两者必须在相同条件下进行检测。

外标法有许多优点。例如，当样品中成分复杂，色谱峰"较拥挤"时，无法提供足够的空间给内标峰，或者出于其它原因，我们不能在样品中加入一个新化合物（标准）时，都可采用外标法。当较大量样品需要进行相同的定性分析不同的定量分析时，采用外标法是十分方便的。在这种情况下，只需一个外标就可进行一系列的检测。

外标法的主要问题是需要保证样品基质的重现性。这个问题已在 4.5 节进行讨论，我们想再次引起读者对该讨论的关注。

在这里举出 4 个例子说明与外标法相关的各种问题。外标法的相关计算很简单，在这里不做详述。

图 5-5 表示的是一个常见的较干净的基质。不含挥发性芳香烃的新发动机油可作为制备这些化合物标准溶液的溶剂。这样的话，外标和实际样品就具有相同的基质，因此油中原有的化合物成分如果略有变化也可以忽略。

图 5-6 是另一个基质较为干净的例子。它展示了 20 世纪 80 年代顶空气相色谱的一个重要应用：橄榄油中痕量四氯乙烯的检测（0.9 μg/mL）。在这个例子中，不含有溶剂残留的纯橄榄油较容易得到，可被用来制备外标。

第 3 个例子说明了通过稀释可以消除样品基质干扰。电镀液（阳极）中含有的不挥发性成分如盐、洗涤剂和色素会影响其它挥发性有机化合物的分配。由于残余吸附效应，首次尝试应用全蒸发法（FET）没有成功（参见第 6.4 节）。然而，目标挥发性成分浓度足够高，可以使用水进行 1∶10 的稀释，通过这种方式将基质效应消除。其色谱图如图 5-7 所示，由于检测器衰减是×32，因此更高的稀释倍

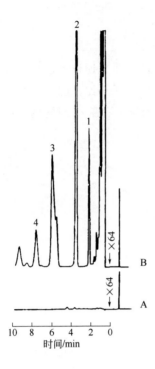

图 5-5　检测发动机油中的芳香烃

曲线：A—指不含有芳香烃的新发动机油；B—指使用后的机油

HS 条件：1 mL 样品在 60℃ 下平衡 30 min

GC 条件：色谱柱—2 m×（3.2 mm）外径，填充柱；担体—Celite 60~80 目硅藻土；固定相—15% 聚乙二醇。柱温 75℃。FID 检测器

峰辨认：1—苯；2—甲苯（0.1%，质量分数）；3—对二甲苯/间二甲苯；4—邻二甲苯

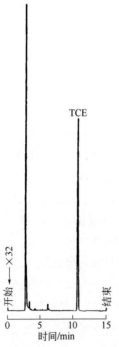

图 5-6　使用外标法测出橄榄油中四氯乙烯（TCE）残留量为 0.9 μg/mL

HS 条件：取 5 mL 样品在顶空瓶中于 80℃ 下平衡 30 min

GC 条件：色谱柱—50 m×0.32 mm 内径的开管熔融石英毛细管柱，涂布甲基键合硅胶固定相，膜厚 1 μm。柱温 70℃。ECD 检测器

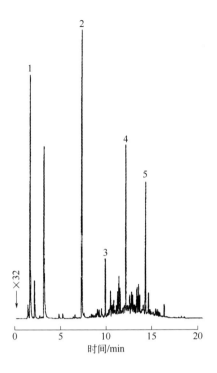

图 5-7　检测阳极电镀液中的挥发性有机化合物

HS 条件：将样品按 1∶10 用水稀释，取 2 mL 稀释溶液进行分析。在 90℃ 下平衡 60 min

GC 条件：色谱柱—25 m×0.25 mm 内径的开管熔融石英毛细管柱，涂布甲基键合硅胶固定相，膜厚 1 μm。柱温—50℃ 保持 2 min，以 8℃/min 升温至 180℃。分流进样。FID 检测器

峰辨认（在原样品中的浓度）：1—异丙醇（0.03%）；2—乙二醇丁醚（0.33%）；3—正癸烷；4—正十一烷；5—正十二烷。"烃油"的总量（即 2 号峰之后的所有峰）是 0.2%

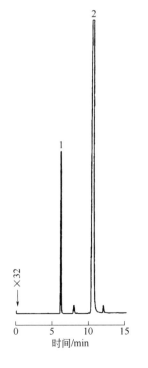

图 5-8　使用外标法检测假酒中的甲醇

HS 条件：5 mL 样品在 60℃ 下平衡 30 min

GC 条件：色谱柱—两根 25 m×0.32 mm 内径的开管熔融石英毛细管柱，涂布甲基键合硅胶固定相，膜厚 1 μm。需配置反冲。柱温 60℃。FID 检测器

峰：1—甲醇（质量浓度 0.2%）；2—乙醇

数也是允许的。此处基质效应可以忽略不计，所以可使用分析物的简单水溶液作为外标。

最后一个例子（图 5-8）说明的是假酒中甲醇含量的测定。酒可被看做一种稀释的水溶液，其中会影响甲醇分配系数的主要成分就是水和乙醇，所以，采用含有 0.2%（质量浓度）甲醇的 10%乙醇水溶液作为外标。因为只关注甲醇峰，在洗脱后将色谱柱反冲以加快分析速度。

5.4 标准加入法

在标准加入法中，原始样品和加入已知量目标物的样品，所有的测量都在相同条件下进行。

标准加入法是顶空测量的一个通用方法，在顶空定量分析的早期也被作为推荐方法得到广泛认可[5]。由于检测是在相同基质下进行，响应（校正）因子无需确定。根据峰面积和待测物含量成比例的关系，可直接算出待测样品中目标物的含量。

5.4.1 单次添加

首先，我们对原样品和添加了已知量分析物的样品进行检测，并对测定结果进行考察比较。将初始含量设为 W_o，对应的峰面积设为 A_o。在原样品中加入待测化合物的量为 W_a，对应峰面积为 $A_{(o+a)}$，根据分析物量和峰面积之间的比例，可以得到：

$$\frac{W_o}{A_o} = \frac{W_o + W_a}{A_{(o+a)}} \tag{5.13}$$

所以：

$$W_o = W_a \frac{A_o}{A_{(o+a)} - A_o} = W_a \frac{A_o}{\Delta A} \tag{5.14}$$

在这里

$$\Delta A = A_{(o+a)} - A_o \tag{5.15}$$

如果将一定量的分析物 W_a 作为溶液添加到第二个样品中，那么我们还必须向第一个（原始）样品中添加相同体积的溶剂（自然没有分析物），因为溶剂会改变相比和基质。

也可以相对于内标（这里我们使用术语"归一化标准"和符号 R）进行计算，其浓度在两个样品中保持恒定。在这种情况下，采用峰比取代峰面积绝对值，可得：

$$R_o = A_o / A_{st} \tag{5.16}$$

$$R_{(o+a)} = A_{(o+a)} / A_{st} \tag{5.17}$$

将其带入公式（5.13）可得到：

$$\frac{W_o}{R_o} = \frac{W_o + W_a}{R_{(o+a)}} \tag{5.18}$$

$$W_o = W_a \frac{R_o}{R_{(o+a)} - R_o} \tag{5.19}$$

归一化标准可能是一个样品成分，也可以作为溶液加入样品中。在这种情况下，必须再次强调要在第一个样品中加入同样体积的溶剂（不包含标准溶液），因为样品体积的一点点改变都会对相比和基质产生影响。任意一个出现在色谱图中的峰（除了待测物）都可被用作归一化标准，当然，在这种情况下，无需将溶剂添加到样品中。

图 5-9 表示按摩膏中樟脑的检测。在这里，色谱图中 9 min 出现的峰被用作归一化标准。

如果样品不均匀，那么选择一个组分作为归一化标准是十分有益的。这将在第 6 章（6.3 节）中说明，该方法涉及分析印刷的层压塑料薄膜中残留溶剂的方法。

5.4.2 标准加入法的处理

标准加入法有一个特别的优点就是，额外量的待测物既可被加入样品相也可加入样品瓶的气相中。这是因为平衡是一个双向过程：目标物分子从样品中向与其接触的顶空部分移动，同样也从顶空中平行运动进入样品中，两个运动在平衡中相互补偿。

为了理解这一过程，我们进行一个假想实验。在一系列顶空瓶中加入同样体积的纯基质，然后添加同样量的目标物至这些基质中❶。随后，我们将不同的瓶子在越来越长的时间条件下进行加热（例如：采用渐进工作模式），在加热后

---

❶ 我们假设添加的分析物的体积相对于原始基质的体积可忽略不计。

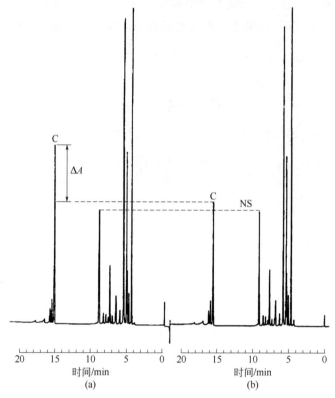

图 5-9　使用标准加入法检测按摩膏中樟脑含量

（a）1.0 g 初始样品；（b）1.0 g 加入 5 mg 樟脑的样品

　HS 条件：1.0 g 样品在 80°C 下平衡 1 h

　GC 条件：色谱柱—20 m×0.25 mm 外径的开管玻璃柱，涂布聚乙二醇固定相；膜厚 0.2 μm。柱温—以 5°C/min 的速率从 70°C 升至 150°C。FID 检测器

　符号：C—樟脑；NS—归一化标准；ΔA—指加入 4.0 mg 樟脑后增加的峰面积

将不同的瓶子进样分析。正如 4.1 节讨论的结果，在试验开始时瓶子的顶空部分中没有目标物，随着加热时间的增加，越来越多的目标物扩散到顶空部分直至平衡。从此，顶空部分（和同样相中）目标物的量（浓度）将保持不变，无论加热时间是否继续增长。图 5-10 中标记为 SPA（样品相添加）的较低曲线说明了这种情况。

　　接下来，重复实验系列，但现在将相同量的分析物添加到样品瓶的顶部空间。尽管开始时目标物在基质中（即样品相）不存在，但随后其便开始向基质扩散，造成的结果就是，顶空中待测物浓度会越来越小直至平衡。此后，不管加热时间有何变化，各个相中目标物的浓度将保持不变。图 5-10 的上部曲线就是这种情况，

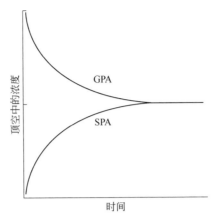

图 5-10　添加同等量待测物进入顶空瓶后的平衡
SPA—在样品相中添加；GPA—在气相（顶空相）中添加

标记为 GPA（气相添加）：如预期的那样，它与 SPA 曲线互呈镜像。在平衡时，两条曲线汇合。

重复上述过程，将含有已知量目标物的样品加到小瓶中，然后添加等分的目标物，无论等分目标物加在样品相还是气相部分，达到平衡时分布是相同的。

通常情况下，针对液体样品我们多采用 SPA 技术，这种情况下，添加的化合物能均匀地溶解在液体样品相中。GPA 技术特别适用于固体样品，其中例如浓度为几个 mg/kg 的单体机械混合到固体聚合物中实际上是不可能的。也就是说，固体样品必须表现为一个分配体系，并且需要进一步确认（例如，通过 MHE 技术，详情见 5.5 节）。如 4.1.3 节所述，高于其玻璃化转变点的聚合物通常满足此要求。

下例讨论 PVC 树脂中残留的氯乙烯单体检测，采用 SPA 和 GPA 方法说明它们的等效性。

【例 5.3】

第 1 个实验，将 1 g PVC 树脂和 4 mL N,N-二甲基乙酰胺（DMA）溶剂置于顶空瓶（瓶 1）中；第 2 个实验，将 4 g 不含水的 PVC 树脂置于顶空瓶（瓶 2）中，瓶不添加任何溶剂。将实验 1 中的溶液在 80℃ 下平衡 120 min，将聚合物固体在 110℃ 下平衡 60 min，采用常规方法分析顶空部分，下表给出了得到的 VCM 峰面积值 A_o。

顶空瓶	纯 PVC 样品 A_o	PVC 样品中加入 10.41 μg VCM，$A_{(o+a)}$	ΔA
1 g PVC 树脂+4 mL DMA	1994（瓶 1）	8550（瓶 3）	6556
4 g 无水 PVC 树脂	20405（瓶 2）	36442（瓶 4）	16037

下一步，拿出 2 个新的顶空瓶，其中一个装 1 g PVC 树脂，加入 4 mL DMA 的溶液溶解（瓶 3），另一个装 4 g 干 PVC 树脂（瓶 4）。然后，在瓶 3 的 DMA 溶液中加入 5 μL VCM 溶液，同时将 5 μL VCM 溶液加入瓶 4 的顶空中。这种 VCM 溶液的浓度为 2.083 μg/μL，所以 5 μL 溶液含有 10.41 μg VCM。瓶 3 和瓶 4 中样品平衡和分析过程同前 2 个，得到的峰面积为 $A_{(o+a)}$。上表中的值是 3 次测定的平均值，括号中的数字是瓶号。

采用公式（5.14）进行计算：

SPA：在 1 g PVC 树脂中，$W_o = 10.41 \times \dfrac{1994}{6556} = 3.17$ μg（C_o=3.17 mg/kg）

GPA：在 4 g PVC 树脂中，$W_o = 10.41 \times \dfrac{20405}{16037} = 13.245$ μg（C_o =3.31 mg/kg）

两次测定的平均值为 3.24 mg/kg（±2.16%）。

通过对两种方法得到的峰面积进行比较可知，将固体样品溶解于过量的溶剂中，测定灵敏度会降低。这当然也在预料之中。然而，两种方法得到的结果基本吻合，这也说明 GPA 方法具有高灵敏度和准确性。

其它的研究表明，使用 GPA 方法通过 FID 检测器（利用其高灵敏度）检测固体 PVC 树脂（使用 4 g 样品）中 VCM 时，检出限是 1 μg/kg。如图 5.11 显示。

图 5-11　测定 PVC 树脂中 2.5 μg/kg 氯乙烯单体（VCM）

HS 条件：样品—4 g PVC 树脂，110°C 下平衡 60 min

GC 条件：色谱柱—两根 1 m×1/8 in（3.2 mm）外径填充柱，配有反冲装置；担体为 Carbopak C, 80/100 目；固定相为 0.19%苦味酸。柱温 40°C。FID 检测器

5.4.3 多次添加的测定

仅使用 2 次测量（原始样本和一次添加已知量的分析物的分析），采样或线性偏差将对测定结果产生直接影响。而如果将增加量的分析物添加到原始样品中并且通过线性回归分析评估结果，则这种个体偏差就能得到一定的补偿。因此，只有通过多次测量，并采用线性回归分析，确定分析物的线性范围超过目标物浓度范围，我们才建议在常规分析中使用单一添加程序。

为了解释多次添加的计算过程，我们先从公式（5.13）开始：

$$\frac{W_o}{A_o} = \frac{W_o + W_a}{A_{(o+a)}} \tag{5.13}$$

在这里，下标 o 和 a 代表原始样品和加入已知量目标物的样品。通过公式（5.13）可得：

$$A_{(o+a)} = \frac{A_o}{W_o} W_a + A_o \tag{5.20}$$

相对于一个线性方程 $y=ax+b$，在这里：

$$x = W_a$$

$$y = A_{(o+a)}$$

$$a = A_o / W_o$$

$$b = A_o$$

进行一定添加后，可以通过线性回归计算出来数值（W_a 比 $A_{(o+a)}$）；然后，通过线性图的斜率 a 和截距 b，原始样品中目标物的量（W_o）也可以计算得到。

$$W_o = b / a \tag{5.21}$$

W_o 的值可以通过绘图得到。如果以 W_a 的值相对于 $A_{(o+a)}$ 绘图，则 y 轴截距为 A_o，x 轴截距等同于 W_o，可以通过将 $A_{(o+a)} = 0$ 代入公式（5.20）得到，这种情况下，

$$W_a \times \frac{A_o}{W_o} = -A_o \tag{5.22}$$

$$W_o = -W_a \tag{5.23}$$

之所以是负值，是因为在横坐标轴的负端（见图 5-13）。

下一个例子是检测类固醇药物中溶剂残留（丙酮和二氯甲烷）。采用溶液法对样品进行处理：醋酸对这一特殊的类固醇样品有最好的溶解度，该类化合物很难

溶于其它溶剂中。为了弥补受到溶解影响而降低的灵敏度，需要制备一个浓度较高的溶液（10%），选择标准加入法来消除浓缩所造成的基质效应[6]。

【例5.4】

准备一定数量的小瓶，取 200 mg 类固醇药物，采用 2.0 mL 醋酸进行稀释溶解，加入 0 μL、5 μL、10 μL、15 μL 和 20 μL 目标物的标准溶液（1%，体积比）。小瓶在 80℃ 下平衡 30 min。气相色谱分析条件见图 5-12。

这里仅给出二氯甲烷的数据：CH_2Cl_2 的密度是 1.3348 g/mL，1 μL 含量为 1%（体积比）的溶液含有 0.01 μL×1.3348 g/mL=0.01335 mg CH_2Cl_2。表 5-4 列出了计算结果。回归曲线见图 5-13。那么计算得到 CH_2Cl_2 的含量为：

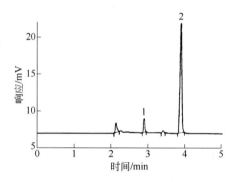

图 5-12　甾体药物中溶剂残留的检测

说明：样品溶于醋酸，采用多步添加的方法，如例 5.4。色谱图为未添加的初始样品

HS 条件：样品—200 mg 药品溶于 2.0 mL 醋酸所形成的溶液。在 80℃ 下平衡 30 min

GC 条件：色谱柱—50 m×0.32 mm 内径的熔融石英毛细管开管柱，涂布聚乙二醇键合固定相，膜厚 1 μm。柱温 80℃。FID 检测器

峰（浓度）：1—丙酮（43 μg/g）；2—二氯甲烷（473 μg/g）

文献来源：得到 Pharmacopeial Forum 转载许可[6]，USP Convention 公司版权所有 1994

表 5-4　采用多步标准加入法分析类固醇样品中二氯甲烷（例 5.4）①

CH_2Cl_2 加入量/mg	峰面积（值）
0	56919
0.067	96495
0.134	137007
0.200	176366
0.267	216819
线性回归：	
相关系数 r	0.999993
斜率 a	599206
截距 b	56667

① 回归曲线见图 5-13。

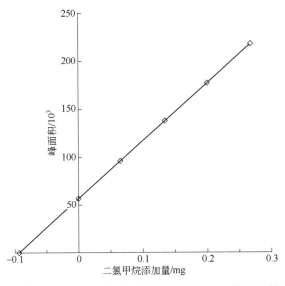

图 5-13　用多次加入的方法检测类固醇药物中二氯甲烷的线性图

$$W_0 = b / a = 0.09457 \text{ mg}$$

由此可得样品中浓度为 472.9 μg/g。类似的检测得到丙酮浓度为 43 μg/g。

5.5　多级顶空萃取

5.5.1　多级顶空萃取的原理

我们已经讨论过多级顶空萃取（MHE）的原理和理论背景（见 2.6 节）。总的来说，这是个分步进行的动态气提过程。经过多次连续测定，可以得到与分析物总量相对应的峰面积。测定过程中，基质的影响被消除，并且分析物总量的计算仅取决于校准（响应）因子，与 GC 中任何的定量分析都是一样的。现在我们对 MHE 的最重要的基础关系再重复一下，这一点在 2.6 节中已经讨论过。得到的结论是，测量序列的定量评估是建立在对连续测量中获得的峰面积的线性回归分析上的：

$$\ln A_i = -q(i-1) + \ln A_1 \tag{5.24}$$

在这里，A_1 是第一次测量得到的峰面积；q 是 $\ln A_i$ 与（$i-1$）作图得到的斜率。通过斜率的值我们得到商 Q：

$$-q = \ln Q \tag{5.25}$$

$$Q = e^{-q} \qquad (5.26)$$

这等于两次连续测量得到的峰面积比：

$$Q = \frac{A_2}{A_1} = \frac{A_3}{A_2} = \frac{A_{(i+1)}}{A_i} = e^{-q} \qquad (5.27)$$

在这个计算中，商值 Q 由线性回归分析确定，这样就对两个连续峰面积值的随机波动起到了补偿作用 [公式（5.27）]。在 MHE 分析的一系列色谱峰中，第一个峰 A_1，特别容易产生实验误差。这就是为什么我们要进行多点测量。通过线性回归计算，得到截距 A_1^*，用其替代第一个峰面积值 A_1，因为其包含统计学上的随机变化因素，因此无论 A_1 与 A_1^* 间的差异再小，A_1 也不应该用作进一步外推的起始值。通过 Q 值和截距 A_1^*，可以算出样品中目标物的总量对应的总面积：

$$\sum_{i=1}^{i \to \infty} A_i = \frac{A_1^*}{1-Q} = \frac{A_1^*}{1-e^{-q}} \qquad (5.28)$$

如果不要求高灵敏度，或者由公式（5.24）确定的线性足够好，那么可以仅从 2 次连续测量的结果计算面积总和。在这个 2 点测量中，面积总量计算如下：

$$\sum_{i=1}^{i \to \infty} A_i = \frac{A_1^2}{A_1 - A_2} \qquad (5.29)$$

当然，这种情况下，我们使用实验得到的峰面积 A_1 和 A_2。

感兴趣的读者可以将这些数据用于他们自己的数据计算。将更准确的多点 MHE 分析的结果与简单的 2 点分析的结果进行比较可能更有意思。

5.5.2 多级顶空萃取的校准方法

在 MHE 方法中，我们得到的总峰面积与样品中目标物的总量成正比。通过适当的校准，可以得到待测成分的实际含量。这里介绍 3 种方法。

5.5.2.1 外标法

第一种方法为外标法，在这种情况下，是通过类似于样品本身的 MHE 过程进行操作的。因为气体对两种样品都进行了完全提取，因此标准样品中不需要保持与检测样品相同的基质；例如，一个简单的气体标准样品可以使用 TVT 预先制备（见 4.6.1 节）。标准样品通过 MHE 检测得到的总峰面积（$\sum A_{ex}$）与标准样品中含有的目标物的量（W_{ex}）相关。因为峰面积和目标物的量是呈比例关系的，样品中目标物的量（W_i）可以通过这些数据和从样品中得到的总峰面积（$\sum A_i$）计算得到：

$$\frac{W_i}{\sum A_i} = \frac{W_{ex}}{\sum A_{ex}} \tag{5.30}$$

$$W_i = \frac{\sum A_i}{\sum A_{ex}} \times W_{ex}$$

最终，样品中目标物浓度为：

$$C_i\% = 100\frac{W_i}{W_s} = 100\frac{\sum A_i}{\sum A_{ex}} \times \frac{W_{ex}}{W_s} \tag{5.31}$$

注意，在公式（5.31）中，W_s 不是样品相中目标物的量（通常用 W_S 表示）而是全部样品中的量。

下一个例子描述了采用 MHE 法和外标校正法，检测手术材料中残留的环氧乙烷（EO），在这里以 PVC 管为例。EO 用于此类材料的消毒。在这个检测方法中，EO 标准溶液按照 4.4.2 节进行制备，作为气体外标。下面简要说明样品体积的校正（见 5.5.3 节）。

【例 5.5】

将 1.0 g PVC 管（0.7 mL）切成小片，置于顶空瓶中。浓度为 1.03 mg/mL，体积为 8 μL 的等份 EO 水溶液作为气体外标：其含有 EO 为 8.24 μg。样品和标准溶液在 80℃ 下平衡 90 min。

分析结果和线性相关数据见表 5-5，对应的 MHE 图见图 5-14。

下面利用截距值 A_1^* 计算总面积，A_1^* 是通过线性回归计算得到的。

样品：$\sum A_i = \dfrac{146103}{1-0.4347} = 258452$

标准校正：$\sum A_{ex} = \dfrac{72636}{1-0.3025} = 104138$

$\sum A_{ex}$ 的值用 0.7 mL 样品体积进行校正［见 5.5.3 节，公式（5.35）~公式（5.38）］，考虑到小瓶体积 22.3 mL，可以得到校正后的总峰面积 $\sum A_{ex}^x$：

$$f_v = 1.0324$$

$$\sum A_{ex}^x = 1.0324 \times 104138 = 107512$$

表 5-5 MHE 法检测手术用 PVC 管中残留的环氧乙烷（例 5.5）[①]

i	峰面积值	
	样品	外部蒸气标准
1	151909	75061
2	63127	21100

i	峰面积值	
	样品	外部蒸气标准
3	26802	6583
4	10963	2027
5	5768	613
6	2240	
线性回归:		
相关系数 r	−0.999142	−0.999897
斜率 q	−0.833041	−1.195810
$Q = e^{-q}$	0.4347	0.3025
截距 A_1^*	146103	72636

① 线性曲线见图 5-14。

也就是说，8.24 μg EO 的峰面积值是 107512，因此样品中 EO 的含量为 [公式（5.30）]：

$$\frac{258452}{107512} \times 8.24\,\mu g/g = 19.81\,\mu g/g$$

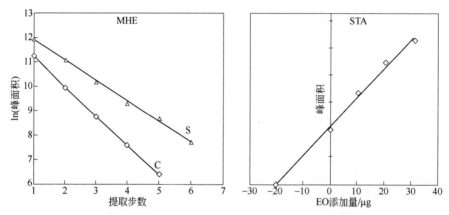

图 5-14 无菌手术用 PVC 管中环氧乙烷（EO）的残留分析

采用 MHE 法，将等分的 EO 溶液作为外标（见例 5.5），并采用了三级多等级标准添加（STA）

MHE 图：S—样品（PVC 管）；C—外部气体标准（EO）

STA 图：加入 10 μL、20 μL 和 30 μL 等分标准溶液

在实际操作中，没有必要总是进行 6 次或 9 次连续检测（除非目的是核查顶空系统工作的线性），3 次或 4 次检测已经足够。例 5.5 中前 3 次检测结果的线性回归分析结果见例 5.5′。

【例 5.5′】

样　品		校正标准溶液	
相关系数 r	−0.99997	相关系数 r	−0.99969
截距 A_1^*	151367	截距 A_1^*	75768
斜率 q	−0.86741	斜率 q	−1.21689
$Q = e^{-q}$	0.4200	$Q = e^{-q}$	0.2961
$\sum A_i$	260978	$\sum A_{ex}$	107640
		$\sum A_{ex}^x$	111128

样品中 EO 的总量为：8.24 μg。

1.0 g 样品中 EO 的浓度为：19.35 μg/g。

第 6 点检测值的偏差只有 2.3%。

更简单的，两点校准得到以下结果（利用 1 g 样品的 A_1 检测值）：

$$\sum A_i = 259921$$

$$\sum A_{ex} = 104412$$

$$\sum A_{ex}^x = 107794$$

1 g 样品中 EO 的浓度为：19.87 μg/g。

以这种方式计算的 PVC 管中的 EO 浓度与多点计算的结果相同。如前所述，3 次计算之间的一致性很大程度上取决于各个测量值与回归图的相应值的偏差。因此，在检查该方法与多点测量结果的接近程度后，两点计算应仅用于常规分析。图 5-14 中 MHE 图代表的是一种理想的分区系统 [对应于图 5-15（d）；见 5.5.6 节]。这意味着，在任何情况下，任意一种定量方法都可被用于常规分析：既可以使用 MHE 和三点或两点检测，也可以使用内标或者标准加入法。图 5-14（STA 曲线）表示了后一种方法的多级添加。在这里采用的是溶液方法，将 1 g PVC 管溶于 2 mL N,N-二甲基乙酰胺中，平衡条件如上。加入 10 μL、20 μL 和 30 μL 等分标准溶液制成标准曲线，EO 浓度为 19.95 μg/g，相关系数 r 为 0.9961。这一结果与 MHE 得到的结果一致。

5.5.2.2　内标法

第二种在 MHE 检测中可能用到的定量方法涉及内标加入法。这种情况下，目标物和标准物都要经过多次的气体提取，目标物量的计算方法与常规内标法计算类似（见例 5.8），只是现在使用各个峰面积的总和：

$$W_i = W_{st} f_i \times \frac{\sum A_i}{\sum A_{st}} \tag{5.32}$$

采用 MHE 方法对标准物和样品中目标物进行提取，气体标准通过 TVT 法制备，且含量已知，由此可以建立响应因子❶（f_i 或 RF）的值。计算如下：

$$RF_i = \frac{W_i^c}{W_{st}^c} \times \frac{\sum A_{st}^c}{\sum A_i^c} \tag{5.33}$$

在这里上标 c 是指每个独立的校准测量。

这个方法的一个独特的优点就是能够得到一系列不同浓度水平的响应因子。由于在一个线性顶空系统里，响应因子的值应该与浓度无关，可以通过在每一个提取过程对比 A_{st}^c / A_i^c 的比值来核查，这个值应该是恒定的。在 6.2 节中将举例说明。

5.5.2.3　标准加入法

第三种可用方法是标准加入法。在这里我们不需要校准因子。分析物的量（浓度）可以直接确定，如 5.4 节［参见方程（5.14）］所述，除了现在使用峰面积的总和：

$$W_o = W_a \times \frac{\sum A_o}{\sum A_{(o+a)} - \sum A_o} \tag{5.34}$$

在这里 W_o 是指原始样品中目标物的含量；W_a 是加入标准物的量。我们需要进行两套 MHE 检测：第一套针对原始样品，第二套是对加入了 W_a 目标物的相同样品，峰面积总和分别为 $\sum A_o$ 和 $\sum A_{(o+a)}$。如果待测样品是固体，最好的加入目标物的方法就是气相加入法（GPA）。

在 MHE 中使用的第三种可能性标准加入法，对定量分析而言更侧重于理论性，实践中应用的意义不大，因为这些技术中的每一种都是交替应用而不是组合应用。这两种技术各有利弊，下面关于样品前处理问题和样品通量我们将进行额外讨论，由此来判定对于特定的样本哪种方法最好。

（1）样品处理　如果样品前处理的重现性是一个问题（例如黏性或非均质样品），则使用单个样品的 MHE 技术可能是优选的。添加标准品需要重复制备几个等分试样；因而，样品处理的可重复性（也取决于操作员的技能）包括在分析结果中。因此，对于 MHE 结果，精度值（例如，相对标准偏差）通常更好，因为分析结果仅来自单个样本，所以仅包括仪器精度。

---

❶ 在这里称为响应因子，是因为它简单地反映出检测器对不同化合物响应的差别。

（2）自动常规分析的样本通量　标准加入法对于每个样品需要数个小瓶——
至少是 2 个，这将占据自动顶空进样器里的位置。如果一个设备能够容纳例如 30
个小瓶，那么实际上只有大概 15 个用于样品自动处理。如果采用线性回归技术，
若只做 2 个添加实验，则必须总共有 3 个小瓶包括每个样本的纯样品，那么样品
通量就降低到 10。如果有时间限制而不能接受此种情况，那么选择 MHE 还是有
一定优势的。与标准添加技术（其中每个测定使用单独的小瓶）相反，MHE 中的
一系列连续分析是从同一个小瓶中进行的，但是这个程序不适用于重叠工作模式
（参见 3.4.2 节），虽然这一模式节省时间。因此，由于样品需要过长的平衡时间
（如固体样品），就造成总分析时间过长。另一方面，如果可以应用简化的 2 点测
量，那么 MHE 技术的缺点就显得不那么重要了。

从简短的讨论可以看到，在实际应用时，决定解决一种特定分析问题的最终
方案时，需要考虑多种因素。因此，需要一种系统的策略，并且，标准添加的
MHE 法，对于这种初步研究，而不是实际的定量分析的情况可能更有用。在第 6
章我们列举了应用实例，并对方法开发进行了讨论。

5.5.3　多级顶空萃取气体外标物的使用

因为 MHE 检测可以忽略基质效应，标准曲线可使用简单的单一化合物，如
目标物。这样标准曲线可以通过 TVT 法（见 4.6.1 节）进行简单制备，只需在空
的顶空瓶中加入几微升纯目标物或其溶液，并选择合适的平衡温度确保完全蒸发。
之前在例 5.5 中已经使用过这种方法：取等份的 8 μL EO 水溶液作为标准曲线；
80℃ 下平衡，这种微量的溶液能够完全蒸发。

5.5.3.1　样品体积校准

如果采用这种气体标准制备外标曲线，则实际样品体积需要进行校准，除非
样品体积非常小。下面解释其原因：假设样品中和标准样中目标物的总量为 W_i 和
W_{ex}，总峰面积分别为 $\sum A_i$ 和 $\sum A_{ex}$。在装有样品的小瓶中，目标物蒸气分布在顶
空体积（$V_G = V_v - V_S$，这里 V_v 和 V_S 分别指瓶体积和样品体积），而装有标准溶液
的小瓶，蒸气分布在整个瓶中，体积为 V_v。因此，相应的气相浓度为 $C_{G,i}$ 和 $C_{G,ex}$，
基于顶空分析的基本规则 [公式（2.19）和公式（2.17）] 可以得出：

$$\sum A_i \propto C_{G,i} = \frac{W_i}{V_v - V_S} \tag{5.35}$$

$$\sum A_{ex} \propto C_{G,ex} = \frac{W_{ex}}{V_v} \tag{5.36}$$

假设 $W_i = W_{ex}$，从公式（5.35）和公式（5.36）可以得到一个较小的浓度，

所以含有蒸气候标准品的小瓶峰面积较小，因为 $V_v > V_v - V_s$。因此，如果样品体积相对于瓶体积不能被忽略，那么必须进行校正以消除影响。这里有 2 种可能性。

第一种，在含有蒸气标准样品的小瓶中加入适当体积的惰性材料（如玻璃珠）来模拟样品体积。然而，如果这些玻璃珠表面粗糙，那么还要考虑吸附效应。

第二种，计算标准样品的校正后峰面积总值（$\sum A_{ex}^x$），乘上已经确定的 $\sum A_{ex}$ 值作为体积不同的校正因子：

$$f_V = \frac{V_v}{V_v - V_s} \tag{5.37}$$

$$\sum A_{ex}^x = f_V \times \sum A_{ex} \tag{5.38}$$

例 5.5 检测外科手术用 PVC 管中 EO 的残留，就是这种应用的实例。

然而，如果通过用已知组成的气体标准物冲洗小瓶来制备外部蒸气标准，则这种体积校正是不必要的。在这种情况下，目标物的浓度是已知的，而不是通过在瓶体积 V_V 中加入一定量的目标物 W_{ex} 蒸发来制备。

5.5.4 商 Q 的作用

在 MHE 中用于计算峰面积总和的几何级数表示为商 Q，代表两个连续峰面积的比值：

$$Q = \frac{A_2}{A_1} = \frac{A_3}{A_2} = \frac{A_{(i+1)}}{A_i} \tag{5.27}$$

可以看出商 Q 与 MHE 曲线斜率 q 的直接关系：

$$-q = \ln Q \tag{5.25}$$

$$Q = e^{-q} \tag{5.26}$$

顶空分析的关键问题是我们是否拥有一个线性系统。在这里，线性是指瓶中样品的浓度在浓度线性范围内，分配系数与目标物浓度无关。这种情况下，峰面积比值 Q 在整个线性范围内是恒定的。此外，Q 的实际值（例如 MHE 曲线的斜率）和两个图（样品和标准样品）的相对位置则显示了关于顶空分析准确度的重要信息。因此，研究 Q 值的意义以及其与其它参数的关系是十分必要的。

5.5.4.1 Q 与压力的关系

为了了解 Q 对 MHE 结果的影响，我们首先来看检测中发生的压力变化。这里使用的是绝对压力。

在将一定体积的顶空部分气体转移入色谱柱后，小瓶内再次增压，压力为 p_h。随后的排气过程可以假想为一个气体膨胀过程：顶空部分气体体积（V_G）在压力 p_h 下膨胀到体积为 V_e，压力为 p_o。体积 V_e 包含两部分：瓶中顶空部分体积（V_G）和被排出的体积（V_{vent}）：

$$V_e = V_G + V_{vent} \qquad (5.39)$$

根据基本的气体定律，可以得到：

$$V_G p_h = \left(V_G + V_{vent}\right) \times p_o \qquad (5.40)$$

$$\frac{V_G}{V_G + V_{vent}} = \frac{p_o}{p_h} = \rho$$

所以，ρ 是一个相对压力，表示排空前后瓶中压力的比值。因为 $p_h > p_o$，ρ 的值总是小于 1。例如，假设 $p_h = 200\ kPa$（绝对压力）为一个典型的色谱柱进样口压力，$p_o = 100\ kPa$（大气压），那么 ρ 的代表值为 0.5。

一方面，加压样品瓶中的压力应尽快地释放，以避免在排气期间样品瓶中两相之间样品分布的任何瞬时变化。另一方面，当瓶中压力接近大气压时，小瓶与大气的连接应该再次被切断几秒（如 5 s），以避免由于样品基质（如水）增加的蒸汽压力使顶空部分进一步向大气膨胀。也就是说，通过排空，顶空部分释放到大气压后的重建是十分缓慢的。

在公式（5.27）中，Q 表示两个连续峰面积的比值。由于在 HS-GC 中，顶空部分目标物的浓度与峰面积成比例，也可以将 Q 写为：

$$Q = \frac{C_{G2}}{C_{G1}} = \frac{C_{G3}}{C_{G2}} = \frac{C_{G(i+1)}}{C_{G,i}} \qquad (5.41)$$

$$Q = \frac{C_{G(i+1)}}{C_{G,i}} = \frac{A_{(i+1)}}{A_i} \qquad (5.42)$$

可以推断[7]，商 Q 可以表示为目标物的分布（分配）系数（K）以及瓶中相比 β 和 $\rho = p_o / p_h$ [见公式（5.40）] 的函数。在这个系统内，它们的值是恒定的：

$$Q = \frac{K/\beta + \rho}{K/\beta + 1} \qquad (5.43)$$

当 $\rho < 1$，Q 也小于单位值，所以 q（$= \ln Q$）是负值。例如，以下由例 5.5 得到的值：

样品：$Q = 0.4347$，$q = -0.83304$；

标准曲线：$Q = 0.3025$，$q = -1.19581$。

5.5.4.2 完全蒸发情况下的 Q 值

在采用 TVT 时，Q 值的确定是一个热点问题。在这种情况下，因为所有的样品完全蒸发，小瓶中只有一个相。因此，没有两相之间的分布关系，也就是说，$K=0$。在这种情况下，公式（5.43）可以写成：

$$Q = \rho / 1.0 = p_o / p_h \qquad (5.44)$$

也就是说，在 TVT 情况下，指数 Q 等于瓶内排空后与排空前压力比值。这也就说明了 MHE 条件能够准确重现的重要性，因为只有这样才能保证 Q 值不变。

Q 的准确值可以不通过任何分析检测，而简单地通过公式（5.44）中两个压力的比值来控制，且此值与气体标准品的面积比 Q 相同。如果 Q 值高，则说明排空时间过短，瓶中的压力并未达到标准大气压。如果 Q 值低，则系统出现泄漏（例如，小瓶封口不严导致泄漏）可能导致样品蒸气通过未预料到的开口额外漏出。

根据公式（5.44），可以借助 Q 值和瓶内（绝对）压力 p_h（大气压和瓶内压力 Δp [1]的总和），对大气压力进行测定：

$$p_h = \Delta p + p_o \qquad (5.45)$$

因此：

$$Q = \frac{p_o}{\Delta p + p_o} \qquad (5.46)$$

或者

$$p_o = \Delta p \times \frac{Q}{1-Q} \qquad (5.47)$$

这也就意味着在 MHE 检测中，采用 TVT 方法，可以通过检测数据得到大气压力值。

我们可以考虑将 9.8.2 节的检测作为一个例子。通过表 9-5，$Q=0.4442$，瓶压力 $\Delta p = 120.0\ kPa$。因为是通过不分流进样进入熔融石英开管柱[参见图 3-16（b）]，瓶内压力与沿色谱柱下降压力 Δp 相同。可以得出：

$$p_o = 120\ kPa \times \frac{0.4442}{1-0.4442} = 95.9\ kPa$$

而大气压实际测量值为 $p_o = 96.7\ kPa$；也就是说，通过 MHE 检测得到的值与实测值只有 0.8%偏差。实际上，不会采用顶空进样器作为气压计，但这个应用可

---

[1] 再次说明（参考 3.5.6 节），Δp 是加压瓶中压力，由压力计数器读出，是瓶的绝对压力和大气压力之差。

以帮助管理仪器参数。

5.5.4.3　与 Q 呈函数关系的 MHE 曲线的相对位置

在 MHE 实验中，我们可以得到两个几何级数曲线，一个是样品中的目标化合物的，另一个是标准样品自身的，并且，每个几何级数曲线［对应于一个关于 $\ln A_i$ 和 $(i-1)$ 的线性图］都具有自身的斜率 q 或 Q 值。通过公式（5.43）和公式（5.44）得出的结论，可以得到 MHE 图的相应位置。使用 MHE 校准有三种可能性，在这里，我们对每一种情况都会特别考虑。

第一种情况，采用 TVT 法制备一个气体外标。根据样品瓶的情况，我们考虑有两种可能性。如果样品瓶中为两相系统，那么目标化合物在顶空部分和样品相进行分配，气体外标的 Q 值可能小于样品的。这点可以通过公式（5.43）和公式（5.44）推导出来。例如 $K/\beta=2.0$ 时，$\rho=0.5$ 就是一个典型值：

样品：$Q_s = \dfrac{2.0+0.5}{2.0+1} = 0.83$

气体外标：$Q_{st} = 0.5$

相对应的斜率为：$q_s = -0.19$，$q_{st} = -0.69$

这也就意味着通常情况下，标准样品图的 Q 值会小于实际样品图。图 5-14（MHE 图）显示了典型值，这种情况对应的是图 5-15（d）。

随着 K/β 值的增加，样品图的 Q 值接近 1，斜率接近 0。也就是说，样品曲线将平行于 x 轴。这也就意味着，两个连续峰的峰面积差别很小，这一性质显然不利于 MHE 测量的准确性。这种情况对应于图 5-15（c）。

另一种可能性是采用 FET 方法（见 4.6.2 节），将样品瓶中目标化合物完全蒸发，这样，两个小瓶中情况一样，不会发生进一步的分配，因此，$K=0$。假设两个小瓶在标准条件下分析，它们的 Q 值将相同，那么两个曲线将（几乎）平行，这种情况对应于图 5-15（e）。

第二种情况，采用内标法，在分配体系下制备标准曲线。在基质相同的情况下，内标和目标化合物的分配系数不同，因此，两个曲线的斜率不同。图 6-3 说明了这种情况，在检测聚苯乙烯中残留的苯乙烯单体时，2-甲氧基乙醇作为内标。另外，如果目标物和内标都被完全蒸发（如检测苯乙烯和甲氧基乙醇的响应因子，见图 6-2），这两条曲线是平行的，因为没有进一步的分配。因此，目标物和内标的 Q 值取决于压力，这对于两种化合物是一样的。

第三种情况是关于标准添加的，使用 MHE 法对总峰面积值进行测定。这种情况下两条曲线再次平行，因为虽然样品不同，但其目标化合物和基质相同。图 6-5 对这种情况进行了说明，曲线 A 和 C 表示的是印刷塑料薄膜上甲苯的残留检测。

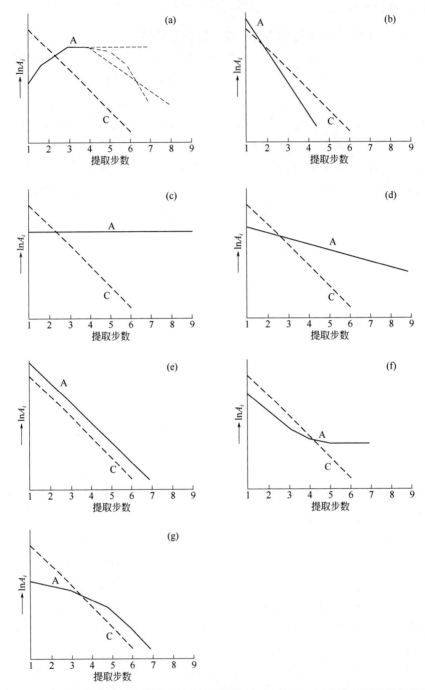

图 5-15 与气体外标（C，虚线）相比，样品（A）的 MHE 测量中峰面积与提取
步数之间的半对数关系的各种（7 种）可能性（具体情况见下文）

5.5.5 相关系数 r

正如我们讨论的，整个浓度范围内的面积比 Q 的稳定性是 MHE 测量的前提。实际上，我们不会每一次提取都进行计算，取而代之的是对每次单独检测进行线性回归分析，通过线性曲线的斜率 q 计算得出面积比值 Q。

线性回归分析的关键在于能给出一个线性图，其代表了最匹配实际数据点，以及这个"线性"图的斜率值。因此知道匹配程度是十分重要的，匹配度由线性相关系数 r 表示。以 $\lg A$ 作为 y 轴，提取次数 i 为 x 轴，得出线性回归方程 $y = ax + b$。对于一个令人满意的 MHE 测量，线性相关系数最少为 -0.998。如果小于这个值，就必须考察每个独立数据点相对于线性回归曲线的分散性：即这里是否有个离群值，表明这个分析结果重现性较差（例如：当连续测定的峰面积差异很小，接近测量的精密度），或者图中通过对各个数据点实际连而获得的明确趋势。图 5-15 中（f）和（g）就是这种情况，这说明研究的体系不是一个分配体系。固体样品为代表的吸附体系在这种情况下较为常见。在 5.6 节我们将对这类问题进行详细解释。

5.5.6 回归曲线性状评价

之前，我们提到线性回归曲线（样品与标准曲线或目标分析物与标准物）的相对位置（斜率）时，对以下三种特殊情况的原因进行了解释：通常情况下（样品图斜率小于标准图），两条曲线相平行的情况，和样品图斜率接近于零的情况。除此之外，我们还可以根据两个回归曲线的相对形状辨别出其它情况：这些代表了不完全平衡状态，顶空系统出错，和各种吸附类型的样品。

图 5-15 显示了 7 个形状的曲线图，表示样品测量可以采取的实际数据点及其相对于校准曲线的位置。在所有类型中，假设使用了气体外标（通过 TVT 法）。我们简要解释了每一种类型，说明了如何校正一些令人不满意的情况。

【例（a）】相较于第一次 MHE，峰面积值按照一种可能的趋势（虚线）增长。这种情况的出现是因为没有达到平衡：比如说平衡时间不够。因此首先要确定平衡时间。（例如：采用渐进式工作模式。）

【例（b）】标准曲线的峰面积比值 Q 高于样品曲线，也就是说其斜率更小。这种情况是不可能发生的，因为之前我们已经判断，在一个分配系统中，气体外标 Q 应该更小 [见公式（5.44）和公式（5.43）]。那么这种情况就是系统存在漏气现象的强烈信号。如果隔垫在第一次进样后漏气，内部压力（例如在进样瓶温度下水蒸气压）会从加压的小瓶向大气压产生一个持续的气流，会将部分目标物蒸汽携带出。因此，下一步 MHE 分析会产生一个比气体外标更小的峰，这种问题是不会发生的。

【例（c）】样品中目标物的曲线几乎与横坐标相平行（例如 Q 值接近于 1）。当目标物的分配系数（更准确地说是 K/β）越高，这种情况越明显。对目标物有很高溶解度的液体样品大多为这种类型。此时不建议采用 MHE 法进行定量分析，应选择其它方法（如标准加入法）作为首选方法。

【例（d）】这是一个典型的 MHE 法分析系统，通常是标准样品和目标分析物具有不同的分配系数，或者当与气体外标这个分配系统相比，分配受目标分析物在基质中的溶解度影响的时候。

【例（e）】这种情况下，两条曲线平行。这也就意味着，面积比 Q 在目标物和标准相同。这种情况是，当两相中不再有任何分配，或者当两个溶质的基质效应相同（例当添加标准物）时，目标物和标准物总的挥发情况（TVT 或 FET）相同。当将峰面积值相连接，会得到一个非线性图。这也就意味着，峰面积和浓度之间没有线性关系。FET 方法有时会发现这种情况，剩余的固体颗粒物对低浓度目标物有着强吸附性（见例 6-6）。在固体样品中，低浓度成分有强吸附和弱的缓慢释放时也会发生这种情况。通常使用置换剂进行校正。

【例（f）】当考虑到面积值时，获得非线性图。也就是说，峰面积和浓度之间没有线性关系。这种现象在 FET 条件下会出现，特别是在分析物浓度较低的情况下，可以观察到其残留的固体颗粒具有强吸附性（见图 6-6）。浓度较低的固体样品也可能会出现相同的情况，吸附更强，释放更慢。通常使用置换剂可以对这种情况进行纠正。

【例（g）】这个也是峰面积和浓度呈非线性关系。这是一个典型的固体样品吸附系统而不是分配系统（见例 5.7）。为了解决这一问题，待测样品需要采用置换剂或者将样品转化为一个分配系统。这种偏离线性的另一个原因可能是检测物浓度过高，超过了检测器的线性响应范围（见 9.8.1 节）。这种情况下，应稀释样品。

本讨论的结论是，特别是对于未知样本，MHE 检测应始终是确定是否存在线性系统的第一步。这样的研究也提供了有别于 MHE 的其它定量方法正确性的信息，下面是两个例子：

① 我们计划采用固体样品加入气相标准，我们想知道加入的目标物是否正确地分布在两相之间。可以通过对原始样品和加入标准物的样品使用 MHE 法进行确定。一方面如果加入的目标物是正确分布在两相之间的，得到的两个线性回归曲线是平行的［如例（e）］，因为目标物在两种样品中分配系数相同。另一方面，如果加入的目标物不能正确地分布在两相，Q 值会小很多，接近气体外标。

② 我们使用一个模拟基质，采用外部标准曲线法。如果基质在两个实验中（样品和标准曲线）有同样的影响，那么目标物的分配系数在两者中是相同的，

因此，两个线性回归曲线将再次平行。

5.5.7 K/β 的影响

在 MHE 测量中，我们的目的是让两次连续测量的峰面积差别越大越好。因为 $A_{(i+l)} < A_i$，$Q = A_{(i+l)}/A_i$，因此，很清楚，Q 值会明显低于 1。我们在两相分配系统中已经得到，Q 值与 K/β 和 ρ 值相关：

$$Q = \frac{K/\beta + \rho}{K/\beta + 1} \qquad (5.43)$$

关于 ρ，我们在公式（5.40）中可以得出，其与顶空瓶排气前和排气后的压力相关，其中 p_h 为排气前压力，p_o 为排气后压力：

$$\rho = \frac{p_o}{p_h} \qquad (5.40)$$

前面已经说过，ρ 值在 0.3~0.6 之间，且在大多数情况下是恒定的。因此，Q 的大小取决于 K/β，这个值具有更宽的变化范围：如果其足够高，那么 Q 值接近于 1。

在早期的文章[8]中，Ioffe 和 Vitenberg 建议，控制 K/β 值接近于 1：$\rho = 0.5$，$K/\beta = 1.0$，就可以得到 $Q = 0.75$。这个结论很难遵循，因为受到相比增加程度的限制。我们建议在实践中，控制 $K/\beta \approx 4$；假设样品体积的实际范围为 1~10 mL，此时使用 22.3 mL 的顶空瓶，相比范围就是 21.3~1.23，伴随而来的，MHE 测量中分配系数的上限就提升至 $K = 85$ [7,9]。

如果其 K/β 值高于建议极限值，这些原则并是说不能采用 MHE 分析法对样品进行分析。应该理解为其准确度会受到影响。对于分析物本身的 K 值较高的情况，可以通过升高平衡温度降低其分配系数。但是不要忘记，K 与温度呈指数关系：温度的小幅增长可能导致分配系数的显著下降（见图 2-4）。

K 值约为 300 时（例如检测水溶液中的乙醇），不建议使用 MHE 法，因为顶空部分目标物的相对浓度较小，两次连续测量得到的峰面积相差不大。这种情况下采用一种替代校正方法，如内标法或标准加入法，都可以选择。另外，对于一些溶液，待测成分在其中分配系数较小（例如，卤代烃的水溶液[10]），标准加入法的准确性会受到一些影响，因为分析物的高挥发性会导致样品处理过程中有损失，在这种情况下，可以选择 MHE 法。

通常情况下，可以通过适当选择样本尺寸大小来调节相比。然而，需要注意的是，过小的样品体积会导致样品均匀性受到影响，过大的样本体积会增加平衡时间。图 4-2 对液体样品中的这一问题进行了说明。

【例 5.5″】

例 5.5 详细说明了如何直观地计算出 MHE 检测的 Q 值和 K/β 值。顶空压力 p_h 为 234 kPa（abs.），$p_o = 100$；可以得出 ρ 值为 $100/234 = 0.427$。q 值可以通过线性回归分析得出为 -0.83304（见表 5-5），这样可以得出 $Q = 0.4347$。所以

$$Q = \frac{K/\beta + 0.427}{K/\beta + 1} = 0.4347$$

由此可以计算得出 $K/\beta = 0.014$，这个值远远低于推荐限定值。在 22.3 mL 小瓶中有 0.70 mL 样品时（$\beta = 30.86$），得到 PVC 中 EO 的分配系数 $K = 0.42$，这么低的值实际上对应于全蒸发系统（FET）。

5.6 固体样品（吸附系统）分析

在 4.1.3 节已经详细讨论过固体样品的相关问题。如果样品可以看作是一个分配系统，那么就可以直接对其分析。这里有一个例子，例如将一个聚合物样品加热，超过其玻璃化温度。在这个体系中，分配系数可以被认为是恒定的（可以看作是稀释的溶液），且与分析物浓度无关。在这里，可以使用 MHE 法来进行快速检测，看上述假设是否成立：如当 $\ln A_i$ 与（$i-1$）呈线性关系时，上述系统可以假定为一个分配体系。另一方面，MHE 曲线非线性的话，则说明分配系数与浓度相关和/或存在吸附效应。MHE 曲线反映的这种情况见图 5-15 的（f）和（g）。

如果是一个吸附系统，则必须对其表面特征进行改变。许多情况下，加入的液体量虽然少，但也可以充当改性剂（置换剂）的角色，这种少量的改性剂可以将吸附表面转化为一个弱吸附系统，且具有均匀的吸附性，延长线性浓度范围，释放吸附的分析物分子。当改性剂薄膜在表面形成后，固体样品也许仍然看起来是干燥，然而其表面已经转化为分配体系。我们称这种操作模式为表面改性法。

随着液体置换剂加入样品中的量进一步增加，它就开始与固体样品分离开，形成一个独立的液相，其中被置换的分析物分子被洗脱下来，它们将在这个新形成的液相与样品瓶的顶空部分进行分配。固体样品颗粒在液体中保持悬浮但不会产生进一步的影响，这些加入的溶剂成为新的基质（悬浮法）。

无论表面改性法还是悬浮法，都要求易挥发分析物可以表面吸附，因此能接触到液体置换剂。如果它们的分子被封闭在晶型结构中，不能通过扩散进行释放，那么这两种方法都不可行。这种情况下，基质必须进行破坏，不论通过熔化还是溶解。为了避免这些不确定性因素，一些官方的方法（例如 USP[11]）通常建议采用溶液法（见 4.2 节）。

5.6.1 悬浮法

在吸附体系中,分析物在吸附剂表面与顶空瓶气相中的分配往往取决于浓度。当在 MHE 分析中 $\ln A_i$ 与 ($i-1$) 呈非线性关系时,这种情况比较明显。底层的吸附效应可以通过置换剂进行抑制,这种置换剂对固体(吸附剂)的亲和力比分析物更强,从而加快分析物的解吸。

因为存在解吸,提取率会随着液体置换剂的体积增加而提高,与其它任何一种提取方法类似。因此,固体样品悬浮在溶剂中,可以从其表面提取分析物。产生的悬浮液可等同于简单的液体溶液,且可以同样处理。

悬浮样品中的固体颗粒不会对顶空瓶中溶解分析物的气/液分配过程产生进一步影响,校正技术很简单:以液体置换剂作为基质,这种溶剂用于配置外标标准(见 4.5 节和 5.3 节)。其它校正方法,如内标法或标准加入法也可以使用。然而,MHE 法在此有一定的限制,因为通常选用的溶剂对被置换的分析物具有更好的溶解度。

通过使用吸附管来监测空气中的挥发性污染物含量,说明了悬浮法解吸的完全性。这些吸附管中含有强吸附剂,如活性炭,从空气中收集挥发性化合物可以通过将一定量的空气泵入,通过吸附剂(主动取样法),或者不用泵,通过扩散采样(被动取样法)(见例子[12])。在测定污染物的吸附量时,官方方法采用有机试剂如二硫化碳萃取来回收吸附的化合物。然而,有一种基于 HS-GC 的替代方法,更好、毒性更低,因为完全解吸可以在一个顶空小瓶中完成,在瓶中加入一种置换剂(如苯甲醇、苯甲酸苯甲酯或 N,N-二甲基乙酰胺),相对于待测成分,这些置换剂与活性炭的亲和力更强[13,14],因此可以完成解吸。这类置换剂具有以下特殊优点:在所有气相色谱柱上,它们的保留时间都要长于待检测的污染物,因此置换剂的色谱峰不会对分析物的色谱峰产生干扰。所以,当污染物被洗脱后可以快速地进行反冲,以加快分析进度。

通过一个 3 步实验对置换剂的使用进行说明。1 个小体积(1 μL)含有 4 种化合物的混合物被加入 4 个标准顶空瓶中,然后被完全蒸发。瓶 1 是空的,瓶 2 含有 400 mg 活性炭。对 2 个瓶的顶空部分进行常规分析。图 5-16 表示了 2 个测定所得到的色谱图。可以看到,活性炭完全吸附了有机成分:色谱图只显示了直线基线。瓶 3 重复瓶 2 的步骤:1 μL 混合物加入 400 mg 活性炭中。在完全吸附后,向小瓶中加入 2 mL 苯甲酸苯甲酯,在 80℃ 下平衡 1 h 后,与瓶 1 和瓶 2 类似,对顶空部分进行分析。瓶 4 作为一个外部标准,已经含有 2 mL 苯甲酸苯甲酯,且加入 1 μL 含有 4 种成分的溶液进行强化。通过与瓶 3 得到的结果进行对比,可以计算出解吸率:结果如下表所示。

化合物	回收率/%
1,1,1-三氯乙烷	102
丁酮	93
甲苯	104
正辛烷	110

这些数据表明解吸很完全。

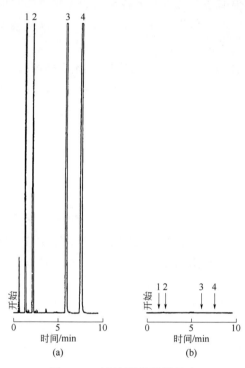

图 5-16 活性炭的吸附能力

（a）顶空瓶中 1 μL 混合物在 80°C 下蒸发后得到的色谱图；（b）与（a）相同的样品，
同时在顶空瓶中加入了 400 mg 活性炭，4 个成分该出峰的位置用箭头标出

GC 条件：色谱柱—25 m×0.32 mm 内径的熔融石英毛细管柱，涂布键合有 5%苯基甲基硅氧烷的固定
相，膜厚 0.3 μm。柱温 80°C。FID 检测器，衰减×8

峰辨认：1—丁酮；2—1,1,1-三氯乙烷；3—甲苯；4—正辛烷

图 5-17 描述了该方法应用的实例：通过一个个人的空气检测管来测定四氯乙烯（C_2Cl_4）。在这里，1 mL 苯甲醇作为置换剂，得到的 C_2Cl_4 色谱峰对应其在空气中浓度为 235 mg/m³。

活性炭表面不亲水，因此，我们选择有机溶剂作为置换剂。大多数天然样品是亲水的，对于它们，应优先选择水。悬浮法起初是为了检测固体样品中的水分，样品是不溶于选用的溶剂的[15]，但是对于这种分析，显然需要选用其它极性试剂替代水作为置换剂。甲基溶纤剂是一个很好的试剂，其它的水溶性溶剂，如 *N*,*N*-二甲基乙酰胺和 *N*,*N*-二甲基甲酰胺也可被使用。例 5.6 说明了采用内标法进行定量，如何检测速溶汤粉中的水分含量。

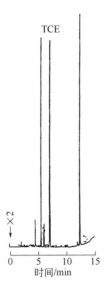

图 5-17　顶空分析个人监测四氯乙烯试剂盒中的活性炭

置换剂：苯甲醇

HS 条件：样品—活性炭来源于被动取样 8 h 的试剂盒，加入 1 mL 苯甲醇。在 120℃ 下平衡 30 min

GC 条件：色谱柱—25 m×0.32 mm 内径的熔融石英毛细管柱，涂布键合有 5%苯基甲基硅氧烷的固定相，膜厚 0.3 μm。后冲洗配置。柱温—80℃ 保持 10 min，以 15℃/min 升至 150℃。FID 检测器

【例 5.6】

样本量为 500 mg 干性材料，加入 2.0 mL 甲基溶纤剂（乙二醇甲醚，代理商：Riedel-de Haën，最大含水量 0.1%），含有 1%的甲醇，作为内标，其含量为 15.83 mg。样品瓶在 110℃ 下平衡 60 min。采用 GC 配热导检测器进行分析。单独测定甲醇/水的校正因子为 $f_i = 5.854$。

图 5-18 显示了样品得到的色谱图。峰面积分别为：水 195，甲醇 695。根据公式（5.8）计算出水的量为：

$$15.83 \text{ mg} \times 5.854 \times 195/695 = 26.00 \text{ mg}$$

由此得到水分含量为 5.20%（质量分数）。

然而，这个结果接下来还要进一步通过水空白的校正，因为原本瓶中的顶空部分充满的空气也含有水分，这是分析样品中水分时所必须考虑的重要一点。有两种测定方法。首先，作为环境温度和相对湿度的函数，在顶空瓶中的水量可以通过表 2-1 的水蒸气密度（μg/mL）得到。在分析检测的当天，实验室室温为 20℃

图 5-18　通过悬浮法顶空分析速溶汤粉中的水分含量（例 5.6）

　　HS 条件：样品—500 mg 干汤粉+2.0 mL 甲基溶纤剂（乙二醇甲醚），含有 1%的甲醇作为内标。温度—110℃ 下平衡 60 min

　　GC 条件：色谱柱—50 m×0.32 mm 内径熔融石英毛细管柱，涂布键合有 14%氰丙基甲基硅氧烷的固定相，膜厚 1 μm。柱温 70℃。热导检测器。载气为氢气，3.5 mL/min；尾吹气（氦气）19.0 mL/min

　　峰辨认：1—空气；2—水（5.16%，质量分数）；3—甲醇

（水密度：17.3 μg/mL），相对湿度为 60%（由众所周知不精确的毛发湿度计测得）。样品+试剂的大约体积为 2.5 mL。所以，在 22.3 mL 小瓶中剩余的 19.8 mL 气体体积中水分总量为 17.3×0.6×19.8 μg=206 μg 或 0.206 mg。

　　另一种检测水分空白的方法则需通过一个单独的测量，也就是说，使用标准加入法将水加入一个空瓶中[15]。对于空的 22.3 mL 小瓶，在 20℃ 下空白为 0.215 mg，对应的相对空气湿度为 56%：

$$\frac{215}{22.3\times17.3}=0.56$$

　　在 19.8 mL 顶空部分相应的水分空白为 17.3×0.56×19.8 μg=192 μg 或 0.192 mg。通过这些校正方法，得到即食汤粉中水分的含量为：

　　26.00 mg − 0.206 mg = 25.794 mg；或者 26.00 mg − 0.192 mg = 25.808 mg

　　在 2 种校正条件下，样品中的浓度均可确定为 5.16%，差异仅为 0.8%。

5.6.2　表面改性技术

　　只要固体样品满足悬浮法的假设，它就成为顶空-气相色谱中最简单的样品类

型，因为不必考虑除纯溶剂之外的基质效应。但是，解吸的分析物萃取到液体溶剂中，会自动稀释，从而降低顶空的灵敏度。另一个问题是，有机试剂含有杂质成分，经常干扰目标物的色谱分析。如果液体置换剂的量不断减少，那么可将 2 种影响最小化。为了得到理想的置换效果，实际上应将液体置换剂的量降低到足够少，直到仅覆盖固体样品的表面。这么小量的液体置换剂实际上应该称为改性剂而不是置换剂[16]。

我们在这里讲述一个关于此效应的实例，即检测干性粉末中 1.9%的异丙醇和 5.2%的水[6]。首先我们尝试分析一个干性样品：图 5-19 中的 MHE 曲线 A 对应的是图 5-15 中的例 F 类型，在低浓度区呈现的非线性现象，是因为浓度越低，吸附性越强。下一步采用悬浮法，加入 2 mL 乙基溶纤剂至 100 mg 干性粉末中。但是，在色谱图 [图 5-20（a）] 中可以看到，异丙醇只能得到一个很小的峰（峰 2）。因此，我们尝试用表面改性方法，加入 307 mg 甘油到 100 mg 样品中❶。由于样品的高孔隙率，甘油的量仅仅是让其表面潮湿：样品仍然看起来很干燥。如图 5-20（b）所示，通过这种方法灵敏度得到了提高，MHE 图也呈一条直线（图 5-19 中曲线 B）。通过对速溶咖啡中残留的反-1,2-二氯乙烯进行检测，可以对表面吸附带来的不良影响和样品湿度的变化进行说明[17]。这个溶剂被用于工业脱咖啡因过程。采用 MHE 法分析干性样品，由于吸附效应以及因样品水分浓度的改变的综合影

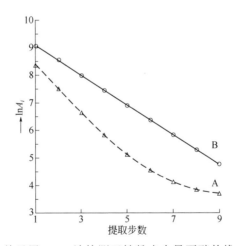

图 5-19　关于用 MHE 法检测干性粉末中异丙醇的线性回归图

曲线：A—100 mg 干性粉末在 110℃ 下平衡 90 min；B—100 mg 干性粉末+307 mg 甘油在 110℃ 下平衡 60 min（相关系数 $r=-0.99995$）

❶ 因为我们还想在同一分析中确定样品的含水量，所以必须使用带有补充气的热导检测器（TCD）。基于这个原因，显然不能用水作为置换剂。因此，选择甘油作为挥发性较低的溶剂。

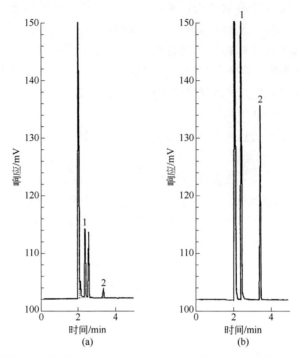

图 5-20　采用（a）悬浮法和（b）表面改性法检测药粉中的异丙醇和水分含量

HS 条件：样品—100 mg 粉末。置换剂—（a）乙基溶纤剂（2.0 mL）；（b）甘油（300 mg）。在 110°C 下平衡 60 min

GC 条件：色谱柱—50 m×0.32 mm 内径的熔融石英毛细管柱，涂布键合有 14%氰丙基甲基硅氧烷的固定相，膜厚 1 μm。柱温 60°C。热导检测器。载气为氢气，3.5 mL/min；尾吹气（氦气）19.0 mL/min

峰辨认：1—水（5.2%）；2—异丙醇（1.9%）

来源：Pharmacopeial Forum[6]许可转载，Copyright 1994，The USP Convention，Inc.

响，得到关于 $\ln A_i$ 与（i-1）的非线性图（见图 5-21 中曲线 A）❶。因此，可以得到这样的结论，Q 值不是常数。这个问题可以通过加入过量的水来解决：图 5-21 中曲线 B 就是通过这种方法得到的线性图。在例 5.7 中给出了相关数据。

【例 5.7】

在一个顶空瓶中，加入 470 mg 咖啡粉末和 100 μL 水。校标液含有 5.06 mg/mL 反-1,2-二氯乙烯的二氧杂环己烷溶液；3 μL 含有 15.18 μg 的二氯乙烯溶液加入另一个空瓶中，进行同样的测定。在第 3 个瓶子中，不加水，只加入 470 mg 咖啡粉进行测定。3 个瓶子在 80°C 下平衡 30 min。

分析柱为熔融石英毛细管柱，50 m×0.25 mm 内径，涂层为键合 SE-54 苯基（5%）

---

❶ 咖啡粉总是有一些湿度，但在 GC 中使用 FID 时无法看到水峰。然而，使用 TCD 检测器，MHE 方法可对速溶咖啡或烘焙咖啡瞬的含水量进行测定[18]。

乙烯基（1%）甲基硅氧烷的固定相，在 70°C 下进行气相色谱检测。表 5-6 列出
MHE 检测结果和相关回归数据；相关图见图 5-21。

表 5-6　采用 MHE 法检测速溶咖啡粉中的残留反-1,2-二氯乙烯（例 5.7）[①]

i	峰面积值		
	干咖啡粉	咖啡粉+水	外部标准溶液
1	31510	26376	33931
2	26343	20777	13585
3	20398	16385	4742
4	12396	12899	
5	6641	10274	
线性回归：			
相关系数 r	−0.970309	−0.99996	−0.999190
斜率 q	−0.38679	−0.23624	−0.98393
$Q=e^{-q}$	0.6792	0.7896	0.3738
截距 A_1^*	36712	26321	34716
总面积 $\sum A$	125096	55442	

① 相关回归曲线见图 5-21。

得到了下述 $\sum A$ 的值：

咖啡粉+水：125096；

校正标准：55442。

在样品中二氯乙烯的总量是：

$$\frac{125096}{55442}\times15.18\,\mu g = 34.25\,\mu g$$

相对应的浓度为质量百分比 0.00729%或 72.9 mg/kg。

在这个校正曲线中，我们没有校准样品体积（见 5.5.4 节）。假设瓶 1 中咖啡粉的体积是 0.5 mL，体积校正因子是 $f_V=22.3/21.8=1.023$，$\sum A_{st}$ 的值是 56714；通过这种方法，样品中二氯乙烯的总量是 33.48 μg，相应的浓度为 71.2 mg/kg。

有时即使加入很少量水，也会导致巨大的变化，主要是平衡时间的改变。一个很好的例子是检测制药用药品粉末中少量的乙醇和二氯甲烷，其基质中含有碳水化合物[19]。图 5-22（a）显示的是原始（干）样品的平衡，图 5-22（b）是 200 mg 粉末中加入 5 μL 水的情况。对于这些图，使用渐进式工作模式通过 HS-GC 分析一系列样品，并且将得到的峰高度相对于平衡时间作图。在使用原始（干）样品的情况下，二氯甲烷很快达到平衡，只用了 20 min，然而，对于极性的乙醇，

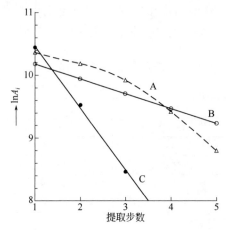

图 5-21　使用 MHE 法检测速溶咖啡中的反-1,2-二氯乙烯得到的回归曲线[19]

A—470 mg 干的咖啡粉；B—470 mg 干咖啡粉+100 μL 水；C—外标准溶液（3 μL 5.06 mg/mL 的 1,4-二氧杂环己烷溶液）。80°C 下平衡 30 min。具体细节见例 5.7

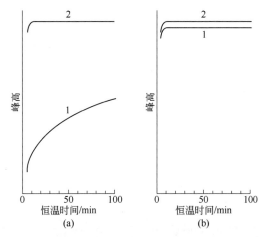

图 5-22　干药粉中乙醇（1）和二氯甲烷（2）的平衡曲线

（a）原始样品（200 mg）；（b）样品（200 mg）+5 μL 水

甚至 100 min 后仍未达到平衡。基质中乙醇释放缓慢，主要是因为代表基质的碳水化合物中含有羟基，其与乙醇有强烈的相互作用。通过仅加入 5 μL 水，就可以使这种情况显著改变：作为一种更强极性物质，它可以将乙醇分子从固体样品表面置换出来。这样，乙醇与二氯甲烷就可以以同样的速度快速达到平衡，平衡状态下的乙醇峰更高，而在干燥样品条件下，它只是真实峰高的一部分。

在实际 MHE 操作中，将 5 μL 水加入 200 mg 原始样品中。采用 TVT 法制备一个气体外标，加入 0.8 μL 含有乙醇和二氯甲烷的甲苯溶液（每个化合物浓度为 20 μg/μL）至一个空的顶空瓶中。在 60°C 下平衡 20 min。回归曲线线性良好（r=0.9999+）。测得乙醇浓度为 84.7 mg/kg，二氯甲烷浓度为 257 mg/kg。例 5.8 只列出了乙醇的测量。

【例 5.8】

在 200 mg 制药药品中加入 5 μL 水进行分析，在 60°C 下平衡 20 min。分析柱 50 m×0.32 mm 内径，熔融石英毛细管柱，涂布键合聚乙二醇 1000 的固定相，GC 分析温度为 70°C。采用乙醇浓度为 18.8 mg/mL 的甲苯溶液作为标准溶液；将 0.8 μL 此溶液（含有乙醇 15.04 μg）加入空样品瓶中进行完全蒸发。表 5-7 列出 MHE 检测结果以及回归数据；图 5-23 表示对应的回归曲线。

表 5-7　采用 MHE 检测法检测药物粉末中的乙醇（例 5.8）[①]

i	峰面积值	
	粉+5 μL 水	标准溶液
1	4055	4876
2	2608	2566
3	1721	1357
4	1130	732

线性回归：

相关系数 r	−0.999915	−0.99956
斜率 q	−0.424888	−0.632597
$Q = e^{-q}$	0.6538	0.5312
截距 A_1^*	4028	4850
总面积 $\sum A$	11636	10346

① 相关回归曲线见图 5-23。

计算得出峰面积总和为：

粉末+5 μL 水：11636

标准样品：10346

含有乙醇的量为：

$$\frac{11636}{10346} \times 15.04\,\mu g = 16.915\,\mu g$$

相对应的浓度（质量百分比）为 0.00846%或 84.6 mg/kg。

一个两点校正曲线得出的总量为 16.246 μg，浓度为 0.00812%（81.2 mg/kg）。

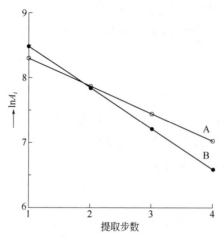

图 5-23　采用 MHE 法测定药物粉末中残留乙醇得到的线性回归曲线（例 5.8）

A—湿药物粉末；B—外部蒸气标准

5.6.3　高吸附性固体样品

高吸附性固体样品具有一个重要且不为人所知的特性，这涉及到解吸的速度和程度。处理此类样品之前，首先要进行调查，确定一个特定的解吸技术来测定回收率。为此，必须在分析物或替代物中加入纯吸附剂来人为制备标准品。目前已知的是，回收率取决于吸附和脱附所经过的时间。通常，人工制备好这种标准溶液，然后测定，很快就能够得到接近 100% 的回收率；如果延长样品加标和解吸分析之间的时间，则回收率较低。

例如，按照 Hellmann[20] 的建议，用 1 g 漂白土制备一个人造土壤标准，这是一种强吸附剂，使用前预先在 200℃ 下干燥，然后在室温，具有一定湿度的空气中平衡。当在这个标准样品中加入挥发性芳香烃和氯代烃（每种化合物 2.5 μg/g），然后加入 2 mL 水作为置换剂，在 60℃ 下解吸，可以发现平衡速度取决于加标和加入解吸剂的时间间隔。如果解吸发生在碳氢化合物加入固体 3 h 以后，在 60℃ 下平衡 1 h 的回收率为 91%。如果解吸发生在样品加标后的 2 天，且在此期间样品在室温下储存，那么 60℃ 下平衡 1 h 的回收率只有 21%，回收率达到 91% 需要 4 h 的平衡时间[21,22]。通过对比，我们注意到含有同样碳氢化合物的水溶液在 60℃ 下完全平衡需要 45 min。解吸速度的差异归因于吸附后，吸附分子缓慢迁移到固体微孔中以及解吸过程中缓慢的逆转过程。

为了解决这一问题，特别是针对高吸附土壤样品（并不是所有样品都吸附：如砂土和湿黏土几乎完全无吸附作用），建议在分析时采用一个 2 步法[21,22]。置换步骤使用水，样品采集后，将水浆状土壤样品储存在一个盖好的样品瓶中（通常，

1 g 土壤+2 mL 水），置于 95~100°C 的烘箱中数小时（例如，过夜）。当上述过程结束完成后，解吸也就变得不可逆：从此，挥发性有机成分保留在水相中，土壤表现的就像一个惰性的沉积物。至此，样品瓶就可以在低温下储存，其后可以在常见的平衡时间（例 60°C 下 45 min）下，在更低的温度下进行分析。

通常建议，土壤样品在收集和分析之间，应储存在冰箱中，这个操作恰恰违背了这一建议。然而，我们的经验[21,22]表示这种操作还是具有一定的优点。

这种现象的重要性在于，无论何时涉及吸附和解吸过程，高吸附性样品都需要比通常预期的更多的解吸时间——而液体置换剂和顶空之间的平衡总是更快。例 5.7 为一个实例（图 5-22），在这里，振荡器的使用并没有太大帮助，因为机械振动显然对微孔扩散没有影响。而超声波则更有效，在 2 步法的推荐操作中，解吸过程通常在高温（接近 100°C）超声波水浴中进行。

这上述操作中，也就是土壤的泥浆样品收集后，在接近 100°C 下迅速解吸，有助于避免挥发性芳香烃和卤代烃微生物降解的问题。在这个过程中，样品在高温下自动进行巴氏杀菌，不需要加入化学添加剂。

含有大量有机质的土壤样品吸附性较强（可参考其后讨论的图 9-8），即使采用了 2 步法，回收率也通常较低（60%~80%）[21]。显然，除了物理吸附和解吸过程外，不能排除有化学反应（如腐植酸？）的存在。

5.7 不同体积顶空样品的校正技术

前面已经讨论过，在顶空瓶中称取相同体积的样品和标准是很有必要的，有时（当目标物的分配系数较低时）是必须需要这样做的。然而，对于含有高挥发性分析物的黏性样品，快速处理至关重要，因此难以保证精确体积的重现性。一种解决方案是通过间接计算确定样品中分析物的浓度，从而了解各个样品体积。这个方法是基于 HS-GC 的基本关系：

$$A \propto \frac{C_o}{K + \beta} \qquad (2.19)$$

也可以以下述方式表示：

$$C_o = fA(K + \beta) \qquad (5.48)$$

式中，K 是所用样品基质中目标物的分配系数；β 是瓶中样品相比例；A 是得到的峰面积；C_o 是样品中分析物的原始浓度；f 是一个比例因子。必须注意的是，这个校准方法要求样品中和标准样品中的分配系数 K 值相同。只有用纯基质制备外标才能达到这一点。

我们可以通过以下方式为样品（s）和校正标准（ex）编写这种关系：

$$C_{o,s} = fA_s(K + \beta_s) \qquad (5.49a)$$

$$C_{o,ex} = fA_{ex}(K + \beta_{ex}) \qquad (5.49b)$$

在公式（5.49a）和公式（5.49b）中，有三个未知量：$C_{o,s}$，K 和 f。为了知道 $C_{o,s}$，其它两个未知量必须确定。最简单的方法就是采用在第 9 章讨论的方法去检测分配系数的值。如果知道这个值，$C_{o,s}$ 可以被检测出：

$$C_{o,s} = C_{o,ex} \times \frac{A_s}{A_{ex}} \times \frac{K + \beta_s}{K + \beta_{ex}} \qquad (5.50)$$

为了解释这个计算过程，我们引用了后面章节的数据（例 9.9），采用 PRV MHE 法（见 9.4.3.2 节）检测丁酮（MEK）的分配系数，重新计算 5 mL 样品中 MEK 的浓度。

【例 5.9】

样品和标准品的体积分别为 5.0 mL 和 1.0 mL，瓶体积 22.3 mL，所以，相比值为 β_s=3.46 和 β_{ex}=21.3。MKE 标准样品浓度为 2.415 mg/mL，在 70℃ 条件下，空气-水体系中，MKE 的分配系数为 K=44.5；其它详细信息见例 9.9。可以得到下面的峰面积值为：A_s=1470，A_{ex}=5346。所以，

$$C_{o,s} = 2.415\,\text{mg} / \text{mL} \times \frac{1470}{5346} \times \frac{44.5 + 3.46}{44.5 + 21.3} = 0.484\,\text{mg} / \text{mL}$$

例 9.9 表示，5.0 mL 溶液中，MEK 的量是 2.415 mg（3 μL），浓度为 0.483 mg/mL。因此，结论非常吻合。

Markelov 等[23]研究了一种用于顶空定量分析的特殊方法，称之为体积可变技术，即在一系列小瓶中，样品体积以及相比 β 都是变化的。因此，基本的分配系数 K 将自动确定并包含在校准过程中，其方式与 PRV 技术相同（参见 9.4.2 节）。

5.8 气体样品分析

如同 4.3.1 节讨论的，顶空瓶也可以用来收集气体样品，我们提出了两个简单的操作方法。第一，利用一个小手泵；第二，让被分析的气体吹入瓶中。我们对每种技术分别举出了相关实例。

第一个例子，分析地下停车场空气中的痕量芳香烃（苯、甲苯、乙苯和二甲苯：苯系物[24]）。使用图 4-6 所示的一个小型手泵，将顶空瓶充满环境空气，并使用低温样品捕集器（见 3.7 节）来进一步提高检测限。色谱图如 3-27 所示。

在 3 min 的传输时间内，样品转移到低温捕集器中，采用 FID 检测器，检出限为 10 ng/mL，但是，随着样品传输的进一步增加以及采用光离子化检测器（PID），检出限会进一步降低。外部蒸气标准是将苯系物的丙二醇碳酸酯溶液在瓶中完全蒸发制得的。

【例 5.10】

图 3-27 为色谱图，仪器以及分析条件在图片说明中。

外部蒸气标准样品校正法❶。此处使用储备溶液 Ⅱ，按照例 4.1 的方法进行制备；其中苯浓度为 8.79 μg/mL。移取 5 μL 溶液（含有 43.93 ng 苯）加入一个 22.3 mL 空顶空瓶中，蒸发。瓶中苯总量为 43.93 ng，瓶中气体部分苯浓度为 1.97 ng/mL。

得到下述峰面积值：

样品：18343

标准溶液：44681

所以实际气体样品（22.3 mL）中苯含量为：

$$\frac{18343}{44681} \times 43.93 \text{ ng} = 18.035 \text{ ng}$$

浓度为 809 μg/m³。

第 2 个例子是关于吸烟者和不吸烟者呼吸气中一氧化碳的分析[25]。在 4.3.1 节中讨论过如何进行样品采集，即通过塑料管吹一口气到样品瓶中。为了提高灵敏度，将呼吸气中含有的一氧化碳在分析过程中先在镍催化剂作用下氢化成甲烷❷，使用 FID 检测器检测。

$$CO + 3H_2 \longrightarrow CH_4 + H_2O$$

这个反应由 Sabatier 在 1902 年首先提出，在 1961—1962 年修订为 GC 方法[26,27]。在实际操作中，在柱出口和 FID 喷嘴之间插入一个含有催化剂的小反应管，检测器所需的氢气流需从反应管上游处引入。如今，这种甲烷化系统已成为气相色谱仪器的常用配件（见例子[28]）。进行校准时，通过一个气密性注射器向一个空的顶空瓶注入 5 μL 纯一氧化碳气体，得到一个外部标准样品。

图 5.24 为测定得到的两个色谱图。甲烷峰对应于呼吸中初始甲烷含量。与外

---

❶ 只给出苯的校正曲线。其余芳香烃的检测浓度在图 3-27 中说明。

❷ 实际上，呼吸气中含有的二氧化碳也会转化为甲烷：

$$CO_2 + 3H_2 \longrightarrow CH_4 + H_2O$$

由于一氧化碳和二氧化碳在进入反应管之前已经被色谱柱分离，所以色谱图上会出现分裂峰。然而，如果使用反冲模式，CO_2 相对应的大峰会在到达反应管之前消除。

标对照，可得到一氧化碳浓度为：不吸烟者（或被动吸烟者）为 3 mg/L，吸烟者
为 70 mg/L。

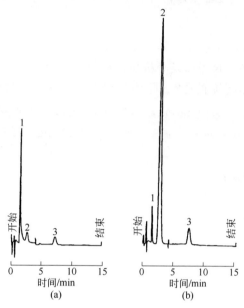

图 5-24　不吸烟者（a）和吸烟者（b）的呼吸通过 HS-GC 得到的色谱图，采用
甲烷化系统和 FID 检测器将呼吸中的一氧化碳（和二氧化碳）转化为甲烷[25]

HS 条件：瓶温度 40℃

GC 条件：色谱柱—两个 50 cm×1/8 in（3.2 mm）外径的填充柱，填料为 Carbosieve SII，60/80 目；反
吹模式。柱温 40℃。载气为氢气，33 mL/min。FID 衰减为×8。反应器氢气入口压力为 131 kPa

峰：1—"空气"（由于呼吸中的湿度以及催化反应产生的水导致的干扰）；2——氧化碳（转化为甲烷），
色谱图（a）为 3 mg/L（不吸烟者或被动吸烟者），色谱图（b）为 70 mg/L（吸烟者）；3—甲烷（呼吸中
原有的甲烷）

参 考 文 献

[1] G. Machata, Mikrochim. Acta 1964, 262-271.

[2] G. Machata, Blutalkohol 4, 3-11 (1967).

[3] G. Machata, Clin. Chem. Newslett. 4, 29-32 (1972).

[4] D. J. Brown and W. Ch. Long, J. Anal. Toxicol. 12, 279-283 (1988).

[5] B. Kolb, J. Chromatogr. 122, 553-568 (1976).

[6] B. Kolb, Pharmacopeial Forum 20, 6956-6960 (1994).

[7] B. Kolb and L. S. Ettre, Chromatographia 32, 505-513 (1991).

[8] B. V. Ioffe and A. G. Vitenberg, Chromatographia 11, 282-286 (1978).

[9] L. S. Ettre and B. Kolb, Chromatographia 32, 5-12 (1991).

[10] B. Kolb, M. Auer, and P. Pospisil, J. Chromatogr. 279, 341-348 (1983).

[11] U.S. Pharmacopeia XXIII. Organic Volatile Impurities (467), Method IV, 1995, pp. 1746-1747.

[12] F. Bruner, Gas Chromatographic Environmental Analysis, VCH Publishers, New York, 1993, pp. 119-179.

[13] A. M. Canela and H. Muehleisen, J. Chromatogr. 456, 241 (1988).

[14] J. Gan, S. R. Yates, W. F. Spencer, and M. V. Yates, J. Chromatogr. A 684, 121-131 (1994).

[15] B. Kolb and M. Auer, Fresenius J. Anal. Chem. 336, 291-296, 297-302 (1990).

[16] N. Onda, A. Shinohara, H. Ishi, and A Sato, HRC 14, 357-360 (1991).

[17] B. Kolb, P. Pospisil, and M. Auer, Chromatographia 19, 113-122 (1984).

[18] B. Kolb, in J. Gilbert (editor), Analysis of Food Contaminants, Elsevier, Amsterdam, 1984, pp. 117-156.

[19] B. Kolb, in R. A. A. Maes (editor), Topics in Forensic and Analytical Toxicology, Elsevier, Amsterdam, 1984, pp. 119-126.

[20] H. Hellmann, Fresenius Z. Anal. Chem. 327, 524-529 (1987).

[21] T. C. Voice and B. Kolb, Environ. Sci. Technol. 27, 709-713 (1993).

[22] B. Kolb, C. Bichler, M. Auer, and T. C. Voice, HRC 17, 299-302 (1994).

[23] M. Markelov, D. Mendel, and L. Talanber, in Pittsburgh Conference Abstracts, 1983, No. 206.

[24] B. Kolb, LC/GC Int. 8, 512-524 (1995).

[25] M. Auer, C. Welter, and B. Kolb, HS Application Report No. 114, Bodenseewerk Perkin-Elmer Co., Überlingen, Germany, 1989.

[26] U. Schwenk, H. Hachenberg, and M. Förderreuther, Brennstoff-Chem. 42, 194-199, 295-296(1962).

[27] K. Porter and D. H. Volman, Anal. Chem. 34, 748-749 (1962).

[28] Data Sheet No. GCHN-10, Perkin-Elmer Corporation, Norwalk, CT, 1991.

第 6 章

顶空-气相色谱的方法开发

分析人员经常面临新样本的问题：如何制备，使用哪种方法进行定量分析，以及选择何种条件。在进行一些初步调查之前，几乎不可能给出确切的解决方案。因此，在本章中，我们提出了一些关于如何解决这些问题的一般指导原则，同时举了三个例子，解释了在最终分析之前必须在方法开发中考虑的各种问题和可供选择的条件。这一部分将对以下几个例子进行讨论：

① 聚苯乙烯样品中残留的苯乙烯单体的测定；

② 印刷层压塑料薄膜中的残留溶剂的测定；

③ 电解镀槽中的有机溶剂的测定。

我们选择这些例子是因为它们代表复杂、实用的样本，允许多种选择，因此需要分析人员做出某些决定。这些例子还说明了第 5 章中顶空-气相色谱定量处理的一些方法。

6.1　一般指导原则

方法开发首先要对样本进行一个大致的考察。需要考察的主要问题是：分析物的稳定性是否足以进行顶空分析？样品的物理状态是否适合将可重复的等分试样放入顶空样品瓶中？ 如果样品是固体，那么它是否代表一个分配系统？如果不代表的话，是否需要对其进行调整，使待测成分形成一个两相间的分配状态，以保证其能够从样品中释放到到顶空中？ 或者，样品是否可以溶解？

下一步是评估平衡所需的时间。这可以通过将包含相同量样品的多个小瓶放入自动 HS-GC 仪器的恒温器中，并使用例如渐进式工作模式将它们进行更长时间的加热来完成。类似于图 4-1~图 4-5 的曲线将告诉分析人员，在选定的温度下，是否可以在合理的时间内实现平衡，那么这个合理的时间又是多久。可以提高恒温温度以减少平衡时间，但必须注意不要使用太高的温度，因为它可能对样品有损和/或导致小瓶中的压力太高。

待测成分的浓度也必须考虑。如果浓度太高，必须对样品进行稀释。如果浓度过低，必须对其它一些条件（取样尺寸，加热时间）进行调整，以提高顶空的灵敏度，也可以考虑采用对样品进行低温浓缩的方法。为了降低基质效应，也可以选择对样品进行稀释。

最后，必须从峰分离的方面对色谱图进行评估，并按照 GC 的一般准则对色谱条件进行调整。对色谱图的研究还可以提供一些有用信息，如确定是否有可能使用内标，实际上也就是说，色谱图中是否有空间提供给内标峰。

将等分试样从小瓶的顶部空间转移到 GC 柱中的条件也需要特别考虑。但是，由于这些取决于所使用的系统，因此这里不能给出一般指导原则。分析人员必须查阅特定仪器的使用说明书和供应商提供的其它文档。

通用条件设置完毕,下一步是选择用于定量分析的方法。重要的是要理解各种定量技术一般都是通用的,并且实际选择取决于许多因素:例如,是单个分析还是许多类似样品的分析,以及测定目标是分析终产物(分析所需的时间是次要的)还是与测量和生产控制(在短时间内需要结果)相关。

具有外标(蒸气)的 MHE 技术非常有用,一般被用作方法开发的首选,因为它提供了样品平衡和分布的大量信息。根据 MHE 分析中获得的知识,可以对顶空条件进一步完善和调整。并且,基于 MHE 测量获得的信息,对样品的常规分析,我们还可以选择另一种定量方法。同样,一般准则在这里不适用:样本和测定需求最终将决定最佳方法的选择。在下面的例子中,我们试图说明在建立最终分析方法之前分析人员必须一步一步进行考虑的因素。

6.2 聚苯乙烯颗粒残留单体的含量测定

我们的目标是开发一种测定聚苯乙烯(PS)颗粒中残留苯乙烯单体(SM)含量的方法。为了分析,首先液氮条件下对聚苯乙烯颗粒进行冷冻研磨,并研究所得粉末。

6.2.1 第一种方法:内标法多级顶空萃取

我们首先选择带内标法的多级顶空萃取(MHE),使用 2-甲氧基乙醇(甲基溶纤剂;bp 124~125°C)作为内标。在确定响应因子时使用含 4 个点的 MHE 程序,在样品分析中使用含 9 个点的 MHE 程序。

【例 6.1】

(1)影响因子的测定 向 10 mL 容量瓶中加入 1 mL(0.9074 g)SM 和 1 mL(0.9660 g)甲基溶纤剂,采用 DMF 定容。向顶空小瓶中加入 2.0 mL 该溶液(含有 181.5 mg SM 和 193.2 mg 甲基溶纤剂)并在 120°C 下完全蒸发 30 min。分析和仪器条件见图 6-1 的图示。

MHE 测量结果与线性回归数据列于表 6-1 中;对应的曲线见图 6-2。峰面积的总和(表 6-1 中的总面积 $\sum A_i$ 和 $\sum A_{st}$)使用公式(5.28)计算。将这些值代入公式(5.33),得到响应因子(f_i 或 RF):

$$f_i = \frac{181.5}{193.2} \times \frac{1284486}{3897588} = 0.3096$$

(2)样品分析 通过将 1.0 mL 甲基溶纤剂标准物质(0.9660 g)用 DMF 定容至 10.0 mL 来制备甲基溶纤剂的标准溶液。将 2.5 μL 该溶液的等分试样(含有

241.5 µg 标准物质）加入 200 mg PS 粉末中，并在 120°C 下平衡 120 min。MHE 测量结果与回归数据共同列于表 6-2 中，对应的曲线见图 6-3。

根据峰面积的总和（表 6-2 中的 $\sum A_i$ 和 $\sum A_{st}$）和响应因子 f_i，SM 的量可以根据公式（5.32）计算得到：

$$W_i = 241.5\ \mu g \times 0.3096 \times \frac{1949361}{1572197} = 92.7\ \mu g$$

样品中的浓度是 92.7 µg/200 mg=464 µg/g。

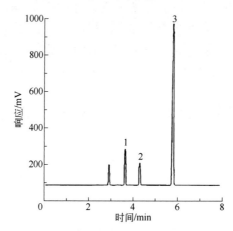

图 6-1　使用甲基溶纤剂作为内标分析聚苯乙烯样品中的残余苯乙烯单体（实施例 6.1）

HS 条件：样品—200 mg 冷冻研磨的聚苯乙烯，加入含 241.5 mg 内标的 DMF 溶液。120°C 下平衡 120 min

GC 条件：分析柱—50 m×0.32 mm 内径的熔融石英开管柱，固定相为聚乙二醇，膜厚 0.4 µm。柱温 120°C，分流进样，FID 检测器。

峰：1—甲基溶纤剂；2—苯乙烯；3—DMF

表 6-1　MHE 测量聚苯乙烯颗粒中残留的苯乙烯单体（SM）（例 6.1）；响应因子 f_i 的确定[①]

i	峰面积	
	分析物（SM），A_i	内标（甲基溶纤剂），A_{st}
1	2343274	773093
2	933169	307106
3	373967	123086
4	146473	48537
线性回归：		
线性相关系数 r	−0.999987	−0.999995
斜率 q	0.923139	0.921853
$Q=e^{-q}$	0.397270	0.397781
截距 A_1^*	2349193	773542
总面积 $\sum A$	3897588	1284486

① 线性回归曲线见图 6-2。

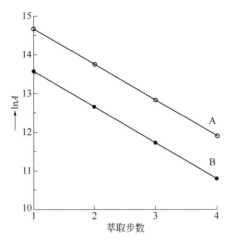

图 6-2 实施例 6.1 中列出的采用 MHE 和 TVT 技术对响应因子进行测定的线性回归

A—苯乙烯单体；B—甲基溶纤剂

表 6-2 MHE 测定聚苯乙烯颗粒中残留苯乙烯单体（SM）（例 6.1）；内标法[①]

i	峰面积	
	分析物（SM），A_i	内标（甲基溶纤剂），A_{st}
1	478194	756587
2	371329	298658
3	276909	202251
4	209592	104783
5	154916	53510
6	116022	28129
7	85186	14364
8	64049	7590
9	47010	3.873
线性回归：		
线性相关系数 r	−0.999809	−0.999987
斜率 q	0.29167	0.65979
$Q=e^{-q}$	0.74702	0.51696
截距 A_1^*	493159	759434
总面积 $\sum A$	1949378	1572191

① 线性回归曲线见图 6-3。

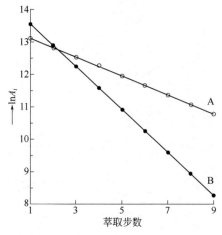

图 6-3　使用内标法，对实施例 6.1 中概述的聚苯乙烯样品的 MHE 测量进行线性回归
A—苯乙烯单体；B—内标（甲基溶纤剂）

6.2.2　第二种方法：内标法单次测定

基于上述检测步骤，我们现在可以建立一种简化的常规分析方法。　在这里，我们将按照例 6.1 中的程序对样品进行分析。向 200 mg PS 粉末中加入 2.5 mL 甲基溶纤剂溶液（含有 241.5 μg 甲基溶纤剂），进行分析。但是，我们只进行一次顶空测量（见图 6-1）。我们得到了分析样品中存在的 SM 的峰面积（$A_{1,i}$），和添加的甲基溶纤剂的峰面积（$A_{1,\text{st}}$）。为了计算 SM 的量，我们现在需要校准因子 f_c，从固体样品的单次检测中可以得到 f_c 的值，其中标准 st 和分析物 i 的量 W 是已知的［参见公式（5.7）］。

$$f_{\text{c}} = \frac{W_i^{\text{c}}}{W_{\text{st}}^{\text{c}}} \times \frac{A_{\text{st}}^{\text{c}}}{A_i^{\text{c}}} \tag{6.1}$$

我们在这里使用上标 c，以表示这些值是用来校准的。

这些计算中所分析的样品可认为是校准样品（或工作标准）：SM 的含量为 $W_i^{\text{c}} = 92.7 \, \mu g$，添加的甲基溶纤剂的量是 $W_{\text{st}}^{\text{c}} = 241.5 \, \mu g$。现在使用第一次（$i=1$）测量的峰面积（表 6-2）：

$$A_{\text{st}}^{\text{c}} = 756587; \quad A_i^{\text{c}} = 478194$$

按照公式（6.1）计算得到的校正因子 f_c=0.6073。自然的，该值与例 6.1 中确定的响应因子的值（f_i=0.3096）不同，在例 6.1 中，其响应因子是使用完全蒸发的物质确定的，因此仅反映了检测器响应的差异。另一方面，这里使用的校准因子表示响应因子和分配系数（基质效应）的组合影响。

6.2.3　第三种方法：外标法多级顶空萃取

也可以使用外标 MHE 进行测定。在例 6.1 中，我们制备了 SM 溶液，浓度为 0.9074 g/10 mL，2.0 μL 的这种溶液含有 SM 为 $W_{ex}=181.5$ μg，该值用于计算响应因子，这个溶液也可看做外标，表 6-1 中的 A_i 现在变成 A_{ex}。采用 MHE 测定的得到的总峰面积 $\sum A_{ex}=3897588$，对聚合物样品进行分析，得到 $\sum A_i=1949378$（表 6.2）。代化公式（5.30）得：

$$W_i = \frac{\sum A_i}{\sum A_{ex}} \times W_{ex} = \frac{1949378}{3897588} \times 181.5 \text{ μg} = 90.8 \text{ μg}$$

对应的浓度是 90.8 μg/200 mg=454 μg/g，这个结果与例 6.1 得到的结果只相差 2%。

注意，在这些计算中，没有对样本体积的差异进行校正，因为体积校正因子仅为 1.009（即，差异将小于 1%）。

6.2.4　第四种方法：溶液分析法

也可以使用溶液法（参见 4.2 节）进行测定，将 PS 样品溶解在 DMF 中，并使用溶剂为 DMF 的 SM 溶液作为外标。然而，在这种情况下，样品的稀释将导致顶空灵敏度降低约一个数量级。

6.3　印刷塑料薄膜中残留溶剂的测定

HS-GC 的一个重要应用是测定食品包装中使用的印刷，塑料或铝膜中残留的溶剂。图 6-4 显示了样品的典型色谱图。我们发现，在如此厚的层压薄膜（250 mm）中缓慢扩散会导致较长的平衡时间：在 150°C 下为 2 h。许多顶空定量技术可用于此测定，方法开发的目的是对常规分析的方法进行评估，以便能够找到最佳测定方法。

如图 6-4，可能出现很多残留溶剂，这里讨论的例子仅涉及甲苯。其它溶剂的量（浓度）可以使用适当的标准以类似的方式确定。

6.3.1　第一种方法：外标法多级顶空萃取

尽管对于常规分析来说太长了，但我们还是首选外标校准的多点 MHE 方法来进行测定，使用甲苯蒸气作为外标。采用一块 10 cm×10 cm 的薄膜作为样品，其体积为 2.50 mL，为小瓶体积的 11.2%；因此，必须要对样品体积进行校正。

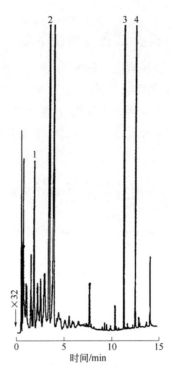

图 6-4 分析印刷的层压塑料薄膜中的残留溶剂（实施例 6.2）

HS 条件：样品—100 cm^2×0.25 mm 厚膜，熔融石英，150°C 平衡 2 h

GC 条件：柱子—25m×0.32mm 内径，开管柱，表面键合聚乙二醇固定相，膜厚 1 μm。柱温—60°C 保持 5 min，然后以 10°C/min 的速度升温至 160°C。不分流进样。FID 检测器

峰辨认：1—二异丁基酮；2—甲苯；3—丁基溶纤剂乙酸酯；4—己基溶纤剂

【例 6.2】

将 10 cm×10 cm 印刷的层压塑料薄膜置于 22.3 mL 顶空小瓶中。向另一个单独的小瓶中加入 1 μL（0.867 mg）纯甲苯。将两个小瓶在 130°C 下恒温 2 h，然后进行多点 MHE 测定。表 6-3 的 A 列和 B 列列出了结果和回归数据；相应的曲线（A 和 B）见图 6-5。

体积校正因子 [公式（5.37）]：$f_V = \dfrac{22.3}{22.3-2.5} = 1.1263$

表 6-3 采用 MHE 技术对测定印刷的层压塑料薄膜中的
残留溶剂（甲苯）的方法开发（例 6.2 和例 6.3）

i	峰面积		
	A	B	C
	样品 A_o	外标 A_{ex}	样品+1 μL 甲苯 $A_{(o+a)}$
1	51540	475983	264986
2	27270	131875	169109

i	峰面积		
	A	B	C
	样品 A_{o}	外标 A_{ex}	样品+1 μL 甲苯 $A_{(o+a)}$
3	15473	40600	98626
4	8736	12296	56766
5	5183	3672	33978
6	3269	1083	19605
7	1939		12006
8	1235		6753

线性回归：

相关系数	−0.998685	−0.999943	−0.999786
斜率 q	0.53004	1.21046	0.52706
$Q=e^{-q}$	0.58858	0.29806	0.59034
截距 A_1^*	46402	460789	277105
总面积 $\sum A$	112785	656451	676424

① 线性回归曲线见图 6-5。

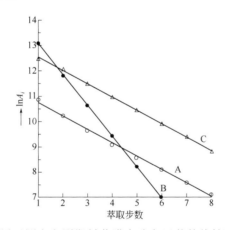

图 6-5　用于测定印刷塑料薄膜中残留甲苯的线性回归曲线

曲线：A—100 cm² 的薄膜；B—外标校正溶液；C—100 cm² 的薄膜+1 μL 甲苯。详情见例 6.2 和例 6.3

　　使用公式（5.28）计算总峰面积（表 6-3 中的 $\sum A$）。通过体积校正因子进一步校正外标的值，并获得校正后的总面积为：

$$\sum A_{ex}^{x} = 656451 \times 1.1263 = 739361$$

　　由此值及其样品中甲苯峰面积的总和（表 6-3 中的 $\sum A_o$），得出样品中存在的甲苯量：

$$\frac{112785}{739361} \times 0.867 \text{ mg} = 0.132 \text{ mg}$$

也就是样品中甲苯的浓度是 1.32 μg/cm^2。

6.3.2 第二种方法：标准加入法多级顶空萃取

多点 MHE 方法对于常规测量来说太耗时，特别是在平衡时间较长的情况下，因为重叠工作模式在这里不适用。下一步是确认是否可以使用标准加入法。在这里，首先必须测试气相添加（GPA）是否适用于这种相当厚的样品：换句话说，添加到样品瓶气相中的甲苯量是否会在两相之间快速分配。同样，这里也可以使用 MHE 测定：如我们所见 [图 5-15 中（e）]，如果两条曲线是平行的（具有相同的斜率值），则具有相同的基质效应（即相同的分离过程）。

【例 6.3】

将 10 cm×10 cm 印刷的层压塑料薄膜置于顶空小瓶中，并向其中加入 1μL 甲苯（约 0.867 mg）。通过与之前样品相同的平衡和 MHE 程序（例 6.2）对样品进行测定。结果与回归数据一起列于表 6-3 的 C 列中（图 6-5 中的曲线 C）。根据这些数据，使用公式（5.28）计算峰面积的总和（总面积 $\sum A_{(o+a)}$）。

根据公式（5.34），相对于第一样品（表 6-3 中的 A 列）的分析计算存在的甲苯量。

$$W_o = 0.867 \text{ mg} \times \frac{112785}{676424 - 112785} = 0.173 \text{ mg}$$

它的浓度是 1.73 μg/cm^2。

对比图 6-5 中的曲线 A 和 C，可以看到它们是平行的；从表 6-3 可以得到它们的斜率实际上是相同的。这些都是很重要的信息，表明确实有一个分配系统的存在，随机添加到气相的标准物质在两个相之间达到平衡。

然而，这里还有一个问题：与例 6.2 的结果相比，这种方法测得的结果存在一定差异（1.32 μg/cm^2 对 1.73 μg/cm^2）。这种差异的原因是样品本身不均匀性所带来的，这一点在这种类型的样品中也较为常见。有两种方法可以克服这个问题：即采用第三种和第四种方法。

6.3.3 第三种方法：内标法

最好的解决方案是使用内标。但是，在此例的特定条件下，却无法使用。如果我们查看图 6-4 中的色谱图，就很清楚了：没有多余的空间给这个额外的峰。❶

---

❶ 顺便说一句，这是复杂样品中使用内标的常见问题。这个问题不是顶空分析所独有的。

6.3.4 第四种方法：标准加入法

我们选择的最终方法是标准加法，如第二种方法中所用，但增加了以下步骤：①通过使用内部归一化标准补偿样品的不均匀性；②仅使用单次测量来减少分析所需的时间。我们使用在色谱图中（图 6-4）与二异丁基酮对应的峰 1 作为内部归一化标准；采用公式（5.19）进行计算。

【例 6.4】

以下为所得到的峰面积：

样品	峰面积	
	甲苯	归一化标准
原始样品	51540	9120
样品+1 μL 甲苯	264986	6437

归一化标准的值 [参考公式（5.16）和公式（5.17）]：

$$R_o = 51540/9120 = 5.651$$

$$R_{(o+a)} = 264986 / 6473 = 40.937$$

初始样品中甲苯的含量（公式 5.19）：

$$W_o = 0.867 \text{ mg} \times \frac{5.651}{40.9037 - 6.651} = 0.139 \text{ mg}$$

样品中甲苯的浓度是 1.39 μg/cm^2，这与例 6.2 中（1.32 μg/cm^2）的结果相一致。

6.4 阴极电镀液中挥发性成分的测定

在这个例子中，我们首先尝试不稀释，使用全蒸发技术来消除基质效应，这似乎是合乎逻辑的解决方案。然而，结果并不令人满意，因此必须找到另一种方法。

样品是阴极电解镀液，我们希望得到这个溶液中乙二醇单己醚（己基溶纤剂：bp 208°C）的浓度。在这种情况下，我们认为对不稀释的 10 μL 样品进行全蒸发（FET）可以简化测定，而无需通过稀释降低顶空灵敏度。假设所有的己基溶纤剂都会蒸发，并使用 130°C 和 30 min 的条件进行恒温。

6.4.1 第一种方法：外标法多级顶空萃取

第一种方法，将 10 μL 己基溶纤剂水溶液作为外标注入一个顶空小瓶中，并将相同体积的电解液样品注入另一个顶空小瓶中。两个样品均通过 8 步 MHE 程序进行测定，对应的曲线见图 6-6。

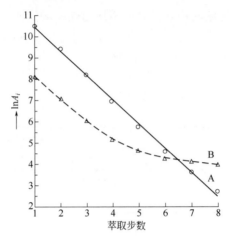

图 6-6　在 130°C，恒温 30 min 条件下，MHE 测定阴极电解镀液中己基溶纤剂的线性回归图
A—己基溶纤剂水溶液；B—电镀液

看一下与外标准相关的曲线，可以发现线性相当好。这意味着完全蒸发的条件是令人满意的。然而，电解液曲线显示的结果是非线性的：连接己基溶纤剂的各个点的图对应于图 5-15（f）的情况。出现这种情况的原因，在第 5 章中已经确认，是由于顶空小瓶中的残留电镀液仍然是干燥且具有高吸附性造成的，电镀液中各种固体化合物（盐、颜料和其它成分）的额外吸附导致曲线弯曲，这也表明在这种情况下不能使用 FET。

6.4.2　第二种方法：外标溶液的稀释和使用

然而，电解液中挥发性成分浓度还是足够高的，可以用水按照 1∶10 的比例对电解液稀释，以此来消除可能产生的基质效应。图 6-7 显示了 2 mL 等分试样获得的色谱图。为了定量评价，这里使用己基溶纤剂的水溶液作为外标。该方法给出了令人满意的结果，并用于进一步对一系列近似的样品进行处理（第 5 章图 5-7中就显示了一个此类样品）。

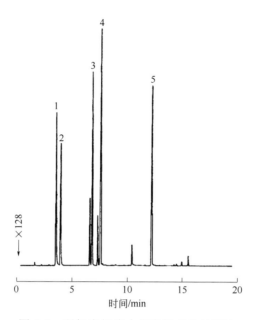

图 6-7　阴极电解液中挥发性成分的测定

HS 条件：初始样品用水 1∶10 稀释，取 2 mL 稀释液分析，90℃ 下平衡 60 min

GC 条件：分析柱—25 m×0.25 mm 内径的熔融石英开管柱，表面键合甲基硅油固定相，膜厚 1 μm。柱温—50℃ 下保持 2min，然后以 8℃/min 的速度升温至 180℃。分流进样。FID 检测器

色谱峰（初始样品中的浓度）：1—乙基溶纤剂（1.0%）；2—甲基异丁基酮（0.03%）；3—二甲苯（0.08%）；4—丁基溶纤剂（0.9%）；5—己基溶纤剂（0.9%）

第 **7** 章

非平衡静态顶空分析

在前面的所有讨论中，我们假设在将顶空的等分试样传输到 GC 分析柱之前，在样品和其顶空之间建立了平衡。在这种情况下，第 2 章中讨论的理论关系是有效的，原始样品中分析物的浓度（量）可以通过对等分试样分析结果的定量评估来确定。

然而，有时可以在达到平衡之前进行顶空分析，并在进一步研究，包括定量分析中使用这些数据。当然，达到平衡的时间还是需要确定的，采用自动化的渐进式工作模式（参见 3.4.2 节和 4.1 节）在此是一个好的选择，可以达到确定时间的目的。在非平衡条件下工作的绝对先决条件，是所有操作和分析参数都可以实现完整的再现。

在非平衡条件下进行顶空分析可以出于两个原因。在第一种情况下，分析时间（特别是平衡所需的时间）对于过程控制或常规检测的预期目的来说太长。因此，当样品加热时间少于达到平衡所需要时间时，借助于预先测定得到的校准因子，也可以获得定量结果。在第二种情况下，样品是热敏感的，在完全平衡过程中可能会受损。

7.1 加速分析

在第一种情况下，样品必需的平衡时间和正确的定量结果已知。然而，如果需要快速知道结果（例如，用于过程控制或具有优先样品），则可以缩短加热时间，此时平衡尚未达到，结果可能偏低，则需要对分析结果进行修正，以获得正确的浓度值。这里以烟草中的薄荷醇测定为例，对这种分析的可能性进行说明。

取等分的烟草试样置入顶空小瓶中，加入水作为置换剂。采用渐进式工作模式来确定平衡所需的时间（见图 7-2）。我们发现，在 80°C 条件下，这个时间出乎意料，竟然长达 90 min，这显然是由于薄荷醇从烟草基质中解吸过程非常缓慢造成的，而不是其水相和气相之间的分配过程，分配过程要快得多。这个测定按照例 7.1 中所述标准添加的条件，在平衡条件下进行测量。根据方程式（5.20）使用线性回归进行评估。

【例 7.1】

取香烟样品（500 mg）于 4 个顶空小瓶中，并向每个小瓶中加入 5 mL 水。 另外，制备浓度为 50 mg/mL 的薄荷醇的甲醇溶液，并将 10 μL、20 μL 和 30 μL 该溶液的等分试样加入小瓶 2、3 和 4 中。将小瓶在 80°C 恒温 90 min，然后以常规方法分析它们的顶空部分。分析柱为：50 m×0.32 mm 内径的熔融石英开管柱，键合聚合物（乙二醇）固定相（膜厚：0.4 μm）。将该柱在 130°C 下保持 5 min，然后以 6°C/min 程序升温；薄荷醇的保留时间为 6~7 min。表 7-1 列出了峰面积值和回归数据，回归曲线见图 7-1。计算[公式（5.21）]得到薄荷醇的含量 b/a= 1525.7 μg。薄荷醇在烟草样品中的浓度是 0.31%（质量浓度）。

但是，这种测定对于过程控制的预期目的来说太耗时。通过渐进式工作模式获得的峰面积与加热时间（图 7-2）的关系研究表明，在 15 min 内，待测成分的峰面积可以达到 75%的最终峰面积。因此，在常规分析中，样品在 80°C 仅恒温 15 min，然后将结果乘以系数 100/75=1.33。

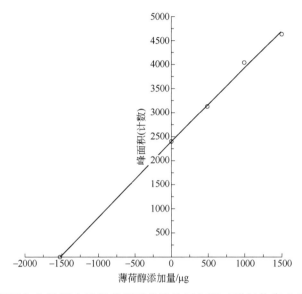

图 7-1　标准加入法测定香烟薄荷醇的线性回归图（详细信息参见例 7.1）

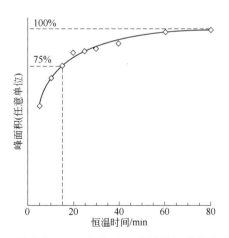

图 7-2　温度为 80°C 条件下，香烟样品薄荷醇的平衡

表 7-1　标准加入法测定烟草样品中的薄荷醇（例 7.1）[①]

加入的薄荷醇含量/μg	峰面积（计数）[②]
0	2359
500	3126
1000	4049
1500	4648

线性回归：	
线性相关系数 r	0.99695
斜率 a	1.5580
截距 b	2377

① 回归曲线见图 7-1。

② 三次测量的平均值，相对平均标准偏差为 2.85%。

7.2　热敏样品

选择短的加热时间（即小于平衡所需的时间）的第二个原因与热敏样品相关，加热时间延长，温度升高，会导致热敏样品自身性状的改变。然而，采用适宜温度，短的加热时间，HS-GC 仍可提供有关挥发性化合物相对含量的有价值信息[❶]。

Shinohara 等 [1]进行了此类研究，他们试着使用 HS-GC，对新鲜蔬菜的风味进行表征。他们将 1 g 切碎的蔬菜（或由它们制备的果汁）放入顶空小瓶中，加热至 90℃，恒温 10 min（这远低于达到平衡所需的时间）。使用直接连接到色谱柱分离出口的质谱仪对获得的色谱图进行定性评估，并定量建立相对峰面积值。下面两个例子是对这项工作的说明。

图 7-3 显示了从生番茄、番茄汁和以番茄为主要成分的蔬菜汁获得的对比色谱图。番茄汁色谱图包含生番茄色谱图的早期峰，而正如预期的那样，蔬菜汁色谱图要复杂得多。

图 7-4 显示了生欧芹的重复分析。相应的计算机打印输出表明总共存在 57 个峰。表 7-2 给出了该完整评估表的部分内容，其中显示了 18 个峰的数据（占总数的 92%），包括保留时间，峰面积和面积百分比值，并确定了最重要的峰。这些数据证明 HS-GC 分析具有较好的重现性。保留时间的差异仅在小数点后三位，小于 0.5 s；除最小峰值（峰 46）外，各个绝对峰面积的重现在 3%以内，仅占总峰

---

❶ 第 3 章 3.7 节讨论了热敏样品处理的另一种选择，解释了在室温安全条件下对样品分析时，可以使用低温捕集技术对降低的灵敏度进行补偿。

面积的 0.007%。我们强调峰值代表 1∶4071 的范围，在 0.007%~28.5%。绝对峰面积（57 个峰值！）的总和多次测定的差异在 0.97%之内，可以证明绝对值的重复性较好。

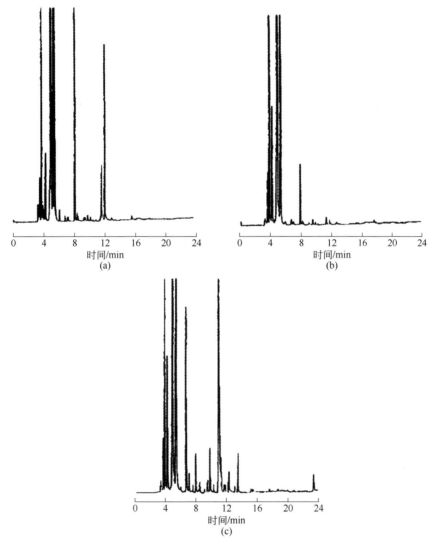

图 7-3　生番茄（a）、番茄汁（b）和蔬菜汁（c）的顶空色谱图

HS 条件：样品 1.0 g；90℃，加热时间 10 min

GC 条件：分析柱—50 m ×0.25 mm 内径的熔融石英开管柱，键合聚合物（乙二醇）固定相，膜厚 0.3 μm。柱温—程序升温，以 4℃/min 的速度从 50℃ 升到 210℃。分流进样（1∶15），FID 检测器

来源：参考文献 1，经 *Chromatographia* 杂志及作者许可使用

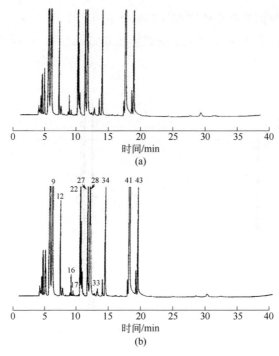

图 7-4   采用 HS-GC 对生欧芹进行重复性测定

峰辨认和定量数据见表 7-2；HS 和 GC 条件见图 7-3；（a）和（b）为两次测定结果

来源：参考文献[1]，经 *Chromatographia* 杂志许可复制

这些例子表明，使用自动化 HS-GC 系统，非平衡静态顶空分析还可以提供重复性好的数据和有价值的信息。

表 7-2   生欧芹（1.00 g）的重复分析：在 90℃ 下平衡 10 min（见图 7-4）[①]

序号	化合物	第一轮（a）			第二轮（b）			平均值			
		保留时间/min	峰面积（计数）	峰面积/%	保留时间/min	峰面积（计数）	峰面积/%	保留时间及偏差		峰面积及偏差	
								min	±%	（计数）	±%
03		3.401	810	0.053	3.401	944	0.066	3.4010	0.000	902	0.200
08		4.810	244131	15.988	4.811	239324	15.990	4.8105	0.010	241727	0.994
09	α-蒎烯	5.226	252492	16.545	5.231	245847	16.424	5.2285	0.048	249169	1.333
12	莰烯	6.520	30157	1.976	6.514	29961	2.002	6.5170	0.046	30059	0.326
16	β-蒎烯	8.270	5293	0.347	8.263	5007	0.335	8.2665	0.042	5150	2.777
17	香桧烯	8.579	1539	0.101	8.572	1533	0.102	8.5755	0.041	1536	0.195
22	月桂烯	9.622	68176	4.468	9.616	64092	4.282	9.6190	0.031	66134	3.088
27	α-水芹烯	10.768	64179	4.205	10.762	64101	4.283	10.7650	0.028	64140	0.061

序号	化合物	第一轮（a）			第二轮（b）			平均值			
		保留时间/min	峰面积（计数）	峰面积/%	保留时间/min	峰面积（计数）	峰面积/%	保留时间及偏差		峰面积及偏差	
								min	±%	（计数）	±%
28	β-水芹烯	11.105	189075	12.391	11.100	188827	12.616	11.1025	0.023	188951	0.066
33	对伞花烃	13.040	6791	0.445	13.034	6501	0.434	13.0370	0.023	6646	2.182
34	萜品油烯	13.434	47762	3.130	13.526	45607	3.047	13.4800	0.341	46684	2.309
37		15.087	437	0.029	15.081	461	0.031	15.0840	0.020	449	2.673
41	对薄荷-1,3,8-三烯	17.258	434056	28.445	17.255	426546	28.398	17.2565	0.009	430301	0.873
43	异丙烯基甲苯	18.612	53362	3.497	18.609	52287	3.493	18.6105	0.008	52824	1.018
46		23.802	104	0.007	23.797	122	0.008	23.7995	0.011	133	7.965
48		26.451	179	0.012	26.480	173	0.012	26.4655	0.055	176	1.705
53		29.319	6383	0.418	29.316	6605	0.441	29.3175	0.005	6494	1.709
56		31.605	430	0.028	31.613	445	0.030	31.6090	0.013	437	1.714
18 组峰总和			1405266	92.091		1378433	92.095			1391849	0.964
57 组峰综合			1525955	100.000		1496756	100.000			1511355	0.966

① 来源于文献[1] Sinohara 等的数据；最早印出来的图有 57 个峰，这里只选择给出了 18 个峰，且部分峰序号在图中未标出。

参 考 文 献

[1] A. Shinohara, A. Sato, H. Ishii, and N. Onda, Chromatographia 32, 357-364 (1991).

第**8**章

顶空-气相色谱的定性分析

在第 5 章中，我们详细讨论了 HS-GC 定量分析的方法。 然而，定量信息并不一定总是需要：在许多情况下，色谱图的定性评估就足够了。例如，这可以证明一个样品相对于另一个样品的变化，使用顶空色谱图作为"指纹"通过模式识别来鉴别样品，或者促进对复杂样品中存在的挥发性成分的研究，如果不采用顶空，这些样品分析前需要复杂的前处理处理程序。

HS-GC 能够对复杂样品的性质改变进行跟踪，这一优异能力已在该技术的早期开发中得到说明。这里显示 2 个例子。第一个（图 8-1）来自污染管控领域[1]。色谱图中 A 是通过 HS-GC 分析水净化厂中未经处理的污水污泥获得的，B 来自净化后取得的水样，这个例子说明了污水处理的效果和来自净化厂的流出物的清洁度。一个类似的例子，来自食品领域的质变，见图 8-2 [2]。这里色谱图 A 是通过 HS-GC 分析经烘烤（175℃）和研磨后的咖啡豆获得的。取一部分咖啡粉，泡制一壶咖啡，将咖啡中剩余（未溶解）的粉末风干，并在与新鲜咖啡粉相同的

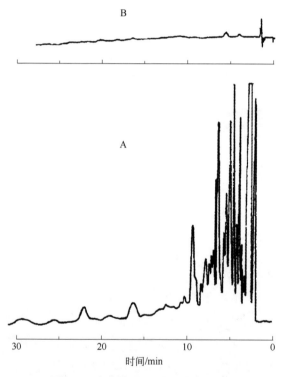

图 8-1　来自净水厂的顶空色谱图

曲线：A—原污水污泥；B—处理后的污水

HS 条件：样品 1mL，平衡温度 50℃

GC 条件：分析柱为 2 m×3.2 mm 外径的填充柱，担体为 Celite（60/80 目），固定相为 15% Carbowax 1500；柱温 80℃，等温；FID 检测器

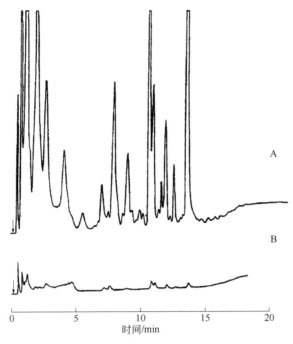

图 8-2 分析烘焙后的咖啡（A）和咖啡机中提取（浸泡）后的残余粉末（B）

　　HS 条件：样品 0.7 g，平衡温度 140°C

　　GC 条件：分析柱—6 ft×1/8 in（1.8 m×3.2 mm）外径填充柱，担体为 Gas Chrom Q（100/120 目），固定相为 8% SP-1000。柱温—在 40°C 条件下恒温 1 min，以 10°C/min 的速率程序升温至 220°C。载气为氮气，40 mL/min。FID 检测器

条件下通过 HS-GS 进行分析（色谱图 B）。A 和 B 两个色谱图的比较表明，新鲜咖啡粉中存在的所有挥发性化合物（在咖啡豆烘焙过程中形成）不见了：这些成分在冲泡过程中被咖啡机中的水提取并成为咖啡饮料的成分。

　　如果没有顶空进样，上述两例的分析都需要相当复杂的样品前处理，包括对溶液的提取和浓缩。通过使用 HS-GC，可以将挥发性组分的代表性样品直接转移到 GC 柱中。 在这种分析方式中，样品保持完整，非挥发性物质不会污染 GC 系统，并且，特别重要的是，没有溶剂峰对样品产生干扰。例如，用乙醚提取生物样品时，我们已经注意到[3]，在随后的提取物的 HS-GC 分析中，醚峰有时会遮蔽一些较早流出的代谢物峰。对于任何涉及溶剂萃取的研究都是如此，溶剂中存在的任何杂质也会干扰色谱图，这是痕量分析中的一个特殊问题。

　　这里有一点要强调。显然，这种色谱图的比较仅包括挥发性化合物，而不能提供样品组分的全部图形。而当对样品提取时，所有可溶性样品成分都会被萃取出来，包括那些在平衡温度下没有明显蒸气压的样品成分。因此，即使提取物的色谱图中包含这些成分，但是在小瓶的顶空中，它们的浓度就很低，以

致很难检测。但如果样品含有低浓度的高挥发性成分，顶空中的这些成分会增强，因此它们的峰在顶空色谱图中会很突出，而提取物色谱图中相应的峰会相对小很多：换句话说，顶空分析实际上增强了挥发性痕量组分的峰值。因此，样品顶空和提取物的色谱图将完全不同。这类似于图 2-3 中的情况，其比较了复杂液体样品（宽沸程烃混合物）的顶空色谱图与原始液体样品直接分析的色谱图。

如 3.5.2 节所述，HS-SPME 的情况有所不同。这里，挥发性较低的物质在低温下蒸气压也低，但它们具有良好的溶解性，因此可以在纤维涂层上进行富集。

8.1 顶空-气相色谱在指纹图谱中的应用

在气相色谱的开发早期，人们就认识到，天然物质中存在的挥发性化合物的图谱具有很强的特性，即使不能够将每一个峰都完全识别出来，这种图谱也可以作为与其它类似样品比较的"指纹"。长期以来，对复杂样品的直接顶空分析为此类研究提供了一种相对简单的方法。Mackay 等人的开拓性工作[4]以及 Buttery 和 Teranishi[5]在 1961 年的研究表明，即使使用当时的低分离度填充柱，也可以得到有意义的色谱图进行比较。例如，Buttery 和 Teranishi 证明了两种不同类型的梨，其挥发性物质存在差异；Mackay 等人发现优质薄荷油和劣质薄荷油中或天然香蕉和仿香蕉味之间色谱图存在差异，他们称使用静态 HS-GC 是"客观测量气味"。

在过去的 30 年中，色谱柱的柱效和技术本身获得了极大的提高。结合低温取样和使用高分辨率的开管柱，此处通过两个例子对静态 HS-GC 的潜力进行说明。两种花的不同香味，造成其挥发性化合物的色谱图也不同：图 3-39 为先前显示的山谷百合（铃兰）色谱图，图 8-3 为紫藤色谱图。在这两种情况下，均使用低温浓缩，样品传输时间为 60 s。早在图 3-37 中给出了一个类似例子，即茴香种子的 HS-GC 分析，该分析在室温、安全条件下进行平衡，并采用低温捕集，传输时间长达 9.9 min。

8.2 在联用系统中使用顶空采样

气相色谱的另一个重要优势是它可以与某些终端识别系统［例如质谱仪（MS）或傅里叶变换红外分光光度计（FTIR）］直接连接（请参见文献[6]）。这种耦合的、以仪器混合使用为特征的装置，现在被称为联结系统。同样，在不进行任何预处理的情况下直接对挥发性样品成分进行采样的可能性就代表了很大的优势。

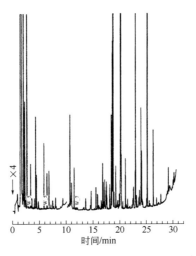

图 8-3　冷聚焦后紫藤花（紫藤）的顶空色谱图

HS 条件：花冠，80℃ 下平衡 30 min。顶空传输时间 60 s，低温阱和传输线，1 m ×0.32 mm 内径熔融石英开管柱，涂层为键合甲基硅胶固定相，膜厚 5 μm

GC 条件：色谱柱—50 m×0.25 mm 内径熔融石英开管柱，涂层为键合苯基（5%）甲基聚硅氧烷，膜厚 1 μm。柱温—45℃ 条件下保持 8 min，然后以 8℃/min 速率升温至 120℃，最后以 6℃/min 速率升温至 250℃。不分流进样，载气为氢气。FID 检测器，衰减×4

　　第 7 章介绍了一些将顶空进样、GC 和 MS 直接联合起来的例子。测定生蔬菜中存在的挥发性化合物，无论通过其它什么方法，都需要相当复杂的样品处理程序。但是，当生蔬菜使用静态顶空进样时，挥发性样品成分的等分试样可以直接引入 GC 色谱柱，并通过 MS 进行鉴定。番茄汁和蔬菜汁与生番茄的比较（图7-3）显示了如何表征各种相对相似的样品，而对生欧芹的研究（图 7-4）证明了顶空进样后直接进行 GC-MS 鉴定挥发物的简便性，以及系统出色的重现性。图8-4 显示了同一工作[7]的另一个示例：通过 MS 对色谱柱流出物的研究，鉴定了生洋葱中最具特征的挥发性物质，主要是烷基二硫化物。

　　GC-MS 的重要应用是环境分析，如饮用水中挥发性卤代烃和芳烃的鉴定。在这个测定中，静态顶空采样提供了一种实现高灵敏度的绝妙方法，并且 HS-GC系统可以直接与 MS 连接。图 3-22 显示了复杂的 HS-GC-MS 系统在水分析中的应用：此处分析的水标准品含有 10 μg/L 含量的 44 种化合物，每种化合物均通过质谱鉴定（参见表 3-10）。

　　将 HS-GC 与 FTIR 结合，进行定性分析，也非常有趣。在 GC-FTIR 系统中，通过两种方式可以获得色谱图：通过所谓的 Gram-Schmidt 重构，或通过与分光光度计的光导管平行的或在其后的 FID。有关系统的详细信息和建议的分析条件参见文献[8]。由于与其它 GC 检测器相比，FTIR 的灵敏度较低，因此采用冷阱捕集进行富集特别有用。图 8-5 中的 Gram-Schmidt 色谱图就是通过这种仪器组合得到

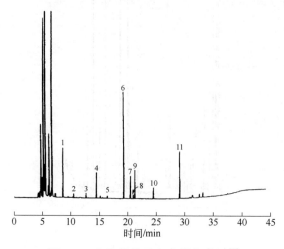

图 8-4 生洋葱的顶空分析色谱图[7]

HS 条件：样品 1 g，90℃ 下恒温 10 min，样品传输时间 9 s

GC 条件：色谱柱—50 m×0.25 mm 内径的熔融石英开管柱，涂层固定相为 Carbowax 20M 聚乙二醇，膜厚 0.3 μm。柱温—以 4℃/min 的速率从 50℃ 升温至 210℃。分流进样，分流比 1∶15；FID 检测器；载气为氢气，平均流速 44 cm/s

峰辨认（通过 MS 测定）：1—己醛；2—2-甲基戊醛；3—甲基丙基二硫醚；4—2,4-二甲基噻吩；5—反-甲基 1-丙烯基二硫醚；6—二丙基二硫醚；7—顺-1-丙烯基丙基二硫醚；8—烯丙基丙基二硫化物；9—反-1-丙烯基丙基二硫化物；10—丙酸；11—三硫化二丙酯

来源：参考文献[7]，经 Chromatographia 杂志和作者许可复制

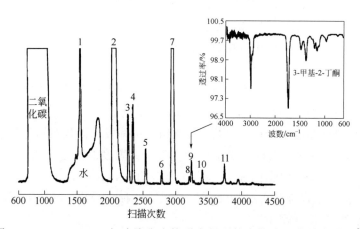

图 8-5 HS-GC-FTIR 与冷聚焦直接联合得到的老化啤酒花的色谱图[9]

峰辨认见表 8-1，FTIR 谱图来自于峰 9

HS 条件：1.0 g 啤酒花颗粒，80℃ 下平衡 30 min

GC 条件：色谱柱—50 m×0.32 mm 内径，包覆键合甲基硅烷固定相的熔融石英开管柱，膜厚 5 μm。柱温—36℃ 保持 3 min，以 5℃/min 速率从 36℃ 升温至 90℃，然后以 10℃/min 速率升温至 280℃

来源：参考文献[9]，经 Chromatographia 杂志和作者许可复制

的，测定的是啤酒花颗粒的香味成分，在 3 min 的传输时间内，样品就可以进入到内径 0.32 mm 的熔融石英开管柱中[9]；峰鉴定见表 8-1。由于没有通过集水器除去水（参见 3.7.2 节），因此色谱图显示了不对称的水峰。鉴定得到的 2-甲基-3-丁烯-2-醇（峰 7）是造成啤酒花所具有的镇静作用的药理活性成分。

表 8-1　图 8-5 中的色谱峰

峰	化合物
1	甲醇
2	丙酮
3	2-甲基-1,3-丁二烯
4	醋酸甲酯
5	异丁醛
6	2-丁酮
7	2-甲基-3-丁烯-2-醇
8	异戊醛
9	3-甲基-2-丁酮①
10	异丁酸甲酯
11	4-甲基-2-戊酮

① FTIR 图为图 8-5 中的插图。

McClure 使用 HS-GC-FTIR 组合研究了多种黄樟产品的成分[10,11]。黄樟（美国檫树）的叶子是路易斯安那州印第安美食的重要成分，用于汤和浓汤的制备，而黄樟树根皮油在制备根啤酒型碳酸类饮料中也有一定的历史。约在 1960 年左右，报道说黄樟脑具有致癌性。因此，黄樟树根皮油已经禁止在根啤酒制造中使用。McClure 成功地测定了黄樟树根皮中存在的黄樟素，但在黄樟树叶片的烹饪产品中却没有发现可检测水平的黄樟素❶。

8.3　HS-GC 在微生物学中的应用

HS-GC 在研究生物材料中的代谢产物方面具有巨大潜力。即使没有对所有的峰进行鉴别，这些化合物的高特征图谱可作为与其它类似样品或常规样品进行比较的"指纹图谱"。

---

❶ 后来使用超临界流体萃取，以及随后的 GC-MS 测定（与 FTIR 相比，利用了 MS 更高的灵敏度）表明，黄樟树叶子中可能存在痕量的黄樟脑[12]。

在生物材料的"指纹图谱"鉴定领域，已经证实了静态 HS-GC 非常有用，一个应用实例是对液态培养基中的挥发性代谢发酵产物（如挥发性脂肪酸、醇和羧基化合物）进行测定来鉴定厌氧菌。在经典方法[13,14]中，需要对培养基进行提取（例如，用乙醚），然后对提取物进行气相色谱分析，通过对色谱图进行模式识别：许多厌氧细菌产生的"指纹"在属或种水平上是特定的。

HS-GC 较好地替代了传统的乙醚萃取，因为样品制备得到了极大简化，并且可以实现自动化。由于需要研究大量样本，静态 HS-GC 的使用在该领域尤为重要[3]。图 8-6 比较说明了在相同培养基中生长的两种相似细菌的顶空色谱图。谱图的差异是显而易见的。

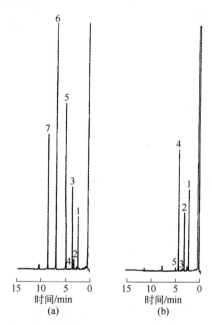

图 8-6 在水性 PYG 培养基中生长的两种厌氧菌顶空的色谱图

（a）产气荚膜梭菌；（b）梭状芽孢杆菌

HS 条件：样品 1.0 mL 水性培养物，其中加入 500 mg NaHSO$_4$，120℃ 下平衡 20 min

GC 条件：色谱柱—15 m×0.32 mm 内径熔融石英开管柱，固定相为 FFAP，膜厚 1 μm。柱温—以 6℃/min 速率从 130℃ 升温至 200℃。载气为氮气，Perkin-Elmer HS-100 顶空进样器中的高压载气附件；分流进样：1：10，FID 检测器，衰减×16

峰辨认：1—乙酸；2—丙酸；3—甲基丙酸；4—正丁酸；5—3-甲基丁酸；6—4-甲基戊酸；7—未鉴定

在此类研究中，我们主要想得到的是挥发物的谱图。但是，由于存在的挥发性化合物的数量有限，所以在某种培养基中从培养物中获得的结果可能无法明确鉴定。因此，Seifert 和他的同事们建议使用不同的培养基，并将结果进行比较[15]。对不同培养基的这种组合进行评估可以保证得到确定的鉴定结果。

除挥发性脂肪酸外，细菌培养物中还存在其它挥发性较小的酸，将它们包括在评估中可进一步加强鉴定结论。然而，为了获得所存在脂肪酸的更完整的概况，现在必须将这些物质转化为挥发性更大的甲酯类物质。如 Heitefuss 及其同事所述，这种酯化反应可以在分析之前在顶空样品瓶中原位进行[16]。图 8-7 显示了脆弱拟杆菌的典型结果。Heitefuss 在一般鉴定方案中将 3 个程序包含进来，其中包括对挥发性发酵产物和二羧酸甲酯的静态 HS-GC 分析，以及在萃取和酯化程序之后对长链脂肪酸甲酯的直接 GC 分析[17]。采用这种组合的方法，确定了总共 48 个成分，并且可以通过特殊的计算机程序（BIS=细菌鉴定系统）进行评估，该程序还可以与 1000 个参考菌株进行比较和关联。然而，明确的鉴定仍然需要额外的细菌学测试。例如，通过这种计算机辅助的识别程序，可以对合成培养基中生长的蜡状芽孢杆菌和炭疽芽孢杆菌[18]进行区分。

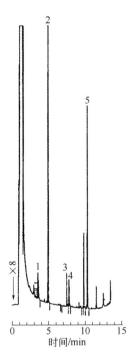

图 8-7　含有脆弱拟杆菌的发酵液的顶空分析色谱图 [16]

HS 条件：样品—10 µL 水性培养物，其中加入 10 µL 甲醇，在 120°C 平衡 20 min。全蒸发技术，样品传输时间 6 s

GC 条件：色谱柱—30 m×0.32 mm 内径熔融石英开管柱，固定相为 Stabilwax DA 聚乙二醇，膜厚 0.25 µm。柱温—70°C 恒温 3 min，然后以 6°C/min 速率升温至 120°C，最后再以 30°C/min 速率升温至 200°C。载气为氮气，Perkin-Elmer HS-100 顶空进样器中的高压载气附件；不分流进样，FID 检测器

峰辨认：1—丙酮酸甲酯；2—乳酸甲酯；3—草酸甲酯；4—丙二酸甲酯；5—琥珀酸甲酯

来源：参考文献[16]，经 *Chromatography* 杂志和作者许可复制

自动化的静态 HS-GC 也非常适合快速诊断尿路感染,并适合在医院进行筛查以处理大量样品,或者至少消除大量未感染的样品。例如,Coloe[19]证明某些细菌甚至可以通过 HS-GC 测得的乙醇和二甲基硫的峰面积相对于单位体积中存在的活菌数量的分布图(散点图)进行表征或定量。

HS-GC 测定还提供了测试微生物对某些抗生素的任何抗性的可能性。由于细菌对抗生素的抗药性增加是一个日益严重的问题,因此这种类型的研究可以促进针对特定患者寻找最有效的抗生素。图 8-8 展示了这种试验对阿莫西林的影响,该试验利用在通用培养基中生长的厌氧菌形成乙醇(E)作为关键化合物。图 8-8(b)系列中的样品具有阿莫西林耐药性:添加阿莫西林对乙醇的产生没有影响,因此谱图不发生改变(峰 4 对于峰 3)。另一方面,在图 8-8(a)的系列中,添加阿莫西林杀死了大部分存在的细菌,乙醇峰的强度相应减小了[20]。

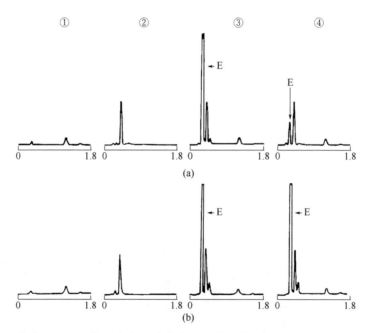

图 8-8 采用 HS-GC,快速诊断尿路感染和阿莫西林对尿样中乙醇产生的影响[19]

分析样品:被埃希氏菌属(或克雷伯菌、柠檬酸杆菌或肠杆菌)感染的培养物。(a)对阿莫西林敏感的样品;(b)对阿莫西林耐药的样品。其中,①—基质空白;②—未接种的尿液;③—尿培养液;④—尿培养液+阿莫西林

样品:在 1.1 mL 阿拉伯糖/蛋氨酸培养基中的 1.1 mL 尿培养液;在 60℃ 下接种 3.5 h。非接种尿液结果来自对 1.1 mL 尿液标本和水的分析。标记为 E 的峰对应于乙醇

HS 条件:2 mL 的等分试样转移到顶空瓶中,加入 3 g K₂CO₃,60℃ 恒温。将 1.1 mL 未接种培养基与 1.1 mL 无菌水混合处理,得到培养基空白

GC 条件:色谱柱—2 m×3.2 mm 外径填充柱,60/90 目的石墨担体,0.4% Carbowax 1500 聚乙二醇固定相。柱温 115℃,等温,FID 检测器

最后，在微生物学领域中一个有趣的应用是使用 HS-GC 监测细菌对环境污染的生物降解。例如，在某些细菌的顶空分析中发现了膦（PH₃），这就与硫化氢区分开了[21]。与上面给出的示例不同，膦不是细菌使用的营养素的代谢产物；相反，细菌可能会对其所存在的介质（例如污泥、土壤、港口沉积物）降解，通过还原为气态膦来消除一些含磷化合物（例如最初用作杀菌剂的次磷酸盐）。另外，通过 HS-GC/MS 控制细菌在矿物培养基中的接种，可以控制 34 种细菌对甲苯、对二甲苯、壬烷和萘等挥发性碳氢化合物的生物降解水平[22]。发现该方法是获得有关污染区域中微生物降解的快速反馈的重要工具。

这些例子说明了 HS-GC 在天然样品的定性表征，联用系统的使用以及微生物学方面的有用性。

参 考 文 献

[1] Data Sheet No. HSA-11:Water Pollution Analysis. Bodenseewerk Perkin-Elmer&Co., Ü berlingen, Germany, 1977.

[2] J. Widomski and W. Thompson, Chromatogr. Newslett. 7, 31-34 (1979).

[3] A. J. Taylor, in B. Kolb (editor). Applied Headspace Gas Chromatography, Heyden & Sons, London, 1980, pp. 140-154.

[4] D. A. M. Mackay, D. A. Lang, and M. Berdick, Anal. Chem. 33, 1369-1374 (1961).

[5] R. G. Buttery and R. Teranishi, Anal. Chem. 33, 1440-1441 (1961).

[6] H. H. Hill and D. G. McMinn, Detectors for Capillary Chromatography, Wiley, New York, 1992, pp. 251-296, 327-353.

[7] A. Shinohara, A. Sato, H. Ishii, and N. Onda, Chromatographia 32, 357-364 (1991).

[8] G. L. McClure, in P. B. Coleman (editor), Practical Sampling Techniques for Infrared Analysis,CRC Press, Boca Raton, FL, 1993, pp. 165-215.

[9] A. Rau and H. Görtz, Chromatographia 28, 631-638 (1989).

[10] G. L. McClure, Paper No. 756, 36th Pittsburgh Conference on Analytical Chemistry and Applied Spectroscopy, New Orleans, LA, February 27-March 1, 1985.

[11] G. L. McClure and P. R. Roush, Paper No. 469, 37th Pittsburgh Conference on Analytical Chemistry and Applied Spectroscopy, Atlantic City, NJ, March 10-14, 1986.

[12] Personal information from Dr. G. L. McClure (Perkin-Elmer Corp., Norwalk, CT).

[13] P. M. Mitruka, GC Applications in Microbiology and Medicine, Wiley, New York, 1973.

[14] L. V. Holdeman, E. P. Cato, and W. E. C. Moore, Anaerobe Laboratory Manual, 4th ed., Virginia Polytechnic Institute and State University, Blacksburg, VA, 1977.

[15] H. S. H. Seifert, H. Böhnel, S. Giercke, A. Heine, D. Hoffmann, V. Sukop, and D. H. Boege, Internat. Laboratory 46-56 (July-August 1986).

[16] S. Heitefuss, A. Heine, and H. S. H. Seifert, J. Chromatogr. 532, 374-378 (1990).

[17] S. Heitefuss, Untersuchungen zur Identifizierung von aeroben, anaeroben und fakultativ anaeroben Bakterien mit gas chromatographischen Methoden, Institut für Pflanzenbau und Tierhygiene in den Tropen und Subtropen, Göttingen Universität, Erich Goetze Verlag, 1991.

[18] D. Lawrence, S. Heitefuss, and H. S. H. Seifert, J. Clin. Microbiol. 29, 1508-1512 (1991).

[19] P. J. Coloe, J. Clin. Pathol. 31, 365-369 (1978).

[20] Courtesy of Dr. N. J. Hayward (Alfred Hospital, Prahran, Victoria, Australia).

[21] U. Brunner, Th. G. Chasteen, P. Ferloni, and R. Bachofen, Chromatographia 40, 399-403 (1995).

[22] S. K. Sakata, S. Tanigucchi, D. F. Rodrigues, M. E. Urano, M. N.Wandermuren, V. H. Pellizari, and J. V. Comasseto, J. Chromatogr. A 1048, 67-71 (2004).

第 **9** 章

一些特殊的测定

除了直接对样品组成进行定量和/或定性分析外，HS-GC 还可以用于理化检验。除了校准类型，这些检验方法与 HS-GC 用于定量分析的方法相比，在原理上没有区别。通过定量分析得到的浓度单位通常用质量浓度来表示，而热力学分析则用摩尔浓度表示。

利用 HS-GC 进行理化检验，可以对气-液相分布系统的多种特征值和功能进行测定。利用纯的化合物，可以推导出蒸气压及相关的函数关系。对平衡状态下的 HS-GC 进行研究，有助于对气-固系统中的吸附，以及固体样品中挥发性分析物的释放速率进行测定。至于说到 GC 系统的校验，与 GC 相连接的检测器的线性和检测限是实践中重要的测量指标。

9.1 蒸气压的测定

如果顶空瓶中只存在纯的分析物，不论其是以液体或固体的形式存在，其在顶空色谱图中的峰面积均表示其气相中的浓度，且此值与其蒸气压成正比。因此，蒸气压原则上可由顶空分析的结果来确定。蒸气压这个数据不仅是物质的理化性质中的重要参数，在工业卫生和生态研究领域，比如说，有毒物质的挥发性越来越引起人们的兴趣，而在这些应用中，需要较低的蒸气压数值（＜10 Pa）。然而，使用 HS-GC 收集蒸气压数据的方法还没有得到广泛的认可，只有少数文献对此类应用有报道[1-6]。现在，全自动化的顶空仪器可以进行大量的此类测定，因此可以取代乏味的经典方法。

如果 n_i 是当前分析物的摩尔数，则其在顶空瓶中的浓度（用摩尔浓度表示）为 n_i/V_G（V_G 是顶空的体积），此值与得到的峰面积成正比 ［见公式（2.17）］：

$$A_i = f_i C_G = f_i \times (n_i / V_G) \tag{9.1}$$

但是，根据普适气体定律

$$p_i = (n_i / V_G) \times RT \tag{9.2}$$

其中，p_i 是纯的分析物的蒸气压；R 是气体常数；T 是热力学温度。根据公式（9.1）和公式（9.2）可以得到

$$A_i = \frac{f_i p_i}{RT} \tag{9.3}$$

公式（9.3）不仅可以用来测定纯化合物的蒸气压[1-6]，也可以用来测定复杂混合物的蒸气压（例如：柴油或原油等[5]）。校准必须使用蒸气外标。在这个测定中，主要要用到环境温度下的蒸气压数据，然而，这样的外部标准很难制备，特

别是在蒸气压较低（＜10 Pa＝并且远低于这些化合物的沸点的情况下。经过认证的蒸气标准是极少的，因此必须通过全蒸发技术（TVT）在相对的低浓度水平下进行制备。Schoene 和他的同事[2,3]以及 Woodrow 和 Seiber 在测定中使用通过 TVT 制备的蒸气标准，但是在制备中必须将少量（微克甚至是纳克）挥发性化合物引入小瓶中，因此产生了一些问题，他们在文章中对此也进行了说明。由于外部标准样品是采用这种方法（TVT）制作出来的，因此必须知道它们的绝对数量（例如通过称重），但是很难达到所需的精度。此外，玻璃瓶壁对这些小浓度物质的吸附也会产生额外的问题。

如果在小瓶中存在蒸气压相对较低的冷凝相（液体或固体样品），且气压值已知，则可以避免由于气相浓度低而进行绝对校准的问题。该化合物可以作为一个参比物，利用适当的检测器响应因子（RF）值[6]，通过所得到的峰面积、被分析物和参比物的分子量可以计算出被分析物的蒸气压。在响应因子进行测定中，不需要考虑低浓度的问题，可以方便地通过小瓶中完全气化的微克或是低毫克的量（当然这取决于检测器的线性范围），甚至通过稀释溶液来完成测定过程。因为不同的 RF 值仅表示不同的检测器响应，因此也可以用通常的方法将二元混合物引入气相色谱的进样器中来对此值进行确定。

可以使用完全已知蒸气压的任何化合物来作为参考标准，但是，如果必须测量包含多种蒸气压的几种化合物，那么更倾向于使用同系物，例如，正构烷烃系列，不同温度下的蒸气压都有完整的数据。Kolb[6]对这种相对的蒸气压测定系统进行了报道。下面以测定 2,4,6-三氯-1,3,5-三嗪的蒸气压为例来进行说明，这种物质是合成除草剂的前体物质，在工业生产过程中，需要特别关注其挥发性对工人的影响。

为了理解这个计算方法，首先需要考虑化合物蒸气的分子量和体积的关系。假设仅存在目标化合物的蒸气，那么化合物分子量（M_i）相对应的蒸气所占据的摩尔体积为 V_{mol} [在 0℃ 和 101325 Pa（1 atm）下，为 22.414 L]。因此，体积 V_G 中存在的物质的量 $n_i = (V_G/V_{mol}) \times M_i$。但是，小瓶中还是存在其它气体的（比如空气）。因此，实际的摩尔数取决于小瓶中化合物的分压力（p_i）与总压力的比值（p_t）：

$$n_i = \frac{p_i}{p_t} \times \frac{V_G}{V_{mol}} \times M_i \qquad (9.4)$$

如果参比物在一个单独的小瓶中并处于相同的条件下，那么在小瓶顶空体积中此化合物的物质的量 n_{ref} 也可以用公式（9.4）表示，其中用它的分压力 p_{ref} 代替 p_i，它的分子量 M_{ref} 代替 M_i：

$$n_{\text{ref}} = \frac{p_{\text{ref}}}{p_t} \times \frac{V_G}{V_{\text{mol}}} \times M_{\text{ref}} \qquad (9.5)$$

用公式（9.4）与公式（9.5）相除得到：

$$\frac{n_i}{n_{\text{ref}}} = \frac{p_i}{p_{\text{ref}}} \times \frac{M_i}{M_{\text{ref}}} \qquad (9.6)$$

用公式（9.1）可以将分析物和参比物写为：

$$A_i = f_i \times (n_i / V_G) \qquad (9.7)$$

$$A_{\text{ref}} = f_{\text{ref}} \times (n_{\text{ref}} / V_G) \qquad (9.8)$$

因此：

$$\frac{A_i}{A_{\text{ref}}} = \frac{f_i}{f_{\text{ref}}} \times \frac{n_i}{n_{\text{ref}}} \qquad (9.9)$$

结合公式（9.6）和公式（9.9）得到：

$$\frac{A_i}{A_{\text{ref}}} = \frac{f_i}{f_{\text{ref}}} \times \frac{p_i}{p_{\text{ref}}} \times \frac{M_i}{M_{\text{ref}}} \qquad (9.10)$$

此处 f_i/f_{ref} 可以用 RF 代替，即待测成分相对于参比物的检测器响应，并且该因子可以通过常规方法进行测定，也就是说只需使用通常的注射进样，将两种化合物引入气相色谱进行分析即可，不需要使用顶空采样。总之，分析物的蒸气压可以由已知的和检测的值计算得到：

$$p_i = p_{\text{ref}} \times RF \times \frac{A_i}{A_{\text{ref}}} \times \frac{M_{\text{ref}}}{M_i} \qquad (9.11)$$

此步骤应用于示例 9.1：测定 20~150°C 温度范围内 2,4,6-三氯-1,3,5-三嗪（TCTA）的蒸气压，使用正十三烷（n-C$_{13}$）为参比物。结果如图 9-1 所示，由蒸气压的对数与 $1/T$ 来作图。

【例 9.1】

测定检测器响应因子 RF：将几乎等量的 TCTA（10.1mg）和 n-C$_{13}$（10.0 mg）溶解在 1 mL 丙酮中，将此溶液进样到气相色谱中，每次 1 μL，进样 5 次。分析使用的色谱柱为 6 ft×1/8 in（1.8 m×3.2 mm）外径的填充柱，担体 Chromosorb G 60/80 目，固定相 4%二甲基硅油，温度 100°C，并使用热导检测器（TCD）。根据通常方法得到的面积值推导出 TCTA 的检测器响应因子 RF =1.682（±0.8% RSD，N=5）。

顶空方法：分别放置各化合物（TCTA 和 n-C$_{13}$）在顶空瓶中，在所给的色谱条件下使用不同的样品温度进行分析。相关的数据如表 9-1 所示。各化合物的样品量为 50 mg。

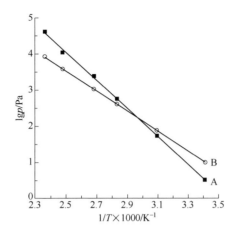

图 9-1　2,4,6-三氯-1,3,5-三嗪（A）的蒸气压温度函数和作为参比物的
正十三烷（B）的蒸气压温度函数（相关数据列在表 9-1 中）

表 9-1　2,4,6-三氯-1,3,5-三嗪（TCTA）的蒸气压测定，以正十三烷（n-C_{13}）作为参考系统，根据公式（9.11），RF=1.682；分子量：M_i=184.43（TCTA），M_{ref}=213.36（n-C_{13}）

T/°C	$(1/T) \times 10^3$/K^{-1}	峰面积（计数）		蒸气压/Pa	
		A_{ref}	A_i	p_{ref}	p_i
20	3.4130	0.1279	0.0207	10.019	3.155
50	3.0960	0.8202	0.3023	76.353	54.760
80	2.8329	4.5710	3.2752	411.975	574.407
100	2.6810	11.4020	12.4981	1090.232	2325.431
130	2.4814	38.4408	53.7720	3916.39	10660.35
150	2.3641	67.7535	169.421	8303.51	40403.53

线性回归 lg$p$=a/T+b：

	参比 n-C_{13}		分析物 TCTA
斜率 q	−2782.38		−3865.95
截距 b	10.4971		13.7016
相关系数 r	−0.99999		−0.99958

① 根据参考文献[7]和以 1 Torr=133 Pa 重新计算帕斯卡。

　　相较于绝对校准，使用 HS-GC 测定低蒸气压的相对测定方法具有明显的优势。如上文所述，可以避免校准过程中的苛刻步骤，即高精确度的称量少量的挥发性化合物。正确的温度对这些物质的理化性质研究来说最为重要。与之形成对比的是，HS-GC 的相对校准方法所包括的仪器参数，更关注于整个样品系列的精确度和长期稳定性，这一点远比了解真实的温度重要，真实的温度数值不包含在任何的定量计算中。仪器温度的读数对于温度传感器所在位置的温度是一定正确的，但是不一定适用于样品所在的小瓶。

将这些测定方法和色谱分离相结合起来，其优点是化合物中的杂质不会影响到蒸气压测定的准确性。传统的方法需要化合物有很高的纯度。它们单调、耗时，因此不适合自动化操作；但是另一方面，它们可以提供准确的数据。因此，在需要快速分析和高样品处理量的情况下，一个好的办法是使用传统方法的数据进行校准，然后使用自动化和商品化的仪器处理大量样品。

然而，这里有一个很重要的问题：HS-GC 得到的峰面积是与气相的浓度 C_G 成比例的，用质量浓度来表示［参照公式（2.1）］，但是一些物理性质，如蒸气压 p_i，取决于浓度，则用摩尔浓度来表示［参照公式（2.22）］。只有在理想气体混合物中，并且在低蒸气压时，两者的浓度与分子量成正比，并以此作为比例常数。极性化合物，例如酸类或醇类，可以在气相中发生二聚反应，于是其物质的量不再与质量成正比，而是与峰面积成正比。可以预料到，在这样一个系统中，计算得到的蒸气压会较高。例如，在 70℃ 条件下，使用 HS-GC 相对校准方法测定苯甲醇的蒸气压为 0.356 kPa[6]，与此同时，在文献中报道的则是一个较低的值，0.334 kPa[7]。然而，如果没有进一步的统计评估，特别是在不了解这些已发表的文献的可靠性和准确性的情况下，无法确定这种差异是否显著。另一方面，如果这些影响是存在的并且是可以测量的，那么与在非理想溶液中确定活性系数相比，研究气相中的此类分子的相互作用也变得可行（参见 9.2 节）。

9.2 活度系数的测定

在 HS-GC 方法中，我们研究了二元平衡系统，它的基本关系可由公式（2.26）描述：

$$p_i = p_i^o \gamma_i x_{S(i)} \qquad (2.26)$$

其中，$x_{S(i)}$ 是溶液中分析物的摩尔分数；p_i 是在溶液中它的分压；p_i^o 是纯分析物的蒸气压（当 $x_{S(i)}$=1 时）；γ_i 是分析物所谓的活度系数。压力 p_i 和 p_i^o 是与温度相关的值。在稀溶液中（如通常用于定量测定的），通常可以假设活度系数是恒定的，因此，分压力或相应的峰面积值，直接与浓度成正比。但是，对于活度系数是浓度相关函数的浓缩混合物来说，情况就并非如此了。活度系数是一个很重要的值，有关它的知识在许多理化计算中是必不可少的。HS-GC 对它的测定提供了一个很好的方法。

从 9.1 节的讨论中可以明显看出，在给定的系统中，顶空测量得到的混合物的峰面积 A_i 与小瓶中被分析物在混合物中的分蒸气压 p_i 成正比[8]：

$$A_i = cp_i \qquad (9.12)$$

其中 c 是校正因子。将此公式与公式（2.26）中所列出的基本算式相结合[9]，可以得到：

$$A_i = cp_i^o \gamma_i x_{S(i)} \qquad (9.13)$$

面积 A_i 由（二元）混合物的顶空分析得到，它与平衡时被分析物在混合物中的分蒸气压成正比。同样，如果小瓶中是纯分析物，得到的峰面积 A_i^o 将与它在当前温度下的蒸气压成正比：

$$A_i^o = cp_i^o \qquad (9.14)$$

因此，公式（9.13）可以写成以下形式：

$$A_i = A_i^o \gamma_i x_{S(i)} \qquad (9.15)$$

根据公式（9.15），活度系数可以表示为：

$$\gamma_i = \frac{A_i}{A_i^o x_{S(i)}} \qquad (9.16)$$

因此，如果我们已知一个二元混合物的摩尔浓度，（混合物中）两种成分的活度系数就都可以得到。它的值是与浓度相关的。作为示例，图 9-2 绘制了 36.5℃ 条件下，丙酮和三氯甲烷的活度系数与它们的混合物的摩尔浓度[9]的图，以及文献中由其它方法测得的数据[10]。从图中可以看出，两组数据具有很好的一致性。活度系数也是温度的函数，Dobryakov 等研究了在乙醇-烷类体系中在无限稀释时的这种相互关系[11]。

因为峰面积和蒸气压是直接相关的，可以通过绘制峰面积❶与二元混合物的摩尔浓度的关系来建立气相图。通过这个图可以看出，由于活度系数与浓度相关，所以存在线性偏差。图 9-3 为三氯甲烷/丙酮混合物的气相图[9]。此方法不仅限于二元混合物，还可以扩展到多元混合物。三元混合物丙酮/三氯甲烷/甲醇的图如图 9-4[12]所示。

---

❶ 对于此类图，必须通过一种成分的响应因子将其峰面积值归一化，以补偿混合物中各个成分的不同响应。

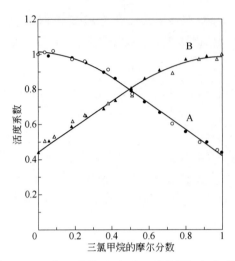

图 9-2　在 36.5℃ 时，丙酮（A）和三氯甲烷（B）的活度系数
与二元混合物中摩尔浓度的函数关系[9]

空心符号：HS-GC 的测定结果；实心符号：参考文献[10]中的数据

来源：经 *Journal of Chromatography* 许可复制

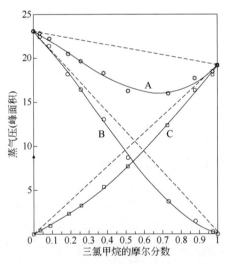

图 9-3　36.5℃ 条件下，三氯甲烷/丙酮混合物的分压和总压的关系[9]

压力的单位可以任意表示，数值对应 HS-GC 测定的相应峰面积

A—总压；B—丙酮的分压；C—三氯甲烷的分压

实线—实验拟合曲线；虚线—理想关系曲线（γ=1.000）

来源：经 *Journal of Chromatography* 许可复制

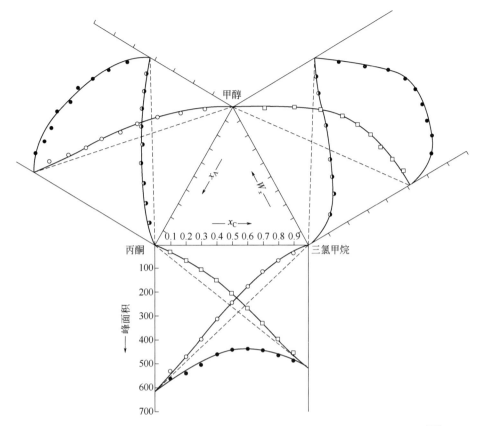

图 9-4　在 50℃ 时，甲醇/丙酮/三氯甲烷三元系统的分压和总压的关系[12]
浓度在浓缩（液）相中表示为摩尔分数（x），在气相中表示为峰面积的修正值
x_A—丙酮的摩尔分数；x_C—三氯甲烷的摩尔分数；x_M—甲醇的摩尔分数
来源：经 *Berichte der Bunsengesellschaft für Physikalische Chemie* 许可复制

9.3　相关理化功能的测定

活度系数在混合相的热动力学中起着关键作用。

因为

$$\gamma_i x_i = A_i / A_i^{\circ} \qquad (9.17)$$

在活度系数的计算中会使用到峰面积比。例如，混合体系的偏摩尔自由能
（ΔG_i^{M}）（化学势）可以表示为

$$\Delta G_i^{M} = RT \ln \left(A_i / A_i^{\circ} \right) \qquad (9.18)$$

同时，ΔG^{M} 是一个二元系统的混合物总自由能，这个值来自于混合物的纯液体

组分，可以由公式（9.19）计算得到：

$$\Delta G^{\mathrm{M}} = RT \times \left[x_1 \times \ln\left(A_1 / A_1^{\mathrm{o}}\right) + x_2 \times \ln\left(A_2 / A_2^{\mathrm{o}}\right) \right] \qquad (9.19)$$

类似地，相应的混合熵（剩余热力学函数）ΔG^{E} 可以由活度系数得到[9]。

这些物理化学的值对于化学工程上的应用是很重要的，并且为了技术目的，需要大量这样的数据。自动化 HS-GC 在处理多种系统和收集必要的大量数据方面具有很好的能力。

Hachenberg 和 Schmidt[13]应用 HS-GC 方法选择合适的萃取蒸馏的溶剂，通过添加化合物 3 测定分离化合物 1 和 2 的改善因子（IF）：

$$IF = \frac{\left(A_1 / A_2\right)_{123}}{\left(A_1 / A_2\right)_{12}} \qquad (9.20)$$

其中，$\left(A_1 / A_2\right)_{123}$ 表示在化合物 3 存在的情况下化合物 1 和 2 的面积比；$\left(A_1 / A_2\right)_{12}$ 表示在化合物 3 不存在的情况下化合物 1 和 2 的面积比。

这种改善效果明显是由分子间的相互作用引起的，可以用潜在的活度系数来表示。如果化合物 1 和 2 的活度系数都已经测定得到，那么添加的化合物 3 对化合物 1 和 2 的相对挥发度的影响可以用选择性（S）值来表示[13]：

$$S = \left(\gamma_1 / \gamma_2\right)_{123} \qquad (9.21)$$

采用同样方法，可对不同系统的分子间相互作用进行研究[14,15]，对组贡献方法 UNIFAC 的组相互作用参数进行计算。这种气-液平衡的研究也应用于以改进的 UNIFAC-FV 模型存在的聚合物溶液[15-17]。

许多其它的物理化学参数也可以借助于 HS-GC 来建立。感兴趣的读者可以参阅教科书[13,14,18]的特定章节和其中引用的参考文献。

9.4　相分布（分配系数）的测定

挥发性化合物的气相与凝聚相之间的相分布通常用分配系数 K 来表示，这个参数类似于气相色谱柱中的分配系数：

$$K = \frac{C_{\mathrm{S}}}{C_{\mathrm{G}}} \qquad (2.11)$$

其中，C_{S} 和 C_{G} 分别代表待测成分在样品相（凝聚相）和气相（顶空相）的浓度。

对于凝聚相来讲，分配系数等同于固体聚合物的溶解度系数[19]。至于说到空气和水之间的相分布，以 atm·m³/mol 为单位的亨利常数是优选使用的；然而，

无量纲亨利常数 H 也可以被定义为分配系数的倒数[20,21]：

$$H = C_G / C_S = 1 / K \qquad (9.22)$$

在通常的 GC 和顶空取样中，分配系数是一个基本值，它是影响测定灵敏度的两个因素之一（另一个是相比）。因此，在许多情况下，知道 K 和 H 的值是很重要的。

可以通过多种方法确定分析物在固定相（液相）和载气之间的分配系数，自从 GC 问世以来，就有很多报道。HS-GC 技术对于这种测定是一种便捷的方法。可能最早使用 HS-GC 用于此目的的是 Rohrschneider[22]。有大量的文献对气液相平衡的测定进行了研究，Mackay、Shiu[23]和 Gossett[24]对这些研究进行了综述。它们包括一种间接的，采用 HS-GC 测定亨利常数的方法，该方法通过在密闭系统使用一对密封的小瓶，该小瓶中装有一对体积和溶质浓度不同的溶液[25]，通过平衡分配（EPICS）来确定亨利常数。随后，发展出两种使用 HS-GC 测定气-液分配系数的方法——气相校准法（VPC）[26]和相比变化法（PRV）[27]，这两种方法分别在 9.4.1 节和 9.4.2 节中进行概述。这里还将讨论使用 MHE 测量的第三种方法。

如果通过此处描述的方法之一进行测定，则挥发性分析物的分配系数也可以用于定量分析（请参见 9.4.3.1 节中的示例 9.7）。这个方法对固体样品尤其有用，Krockenberger 和 Gmerek[28]是第一个采用此方法的团队，在定量分析前，已经对基质的分配系数进行了测定，然后利用这个值对固体 PVC 中的氯乙烯进行定量分析。

这里给出的实例参考了气-水系统。但是，我们还是强调，该技术可以用于任何溶剂，也可用于固体样品。它也可以用于测定 GC 中固定（液）相和载气的分配系数；参考文献[26,27]给出了此类测定的例子。

9.4.1 气相校准（VPC）方法

如果将少量的纯分析物引入一个顶空瓶中，并且在高温下保持恒温，那么所引入的分析物将全部蒸发。这是完全气化技术（4.6.1 节介绍），其结果产生了一个单相系统：小瓶中包含分析物的蒸气加上空气。因此，这样的样品可以当做校准标准。另一个小瓶中含有用于测定的溶剂，并且添加同样数量的分析物（通过进样针注射到含有溶剂的小瓶中是一种便捷的方式）。同样的方法也可以用于测定变压器油中溶解气体的奥斯特瓦尔德系数[29]。下面将对该技术的原理进行概述。

我们向一个体积为 V_v 的小瓶中加入 V_S 体积的溶剂；因此，顶空气体的体积

是 $V_G=V_v-V_S$。我们向小瓶中加入的分析物的质量为 W_o；平衡后，分析物在两相的质量分别为 W_S 和 W_G，浓度分别为 C_S 和 C_G。

当进行顶空分析时，获得与顶空浓度成正比的峰面积 A_G，比例常数为 f：

$$C_G = fA_G \qquad (9.23)$$

因为 $C_G = W_G / V_G$，所以：

$$W_G = fA_G V_G \qquad (9.24)$$

在不含溶剂的独立小瓶中（校准小瓶），加入与样品瓶中同样质量（W_o）的分析物并完全蒸发。其在小瓶中的浓度为 C_c：

$$C_c = W_o / V_v \qquad (9.25)$$

当这种气体在与样品瓶相同的条件下进行顶空分析时，得到具有相同比例常数 f 的峰面积 A_c：

$$C_c = fA_c \qquad (9.26)$$

因此：

$$W_o = fA_c V_v \qquad (9.27)$$

分析物的气-液分配系数 K 为：

$$K = \frac{C_S}{C_G} = \frac{W_S}{W_G} \times \frac{V_G}{V_S} \qquad (2.12)$$

我们已知 W_G，但是需要知道 W_S；它可以由物质平衡来确定，

$$W_o = W_S + W_G \qquad (2.10)$$

用公式（9.27）取代 W_o，公式（9.24）取代 W_G：

$$W_S = W_o - W_G = fA_c V_v - fA_G V_G = f \times (A_c V_v - A_G V_G) \qquad (9.28)$$

把此公式和公式（9.24）带入公式（2.12），可以得到：

$$K = \frac{f \times (A_c V_v - A_G V_G) \times V_G}{fA_G V_G V_S} = \frac{A_c V_v - A_G V_G}{A_G V_S} \qquad (9.29)$$

虽然在这个推导中使用的是分析物的质量，但在实际中通常是使用体积来计算。然而，由于公式（2.12）中有 W_S/W_G，所以将体积转换为质量所需的密度将被抵消。

在示例 9.2 中，我们将对 70°C 条件下，气-水系统中甲基乙基酮（MEK）的分配系数进行测定。

【例 9.2】

使用微量注射器向一个含有 V_S=3.0 mL 水的小瓶（V_v=22.3 mL）中加入 2.0 μL 的 MEK。V_G=(22.3−3.0) mL=19.3 mL。将相同体积的 MEK 加入一个空瓶中，并在 70°C 保持恒温。下面是测定得到的峰面积值：A_G=4868；A_c=35202。

$$K = \frac{35202 \times 22.3 - 4868 \times 19.3}{4868 \times 3.0} = 47.32$$

如果分配系数很高，那么 A_G 会比 A_c 小很多，甚至会使 A_c 值超出线性范围。在这种情况下，可以对 VPC 方法进行改良，使添加到校准（空）瓶中纯分析物的量（体积）不同于添加到含有溶剂的样品瓶中的分析物的量（体积）。

如果我们在校准瓶中加入 W_c 代替 W_o，获得的峰面积将是 A_c'，小瓶中的浓度是：

$$C_c' = \frac{W_c}{V_v} = fA_c' \tag{9.30}$$

$$W_c = fA_c'V_v \tag{9.31}$$

根据峰面积与浓度的比例，可以计算与 W_o 相对应的相应峰面积：

$$\frac{W_o}{W_c} = \frac{fA_c}{fA_c'} \tag{9.32}$$

$$A_c = A_c' \times \frac{W_o}{W_c} = A_c'r \tag{9.33}$$

其中

$$r = W_o / W_c \tag{9.34}$$

因此：

$$K = \frac{V_v A_c r - V_G A_G}{A_G V_S} \tag{9.35}$$

示例 9.3 说明了这种改良过的 VPC 方法，在这个示例中我们确定了在 45°C 条件下，MEK 的分配系数。

【例 9.3】

相应的数据如下：V_v=22.3 mL，V_S=5.0 mL，V_G=(22.3−5.0) mL=17.3 mL。我们向样品瓶中加入 10.0 μL MEK，向校准瓶中加入 2.0 μL MEK；因此，r=10/2=5。得到的峰面积：A_G=2235，A_G'=14540。

$$K = \frac{22.3 \times 14540 \times 5 - 17.3 \times 2235}{2235 \times 5} = 141.6$$

根据文献报道[27]，使用 PRV 方法（见 9.4.2 节）确定的 45°C 时 MEK 的分配系数是 144.7，与上值相比，有 2%的差异。

通过使用不同分析物数量进行多次测量，并取结果的平均值或利用峰面积对分析物数量值的线性回归分析，可以提高 VPC 方法测定的准确性。对于样品序列，可以写为：

$$A_G = a_G W_G + b_G \tag{9.36}$$

其中，a_G 和 b_G 是回归常数。因为 W_G 与 W_o 成正比关系，我们可以在公式（9.37）中使用它的值：

$$A_G = a_G W_o + b_G \tag{9.37}$$

对于校准系列，也有一个类似的关系：

$$A_c = a_c W_o + b_c \tag{9.38}$$

其中，a_c 和 b_c 是回归常数。

因为相对于实际峰面积，截距的值非常小，在公式（9.35）中可以用 $a_c W_o$ 和 $a_G W_o$ 分别代替 A_c 和 A_G：

$$K = \frac{a_c W_o V_v - a_G W_o V_G}{a_G W_o V_S} = \frac{a_c V_v - a_G V_G}{a_G V_S} \tag{9.39}$$

下面将使用与示例 9.2 相同的样本（MEK 在 70°C）进行线性回归计算的说明，但是分析物体积不同。

【例 9.4】

下面的四组数据是在小瓶中分别加入 2.0 μL、3.0 μL、4.0 μL 和 5.0 μL MEK 所获得的；其它的值与示例 9.2 中的相同；峰面积的值是：

$W_o/\mu L$	2.0	3.0	4.0	5.0
A_G	4868	7005	9207	11434
A_c	35202	51357	66903	83659

线性回归分析的结果：

a_G=2190 b_G=463.5 r_G=0.99996

a_c=16091.1 b_c=2960.0 r_c=0.99990

$$K = \frac{16091.1 \times 22.3 - 2190.0 \times 19.3}{2190.0 \times 3.0} = 48.18$$

这个值与例 9.2 中的计算有 1.8% 的差异。

在前面我们提到过在高分配系数的情况下，A_c 值可能会超出线性范围。通过 W_0 比 A_c 值的线性回归分析可以很轻易地验证这一点。

9.4.2 相比变化（PRV）法

相比变化 PRV 方法[27]是基于峰面积的倒数与装有样品溶液的样品瓶的相比 β 之间关系的一个方法。如果将等量的溶液加入不同体积的顶空瓶中，会得到不同的相比，挥发性溶质进行顶空分析所得到的峰面积也会不同；利用这种差异可以对主要的分配系数 K 进行测定。原则上，只需要两个具有不同相比的小瓶就足够了。这种简化的方法首先由 Krockenbergerer 和 Gmerek[28]提出，他们用此方法确定了氯乙烯在固体 PVC 中的分配系数，之后由 Chai 和 Zhu[30]用此方法确定了甲醇在水中的分配系数。但是，由于 K 的计算是基于测量峰面积的差异，精确度和精密度都取决于这种差异的相对值。如果不是两个，而是测定具有不同相比的一系列小瓶，并用线性回归计算进行结果评估，则精确度和精密度都可以得到改善，这些将在下面进行讨论。

Robbins 等人[31]使用这种方法测定了水溶液样品中包括甲基叔丁基醚在内的多种挥发性和半挥发性有机化合物的亨利常数，Peng 和 Wang[32]使用这种方法测定了在温度范围为 15~45℃ 时，空气-水系统中芳香族和卤代烃的亨利常数。

9.4.2.1 原理

根据第 2 章中定义的顶空-气相色谱法的基本关系：

$$C_G = \frac{C_0}{K + \beta} \qquad (2.19)$$

其中，C_0 是分析物在原样中的浓度；C_G 是分析物在平衡条件下在顶空中的浓度；K 是分配系数；β 是小瓶的相比。公式两边均取倒数，我们可以得到：

$$\frac{1}{C_G} = \frac{K + \beta}{C_0} = \frac{K}{C_0} + \frac{\beta}{C_0} \qquad (9.40)$$

如果我们用相同的样品溶液（具有相同分析物浓度），在不同体积顶空瓶中，在相同温度下平衡，对于每个小瓶来讲，K 和 C_0 是一样的；只有 C_G 和 β 是变化的。换句话说，公式（9.40）对应了一个 $y = ax + b$ 类型的线性方程，其中

$$y = 1 / C_G$$

$$x = \beta$$

如果将公式（9.40）写成下面的形式：

$$\frac{1}{C_G} = a\beta + b \tag{9.41}$$

它的斜率（a）和截距（b）就等于

$$a = 1/C_o$$

$$b = K/C_o$$

分配系数可以由以上两个值计算得到：

$$K = b/a \tag{9.42}$$

公式（9.40）将顶空浓度表示为其它值的函数。然而，要测量的是顶空分析的等分试样时获得的峰面积，它与平衡条件下的顶空浓度成正比：

$$A_G = fC_G \tag{9.43}$$

$$C_G = A_G/f \tag{9.44}$$

将上述表达式代入到公式（9.40）中，可以得到：

$$\frac{1}{A_G} = \frac{K+\beta}{fC_o} = \frac{K}{fC_o} + \frac{1}{fC_o} \times \beta \tag{9.45}$$

这个关系也对应着一个 $y = a'x + b'$ 类型的线性回归方程，其中：

$$y = 1/A_G$$

$$x = \beta$$

公式（9.45）中的斜率（a'）和截距（b'）可以表示如下：

$$a' = \frac{1}{fC_o}$$

$$b' = \frac{K}{fC_o}$$

分配系数也可以以这两个值来计算：

$$K = b'/a' \tag{9.46}$$

换句话说，通过对 β 和 $1/A_G$ 进行线性回归分析，可以得到公式（9.45）所对应的线性图的斜率（a'）和截距（b'）。利用公式（9.46），将这些值代入可以计算得到分配系数。

在下面的示例中，我们利用 PRV 方法确定 60°C 条件下，空气-水系统中甲苯的分配系数。

【例 9.5】

准备一个浓度为 10 μL/mL 的甲苯水溶液，将不同体积的此溶液分别加入 4 个顶空瓶中。顶空瓶在 60°C 下恒温并使用 HS-GC 进行分析。所得结果如下：

瓶号	相比 β	得到的峰面积 A_G
1	21.300	18140
2	10.150	35115
3	6.433	50550
4	4.575	65305

β 与 $1/A_G$ 的线性回归分析结果如下：

$$a' = 0.0023797$$

$$b' = 0.0044162$$

$$r = 0.99999$$

代入公式（9.46）计算得到的分配系数为：

$$K = \frac{0.0044162}{0.0023797} = 1.86$$

9.4.2.2 PRV 方法的极限

这种测定分配系数的方法依赖于改变相比所造成的峰面积差。显然，通过使峰面积值的差异尽可能的大，可以提升计算的精确度。但是，在 K 值很大的情况下，面积的相对差异会变小。使用公式（9.45）计算只有两个瓶子的情况，并取两个公式的比，这种现象将更加显而易见：

$$\frac{1}{A_{G1}} = \frac{K + \beta_1}{fC_o} \tag{9.45a}$$

$$\frac{1}{A_{G2}} = \frac{K + \beta_2}{fC_o} \tag{9.45b}$$

$$\frac{A_2}{A_1} = \frac{K + \beta_1}{K + \beta_2} \tag{9.47}$$

显然，如果 K 值相对于相比小很多，A_2/A_1 的值将接近 β_1/β_2。另一方面，如果 K 值比相比大很多，那么 A_2/A_1 的值将接近 1。

如果 $K \ll \beta$，那么 $A_2/A_1 \rightarrow \beta_1/\beta_2$

如果 $K \gg \beta$，那么 $A_2/A_1 \rightarrow 1$

甲苯的 K 值较低，是一个较好的例子，其 β_1/β_2（最高和最低相比的比率）为

21.300/4.575=4.66，并且色谱图上呈现一个较宽的峰面积（65305/18140=3.60）范围（详见例 9.5）。另一方面，对于甲基乙基酮（MEK），在 45℃ 时计算得到的分配系数为 144.7[27]，同样的相比范围条件下得到的峰面积比只有 1.12，MEK 所出现的这个问题，从它的相关系数（只有 0.99108）中也可以看到[27]。我们认为 A_2/A_1 的合理最小值约为 1.12，此时，所对应的分配系数约为 75~100❶。

但是，这个经验法则并不意味着 PRV 方法不能用于具有高 K 值、低 A_2/A_1 值的高溶性化合物。Chai 和 Zhu[30] 已经将该方法的适用性扩展到了这类样品上。他们研究了在测试两个体积为 20 mL 的小瓶时，当 K 值（>10）较高时，样品体积的差异对测量的精度所产生的影响。他们通过使用一个非常大的溶液体积比（$x = V_L^1 / V_L^2$；例如，x=1000，V_L^1=10 mL，V_L^2=10 μL），或是一个具有适中体积比的非常小的样品体积（例如，x=4，V_L^1=100 μL，V_L^2=25 μL），在一些特定的条件下发现了很好的精度。但是，10~25 μL 这么小的样品体积可能会完全蒸发，在这种情况下这个测定过程又与 VPC 方法相同了。

9.4.3　MHE 方法测定分配系数

McAuliffe 首次描述了 MHE 方法的基本原理，并展示了亨利常数是如何决定逐步萃取过程的萃取效果的[33]。如果采用平衡/压力取样技术进行 MHE 方法测定，分配系数 K 可以由 MHE 系列测定的面积特征比值 Q 来确定：

$$Q = \frac{A_2}{A_1} = \frac{A_3}{A_2} = \frac{A_i}{A_{(i-1)}} \tag{2.62}$$

其中，A_1，A_2，A_3，$\cdots A_i$ 是连续测量得到的峰面积；i 是执行的萃取的步骤数。在 5.5.4 节中使用下面的公式表示商 Q、分配系数 K 和小瓶的相比 β 之间的关系：

$$Q = \frac{(K/\beta) + \rho}{(K/\beta) + 1} \tag{5.43}$$

$$\rho = p_0 / p_h \tag{5.40}$$

换句话说，在 MHE 测定中，ρ 是小瓶中排气前（p_h）和泄压后（p_0）的（绝对）压力比。如果压力比 ρ 是确定的，可以利用这个关系式来确定 K 值。然而，这很大程度上取决于所使用的仪器及其压力读取器的精确度。

面积比 Q 也可以很容易校准，不受仪器不确定性的限制。通过两种方法可以

---

❶ 例如，对于 MEK 在 60℃ 时，K=69.2，在已给的相比范围内，A_2/A_1 的值是 6795/5545=1.23。线性回归分析的相关系数 r=0.99834，好于其在 45℃ 时的测量结果[27]。

做到：第一种类似于 VPC 方法，第二种类似于 PRV 方法。Chai 和 Zhu[34]没有使用压力比 ρ，而是使用了样品的体积流率（φ），即从顶空萃取出的溶质蒸气的量，表示为在排气前顶空中溶质蒸气的一定比例。然而，通过排放加压的顶空气体而扩大的体积也取决于压力比 ［参见 5.5.4.1 节中的公式（5.39）和公式（5.40）］，因此，两种方法非常相似。这些作者通过参考样品对测定过程进行了校准，参考样品的溶解测试溶质的亨利常数为 H。

9.4.3.1　VPC/MHE 方法

在 5.5.4.2 节中我们了解到，对于全部蒸发（VPC 方法中的校标标准）来说，压力比 ρ 等于标准的面积比值（Q_{st}）：

$$\rho = Q_{st} \tag{5.44}$$

将公式（5.44）带入公式（5.43）中，可以得到样品的面积比 Q_S：

$$Q_S = \frac{(K/\beta) + Q_{st}}{(K/\beta) + 1} \tag{9.48}$$

通过此关系式可以将 K 表示为：

$$K = \frac{Q_{st} - Q_S}{Q_S - 1} \times \beta \tag{9.49}$$

这里将利用两个例子来对此方法进行说明。第 1 个例子是 80°C 条件下，对空气-原油系统中硫化氢分配系数的测定；同样，也可以用这个方法计算原油中 H_2S 的浓度。

【例 9.6】

向小瓶 1 中加入 0.34 mL（β=64.59）含有 H_2S 的原油样品，同时向小瓶 2 中加入 50 μL 纯 H_2S 气体；小瓶的体积均为 22.3 mL。两个小瓶都在 80°C 恒温 60 min。

在 20°C、压力 101.3 kPa（1 atm）的条件下，气体的摩尔体积是：

$$22.414 \, L \times \frac{293.16}{273.16} = 24.055 \, L$$

H_2S 的分子量是 34.08 g；因此，在给定的条件下 50 μL H_2S 气体对应的质量为 70.84 μg。

表 9-2 列出了 MHE 方法的测定结果和回归分析数据；图 9-5 为相应的线性回归图。下面是用于分析的 GC 条件：25 m×0.32 mm 内径，多孔层，表面涂层为 Porapak Q 型多孔聚合物的熔融石英开管柱。柱温：70°C；进样方式：分流进样。检测器：火焰光度检测器（FPD）。

由分配系数的计算公式（9.49）得：

$$K = \frac{0.46918 - 0.60172}{0.60172 - 1} \times 64.6 = 21.5$$

根据现有数据，还可以计算出原油中 H_2S 的浓度。为此，我们通过公式（5.28）计算峰面积的和。外部蒸气标准的总峰面积由体积校正因子进一步修正［公式（5.37）］。

表 9-2　使用 VPC/MHE 测定在 80℃ 时空气-原油体系中硫化氢的分配系数（例 9.6）

i	样品，A_i	外部蒸气标准，A_{ex}
1	80411	99431
2	49504	46254
3	29114	21888
线性回归：		
斜率 q	−0.50797	−0.75676
$Q = e^{-q}$	0.60172	0.46918
截距 A_i^*	81026	99148
相关系数 r	−0.999662	−0.999979

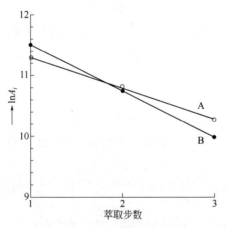

图 9-5　使用 VPC/MHE 方法测定 80℃ 时空气-原油体系中硫化氢的
分配系数的线性回归图（例 9.6）

A—油样品；B—校准标准

【例 9.7】

体积校正因子（f_v）：

$$f_v = \frac{V_v}{V_v - V_S} = \frac{22.3}{22.3 - 0.34} = 1.0155$$

各峰面积之和计算如下。

样品：

$$\sum A_i = \frac{81026}{1.0 - 0.60172} = 203439$$

外部蒸气标准：

$$\sum A_{\text{ex}} = \frac{99148}{1.0 - 0.46918} = 186784$$

外部标准修正后的峰面积之和 [参看公式（5.38）]：

$$\sum A_{\text{ex}}^x = 186784 \times 1.0155 = 189679$$

样品中存在的 H_2S 的量：

$$\frac{203439}{189679} \times 70.84\ \mu g = 75.98\ \mu g$$

在原油中的浓度为 75.98 μg/0.34 mL＝223.5 μg/mL。

第 2 个例子是测定苯乙烯单体在聚苯乙烯中的分配系数。为了便于测定，需要对样品进行冷冻研磨处理。实际的测量是在 120℃ 下进行的，具体情况请参看例 6.1 和表 6-1、表 6-2。这里只重复最后的结果。因为使用小体积（0.2 mL）时，体积校正因子小于 1%，因此这里不使用体积校正因子。这里所得到的 K 值应该认为是一个近似值，因为相比的计算是使用聚苯乙烯样品的总体积，没有考虑到样品的孔隙度，而孔隙度会影响小瓶中的气相体积。

【例 9.8】

下面的数值是为了计算苯乙烯单体的面积比 Q 而获得的：

标准（表 6-1）：Q_{st}＝0.3973

样品（表 6-1）：Q_S＝0.7470

样品的体积为 0.2 mL。因此，相比是：

$$\beta = \frac{22.3 - 0.2}{0.2} = 110.5$$

依据公式（9.49），苯乙烯单体在聚苯乙烯中的分配系数是：

$$K = \frac{0.39727 - 0.74702}{0.74702 - 1} \times 110.5 = 152.8$$

9.4.3.2　PRV/MHE 方法

在这个部分，保持其它条件相同，对同一样品的两种不同体积进行分析，得到面积比 Q_1 和 Q_2。两种情况下的公式（5.43），可以写为：

$$Q_1 = \frac{(K/\beta_1) + \rho}{(K/\beta_1) + 1} \tag{9.50a}$$

$$Q_2 = \frac{(K/\beta_2)+\rho}{(K/\beta_2)+1} \qquad\qquad (9.50b)$$

由这 2 个公式可以得到 K：

$$K = \frac{(Q_2-Q_1)\times\beta_1\times\beta_2}{(Q_1-1)\beta_2-(Q_2-1)\beta_1} \qquad\qquad (9.51)$$

我们将通过对 70℃ 条件下，MEK 在水-空气体系中的分配系数的测定来对这个方法进行说明。分别向包含 1.0 mL 和 5.0 mL 水的小瓶中加入 3 μL MEK，制得 2 个样品。

【例 9.9】

小瓶 1 和小瓶 2 分别包含 1.0 mL 和 5.0 mL 水，相比分别为 β_1=21.3 和 β_2=3.46。向每个小瓶中加入 3 μL MEK（=2.415 mg），并在 70℃ 保持恒温 60 min。GC 条件为：填充柱，2 m（长度）×1/8 英寸（3.2 mm）（外径）；填料：Chromosorb W（60/80 目）上涂覆 15%聚乙二醇 1500；柱温 60℃，FID 检测器。表 9-3 列出了 MHE 测定结果和线性回归分析数据；图 9-6 为相对应的线性回归图。将 Q 和 β 的值分别带入公式（9.51），得到 K=44.5。

表 9-3　使用 PRV/MHE 方法测定 70℃ 时甲基乙基酮在空气水体系中的分配系数（例 9.9）[1]

i	两种样品体积的峰面积（计数）	
	1.0 mL（β=21.3）	5.0 mL（β=3.46）
1	5346	1470
2	4341	1407
3	3548	1348
4	2893	1296
线性回归：		
斜率 q	−0.20439	−0.04208
$Q=e^{-q}$	0.8151	0.9588
截距 A_1^*	5338	1.469
相关系数 r	−0.99998	−0.99970

[1] 线性回归曲线见图 9-6。

将结果与例 9.4 进行比较，结果相差 7.6%。毫无疑问，造成此差异的原因是由于 5.0 mL 样品的面积比 $A_{(i-1)}/A_i$ 值为 1.04，远低于推荐的下限。这也可以从线性回归图的斜率值（q=-0.04）看出，其接近于 0。

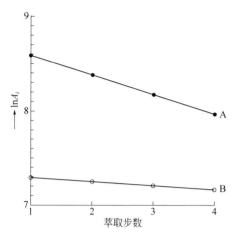

图 9-6 使用 PRV/MHE 方法测定 70℃ 时甲基乙基酮在空气-
水体系中的分配系数的线性回归曲线（例 9.9）

样品量：A—1.0 mL；B—5.0 mL

9.5 反应常数的测定

如果挥发性化合物参与化学反应，那么可以在顶空瓶中进行该反应，并对挥发性化合物监控以进行动力学研究，这个过程最好采用渐进模式（详见 3.4.2 节）。

第 7 章 7.1 节中给出了一个使用渐进工作模式研究缓慢解吸过程的例子（详见图 7-2），该例子显示了香料烟中薄荷醇的解吸。Chai 等[35]的研究表明，MHE 方法也可以应用于此类研究，因为在此类化学反应中，挥发性反应物的含量可以在等时间间隔下定期监控。与含有稳定挥发性化合物的标准溶液相比，连续萃取的面积差异更高或者更低小取决于该挥发性反应物涉及的是源（source）还是汇（sink）。

利用 HS-GC 进行此类研究在很多文献中也有报道（详见文献[36-38]）。动力学测量的另一种方法是测定化学反应的平衡常数，该化学反应包括等摩尔比的化合物 X 和 Y，形成加和物 XY：

$$X+Y \Longleftrightarrow XY$$

其中，化合物 X 是挥发性反应物；Y 是非挥发性反应物。此反应的平衡常数（EC_{XY}）可以表示为[39]：

$$EC_{XY} = \frac{[X]\times[Y]}{[XY]} \tag{9.52}$$

这个平衡常数可以通过测量两种溶液的顶空浓度（C_{X1} 和 C_{X2}）来建立，这两种溶液具有不同的浓度[X]和[Y]，但是溶液的总体积相同。假设挥发性反应物的分配系数在所研究的浓度范围内保持不变，反应的平衡常数可以表示为：

$$EC_{XY} = \frac{C_{X2} \times [Y]_2 - C_{X1} \times [Y]_1}{C_{X1} - C_{X2}} \times \frac{K_X V_S}{K_X V_S + V_G} \qquad (9.53)$$

其中，V_S 和 V_G 分别表示小瓶中液相和气相的体积；C_{X1}，C_{X2} 是两种溶液顶空中挥发性反应物的浓度；K_X 是小瓶中挥发性反应物的分配系数；[Y]是小瓶中非挥发性反应物的浓度。

此方法还应用于确定配位物质 M 和挥发性配体 X 的配合物的稳定性常数（SC_{XM}）：

$$SC_{XM} = \frac{[M] \times [X]}{[MX]} = \frac{A_1 - A_2}{A_2} \times \frac{K_X V_S + V_G}{K_X V_S \times [M]_o} \qquad (9.54)$$

其中，A_1，A_2 是两种溶液中挥发性配位体的峰面积；$[M]_o$ 是配位物质的初始浓度。另外，采用此方法，通过从化合物 B 在两种具有不同浓度和 pH 的溶液中的面积比 A_{B1}/A_{B2}，可以得到碱性共轭物 BH^+ 的电离常数 IC_{BH^+}，并以此来表示挥发性化合物 B 的碱度[40,41]：

$$IC_{BH^+} = \frac{[B] \times [H^+]}{[BH^+]} = \frac{(A_{B1}/A_{B2}) \times [H^+]_1 - [H^+]_2}{1 - A_{B1}/A_{B2}} \qquad (9.55)$$

9.6　MHE 方法测定溶质溶解度

对大多数应用来说，特别是定量检测，使用静态 HS-GC 需要样品中被分析物的峰面积和浓度之间存在严格的比例关系，因此，液体样品中必须存在理想的稀释溶液。通常来讲，这一点很容易达到，因为 HS-GC 经常用于测定痕量成分；另外，如果浓度过高，样品稀释也是轻而易举的。通过不断增加溶质浓度，并采用顶空对这一系列样品进行分析（参考图 2-8），可以得到这种理想稀溶液的上限，此时，活度系数变成了浓度的函数（详见 2.2 节）；当某一个浓度条件与得到的峰面积呈非线性，且保持其非线性行为直至峰面积不再发生改变，则预示两种不溶混的液相的形成。这就是溶质在样品基质中溶解度的极限。

Chai 等人[42]报道了使用 MHE 技术测定几种乙烯单体在水中的溶解度，该技术可以在 1 个小瓶中进行测定，不需要使用一系列小瓶。首先，将超过溶解度的过量溶质加入到水中，从而形成一个小体积的独立液相，通过 MHE 程序的逐步气体萃取从瓶中去除过量的溶质。随着溶质逐步地从小瓶中移除，可以得到不同的峰面积，通过这些得到的峰面积对各种浓度范围进行覆盖和标记。由此产生的MHE 曲线和图 9-10 非常相似，图 9-10 是对检测器响应的线性的研究。只要存在两个独立溶质和溶剂液体层，那么刚开始图中溶质的峰面积保持不变，随后是一个非线性部分，最后以峰面积和浓度的线性关系结束。Chai 等人[42]报道，当单体不再以一个独立相存在时，平衡蒸气浓度会显著下降，可以在顶空萃取数与蒸汽单体浓度的函数图上确定此转变点，该转变点对应为水溶液中单体的饱和点，从而对应单体在水中的溶解度。

9.7 气体-固体系统

从本质上讲，之前描述的气-液系统的技术也可以应用在气-固系统中来研究吸附效应和扩散过程。

9.7.1 吸附等温线的测定

与测定分配系数的方法相似，使用如 VPC 方法也可以测定吸附等温线[12,14]。将越来越大量的挥发性化合物引入到一系列的 2 组平行小瓶中，一个包含固定量的吸附剂，另一个是空的，这样总有一对具有相同数量的挥发性化合物；面积值的差异由吸附量产生。

在计算中，由于两个对比的小瓶（带有吸附剂的小瓶和空瓶）的顶空体积不同，主要需要对样品体积进行修正；另外，还需要考虑吸附剂的多孔性，因为这部分体积也属于小瓶的自由气体体积。实际上，对于一个 22.3 mL 的小瓶，被研究的吸附剂的量很难超过 100 mg（0.1 mL），并且<1%的差异完全可以忽略不计。

吸附等温线可以通过绘制相应的峰面积比（A_i/A_i°）[代替通常的相对压力（p_i/p_i°）]与单位为 mmol/g 的吸附量的关系图来建立。图 9-7 显示了一个例子，即 60°C 条件下，活性炭和硅胶对乙醇的吸附[12]。通过吸附等温线可以获得一些相应的热动力学函数，例如吸附系数、吸附焓和比表面积等[43]。HS-GC 也有助于对一些其它的选择性吸附性能或催化剂进行研究（详见，如文献[44-46]）。

HS-GC 技术在环境应用方面也很有价值，例如，对有机化合物在土壤或类似材料上吸附的研究。图 9-8 中分别为三氯乙烯在干泥炭和湿泥炭上的吸附等温线，以及甲苯在干泥土和湿泥土上的吸附等温线。这些材料被用作土壤研究的标准物质：如图所示，干泥炭具有很高的吸附能力，湿泥炭具有合理的吸附能力。而与自然湿度类似的湿黏土实际上对甲苯几乎没有吸附能力，只有干的物质才有些许吸附性。

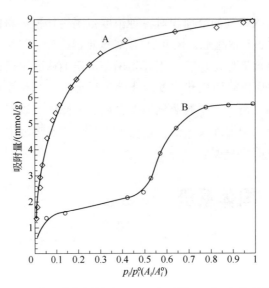

图 9-7　在 60°C 时乙醇在活性炭（A）和硅胶（B）上的吸附等温线[12]

横坐标：相对压力 p_i/p_i^o 用峰面积比 A_i/A_i^o 来表示。纵坐标：每克吸附剂吸附的乙醇的量。

活性炭：色谱级，20/30 目，E. Merck。硅胶：窄孔，Davison grade 12，60/80 目

来源：经 *Berichte der Bunsengesellschaft für Physikalische Chemie* 许可复制

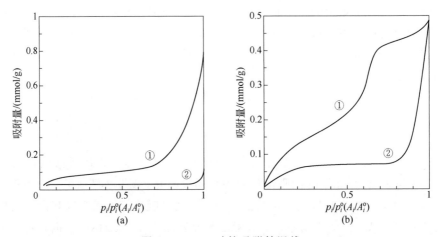

图 9-8　80°C 时的吸附等温线

（a）甲苯在干黏土和湿黏土上的吸附；（b）三氯乙烯在干泥炭和湿泥炭上的吸附

横坐标：相对压力 p_i/p_i^o 表达为峰面积比 A_i/A_i^o。纵坐标：每克吸附剂吸附的甲苯和三氯乙烯的量

①—在 150°C 干燥的干吸附剂；②—湿吸附剂（湿泥炭的湿度约为 50%）

9.7.2　挥发性分析物释放速率的测定

吸附平衡是通过两相系统的双向扩散过程建立的。因此，可以使用与气相添加技术相同的动力学方法来研究这种扩散效应（参见 5.4.2 节和图 5-10）。对固体

样品中挥发性分析物的释放速率（*RR*）的测定，特别是当这种挥发性物质是有毒的，这种测定更引起人们的关注。

平衡过程的初始，顶空瓶气相中没有待测成分：慢慢的，它的浓度会累积，直至达到平衡。随着恒温时间增加（例如，通过渐进工作模式），不同小瓶中的顶空相浓度也发生着变化，对这些小瓶中的顶空成分进行分析，并且绘制所获得的峰高与恒温时间的关系图，就可以看出顶空相中浓度的累积过程。图 4-1 就给出了这种曲线的图形。

在平衡过程开始的时候，分析物只向一个方向扩散：从样品向气相。在此期间，峰高（H_t）和恒温时间 t 的关系呈线性增加：

$$H_{max} = \alpha t \qquad (9.56)$$

当气相浓度累积结束，气相中的成分就会开始向样品中扩散，此时，曲线图会变平。最终，在平衡状态下，两相间的扩散速率相同，此时，再增加加热时间，峰高恒定不变。

平衡图早期的线性部分可以用来评估分析物从固体样品中的释放速率。我们需要的是分析物的量 W_i 和它的峰高 H_t 之间的关系：

$$W_i = fH_t \qquad (9.57)$$

其中因子 f 与普通 GC 中所用的响应因子相似，并且可以通过，例如，分析分析物的外部蒸气标准来确定。因此，我们可以用峰高所对应的分析物的量测得的峰高。图的线性部分将对应于关系式：

$$W_i = \alpha' t \qquad (9.58a)$$

其斜率（通过线性回归确定）实际上包含了量和时间两个方面：

$$\alpha' = W_i / t \qquad (9.58b)$$

我们将其与存在的样品总量（W_s）关联起来，并将其表示为分析物从样品中释放的速率（*RR*）：

$$RR = \frac{W_i / t}{W_s} \qquad (9.59)$$

释放速率也可以与样品的表面有关（S_s）：

$$RR = \frac{W_i / t}{S_s} \qquad (9.60)$$

公式（9.59）所描述的物理量的量纲是：

$$\left| \frac{\text{分析物质量}/\text{时间}}{\text{样品质量}} \right|$$

公式（9.60）所描述的物理量的量纲是：

$$\left| \frac{\text{分析物质量}/\text{时间}}{\text{样品表面积}} \right|$$

现在我们给出一个这种测定的例子。聚对苯二甲酸乙二醇酯（PET）是一种用于生产塑料瓶和包装膜的重要塑料。一方面，PET 在聚合反应和熔融过程中可能会形成热降解产物乙醛（AA），因此它的测定较为重要。根据 Dong 等人的研究[47]，可以通过 HS-GC 和冷冻研磨 PET 颗粒对其进行测定。另一方面，因为 PET 已经作为食品包装材料来使用，了解其向周围大气中释放多少乙醛也很有意义。采用 HS-GC 方法，测定顶空瓶中 PET 颗粒向外释放的速率，可以得到这个量。

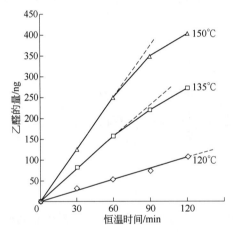

图 9-9   在三种不同温度下，聚对苯二甲酸乙二醇酯颗粒中乙醛的
释放量与恒温时间的函数关系

图中线性部分的相关系数值（r）和计算的释放速率 RR 如下：

温度/℃	r	RR/[ng/(min·g)]
120	0.9876	0.84
135	0.9999	2.62
150	1.0000	4.19

图 9-9 绘制了在三种不同温度下释放的 AA 的量（由 AA 的外部蒸气标准确定）与恒温时间的函数关系，表 9-4 给出了在 135℃ 时的相关数据。将 1 μL 的乙醛注射进入一个空的小瓶中，并且在同样的条件下进行分析，就得到了一个外部蒸气标准。样品通常包含 1.0 g PET 颗粒。如图所示，在 120℃ 的条件下，加热

时间达到 120 min，曲线仍为线性；对于在 135℃ 和 150℃ 的条件下，加热时间达到 60 min，曲线为线性。因此，我们可以通过公式（9.58a）对这些数据进行线性回归分析。表 9-4 中也给出了每一个测量的 RR 数据：它们的平均值和通过线性回归分析得到的值非常吻合。

表 9-4　在 135℃ 时，聚对苯二甲酸乙二醇酯颗粒（1.0 g）中乙醛（AA）的释放量与恒温时间的函数关系

恒温时间 t/min	峰高 H_i/min	AA 的相应量[①] W_i/ng	释放速率 RR/(ng/min)
0^+	0.0	0.0	
30^+	9.0	80.7	2.69
60^+	17.5	157.0	2.62
90	24.5	219.8	
120	30.5	273.6	
平均值			2.66
线性回归[②]			
斜率 a'	2.62 ng/min		
相关系数 r	0.9999		

① 响应因子：8.97 ng AA/mm 峰高。

② 依据公式（9.58a），对前三个值（标有+的）的回归结果。

9.8　顶空分析仪的校验：检测器线性和检测限的研究

我们已经讨论了顶空定量分析的各种技术和可能应用。一旦建立了方法，就必须对其进行验证。方法验证的一个主要部分是仪器性能的测定。这其中就包括工作曲线的线性范围和检测限。

9.8.1　定义

检测器的线性范围定义为检测器的灵敏度［峰面积（A_i）/分析物量（W_i）］恒定时[48]的测量范围：

$$A_i / W_i = 常数 \tag{9.61}$$

通常，线性范围是通过将检测器的灵敏度对所注入的分析物量作图并确定值之间的差异小于指定偏差（窗口）（通常为 5%）的范围来建立的。需要准备许多标准，以便于将浓度控制在一个较宽的范围内，其中包括手动制备样品的误差。因此，这些测量系列的结果不一定代表真正的仪器精度。

借助于 HS-GC 技术，通过对一个蒸气标准进行一套 MHE 测定，也可以建立

检测器的线性范围。毕竟，在 MHE 中，我们可得到分析物的量逐渐减少情况下的峰面积。由于我们在制备蒸气标准中，知道了与最高峰对应的分析物的绝对量，因此可以采用逐步自动稀释的步骤制备任何想要的低浓度。因此，如果不在整个范围内，则至少在我们需要的工作范围内，检测器的线性度可以自动控制。因为单个样品是由逐步 MHE 方法自动稀释最高浓度的蒸气标准而获得的，因此在样品制备中不存在重现性不好的问题。

检测器的最低检测极限 *DL* 被认为是峰高等于探测器噪声水平 *N* 的 *x* 倍的分析物数量。它是根据一个接近检测极限的小峰的值来计算的，在此假设峰高和分析物的量成比例：

$$DL = \frac{xN}{H_i} \times W_i \qquad (9.62)$$

其中，H_i 是量 W_i 相应的峰高。检测能力也可以通过分析物分子的碳含量来表示。IUPAC[48]和仪器规范通常考虑 $x=2$，但是在色谱分析实际应用中，也可用其它的值（例如，$x=5$）。

在公式（9.62）中，*DL* 以质量表示，通常使用微克、纳克或皮克。在质量-流量敏感探测器（比如，FID）中，使用进入检测器的分析物的质量流率（pg/s）来代替它的质量：

$$DL / t = \frac{xN}{H_i w_h} \times W_i \qquad (9.63)$$

其中，w_h 是半峰宽，以时间单位表示。

在 MHE 方法中，如果进行一个 9 个点的测定，我们可以调整蒸气标准的起始浓度以使最后一个峰接近检测限。这样，它的值可以用来计算 *DL*。

在 9.8.2 节中，我们以 FID 为例说明了这种检测器测试的可能性。采用甲苯作为分析物；样品制备：向体积为 22.3 mL 的顶空瓶中加入 2.5 μL 的 1.0%（体积分数）甲苯的丙酮溶液，采用 TVT 方法，使小瓶在 100°C 下恒温 30 min。甲苯的密度是 0.866 g/mL；因此，加入的溶液包含 21.65 μg 甲苯，它在小瓶气相中的浓度为 0.971 μg/mL。

我们进行一个 9 步骤的 MHE 测定，表 9-5 是其在"峰面积测量"下的结果。相关系数在研究范围内有极好的线性。

9.8.2 检测器的线性范围

首先，建立与该测定系列对应的线性范围。第一个峰面积对应的甲苯的量可以用以下方法估算：从顶空瓶进入到分析柱内的实际气体体积按照 3.6.3 节描述

表 9-5　使用 MHE 测定甲苯蒸气标准以测试 FID 工作范围的线性[①]

i	峰面积（计数）		$\dfrac{\left\| A_{i(理论)} - A_{i(测量)} \right\|}{A_{i(理论)}}$
	测量值	理论值[②]	
1	2369497	2347954	0.0092
2	1086966	1043021	0.0421
3	464134	463337	0.0017
4	201158	205826	0.0227
5	87970	91433	0.0379
6	38761	40617	0.0457
7	17982	18043	0.0034
8	8311	8015	0.0369
9	3640	3561	0.0222
绝对偏差之和			0.2218

线性回归：

斜率 q	−0.8242	
$Q = e^{-q}$	0.4442	
截距 A_i^*	2347954	
$\sum A_i^*$	4224655	
相关系数 r	−0.99990	−1.00000

① 条件：50m×0.32mm（内径）熔融石英开管柱，涂有键合苯基（5%）甲基聚氧烷相；膜厚 1 μm；柱温 70°C。样品要求和加热条件在正文中有详细说明。小瓶压力 △p=120 kPa。

② 由线性回归方程计算得到，假设 r=−1.00000。

的方法进行计算，流量值要根据干燥气体条件和小瓶温度对其进行修正。计算很简单，分别使用公式（3.16）和公式（3.14），以及关于流量修正有关的一般 GC 关系[49]进行计算：

$$F_{c,0} = F_a \times \frac{T_v}{T_a} \times \frac{p_a - p_w}{p_a} \qquad (9.64)$$

$$F_i = \frac{p_a}{p_i} \times F_{c,0} \qquad (9.65)$$

其中，F_a 是在大气条件下使用皂膜流量计在柱出口测得的流量（p_a=压力，T_a=温度）；此外，$F_{c,0}$ 是 F_a 在小瓶温度为 T_v 和干燥气体条件下的修正值（p_w=在 T_a 时水的蒸气压）；F_i 是柱进口压力下的流量（p_i=Δp+p_a）。以下是测量得到的值：

$$F_a=2.8 \text{ mL/min}$$

$$p_a=96.42 \text{ kPa}$$

$$\Delta p=120.0 \text{ kPa}$$

$$p_i = (96.42+120.0) \text{ kPa} = 216.42 \text{ kPa}$$

$$T_a = 20°C = 293.16 \text{ K}$$

$$T_v = 100°C = 373.16 \text{ K}$$

$$p_w \text{ 在 } 20°C = 2.332 \text{ kPa}$$

$$F_{c,0} = 2.8 \times \frac{373.16}{293.16} \times \frac{96.42-2.332}{96.42} \text{ mL / min} = 3.478 \text{ mL / min}$$

$$F_i = 3.478 \times \frac{96.42}{216.42} \text{ mL / min} = 1.55 \text{ mL / min}$$

样品传输时间 $t = 0.06 \text{ min}$。因此，首次进样输送的顶空气体体积是

$$V_g = F_i t = 1.55 \times 0.06 \text{ mL} = 0.093 \text{ mL} = 93.0 \text{ μL}$$

如之前所给出的，在顶空小瓶中甲苯的浓度是 0.971 μg/mL；因此，此输送体积对应

$$\frac{93.0 \times 0.971}{1000} \text{ μg} = 0.0903 \text{ μg} = 90.3 \text{ ng甲苯}$$

根据峰面积和量的比例关系，利用 A_1 和 A_9 的理论值（见表 9-5）以及第一次测量中甲苯的输送量，根据各自的峰面积计算得到对应第 9 次分析的量：

$$\frac{3561}{2347957} \times 90.3 \text{ ng} = 0.137 \text{ ng甲苯}$$

因此，分析物的研究范围是 90.3 ng/0.137 ng=969∶1。

这里有两个重要的地方。首先，必须认识到，这种计算通常适用于在不分流进样［见图 3-16（b）］的开管柱中，而在分流模式下［见图 3-16（a）］，顶空样品在进样器中被载气稀释，则不适合此类计算。整体评估取决于能否准确确定 MHE 过程第一步中输送样品中存在的分析物的量的可能性。因此，确定输送到柱内的气体的精确体积是十分重要的。然而，在现代程序压力控制仪器中，在样品输送过程中，流向进样器的载气可以被截断或是至少色谱柱入口压力 p_i 可以大幅度降低，这样就可以避免顶空样品的稀释，仍采用分流模式进行工作。甚至在这个计算中不用考虑分流。

其次，这个例子证明一个 9 步骤的 MHE 测量不能对 FID 的整体线性范围进行评估，FID 的整体线性范围通常认为是 $10^7∶1$。我们研究的范围只有 659∶1，即使我们把它扩展到最小检测限（见 9.7.4 节），它覆盖的范围也不过是 90.3 ng/0.014 ng=$6.5 \times 10^3∶1$。为了评估整体线性范围，需要从不同的气相浓度开始进行两个或多个重叠的 MHE 测定。然而，由于开管柱的样品容量有限，FID 线性范

围较宽，因此两者不适用。这里概述的单个范围足以满足方法验证和检测器的需求，特别是在稍后要讲的，评估最低检测能力方面。

如果研究的检测器线性范围较窄，在 MHE 测量系列的初始，在样品瓶气相中标准的浓度可能会过高。这一点可以从线性回归数据明显看到，此时的线性回归显示出一个很低的相关系数，对于常规 MHE 曲线，前面的部分显示非线性。图 9-10 展示了一个很好的例子，它显示了以三氯甲烷为分析物研究 ECD 线性的 MHE 图。在 MHE 步骤 1 中，小瓶中三氯甲烷的起始浓度为 1.54 ng/mL，这显然太高了。在 MHE 步骤 9 中，小瓶中的浓度是 9.65 pg/mL，这接近了这种检测器的最小检测能力。

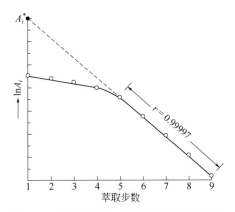

图 9-10　研究 ECD 线性得到的 MHE 图

HS 条件：样品—2 μL 三氯甲烷溶液（600 μg/mL）在 80°C 时恒温

GC 条件：柱—50 m×0.32 mm 内径的熔融石英开管柱，涂有键合苯基（5%）甲基聚硅氧烷固定相；膜厚 2 μm

样品传输—冷凝 1 min，不分流。柱温—40°C 恒温 5 min，之后以 5°C/min 的速率升温到 120°C，再之后以 20°C/min 的速率升温至 150°C。载气—氢气，130 kPa；ECD 补充气体—氩气-甲烷，50 mL/min。ECD 温度 350°C。在 MHE 步骤 1 中，小瓶中三氯甲烷的起始浓度为 1.54 ng/mL，对应的外推截距值 A_1^*，在第 9 步骤中最终的浓度为 9.65 pg/mL。检测器响应的线性部分的相关系数 $r=0.99997$

在这种情况下，有 2 种可行性：用更少量的分析物准备一个新标准，或是只对 MHE 图的线性部分进行计算。图 9-10 证明第 2 种选择是可行的：步骤 5~9 的相关系数 $r=-0.99997$，这是非常好的。

9.8.3　范围的精度

对一个含有 n 个步骤的 MHE 进行线性回归分析，我们也可以对范围的精度（P）进行定义。这个可以通过先计算理论峰面积 $A_{i(理论)}$，然后计算每一步的理论和测量峰面积 $A_{i(测量)}$ 的绝对相对偏差来确定：

$$\frac{|A_{i(理论)} - A_{i(测量)}|}{A_{i(理论)}}$$

求出这些数据的平均值，可以计算范围（百分比）的精度：

$$P = \frac{\sum_{i=1}^{n} \frac{|A_{i(理论)} - A_{i(测量)}|}{A_{i(理论)}} \times 100\%}{n} \qquad (9.66)$$

表 9-5 给出了绝对相对差值及其和，用于研究使用甲苯作为测试物质的 FID 的线性。计算结果为：

$$P = \pm \frac{0.2218 \times 100\%}{9} = \pm 2.5\%$$

这个值落在通常指定的±5%之内。

9.8.4 最低检测限

图 9-11 显示了在第 9 次测量中测试 FID 的线性度时获得的实际峰值（表 9-5）。

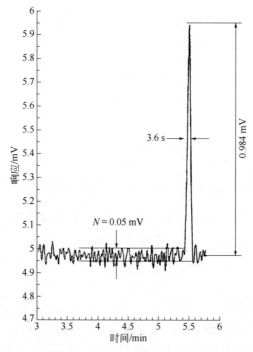

图 9-11   用于计算 FID 的最低检测限的，第 9 次 MHE 测定
所得到的甲苯峰（N=噪声水平）

正如前面所给出的，这个峰高 H_9 对应 W_9=137 pg 甲苯。这个峰的特征指标为：

$$峰高（H_9）=0.984 \text{ mV}$$

$$半高峰宽（w_h）=3.6 \text{ s}$$

$$噪声水平（N）=0.05 \text{ mV}$$

如果我们将检测限（DL）视为一个峰高是噪声水平 2 倍的峰，根据峰高和量的比例可以计算相应的量：

$$DL = \frac{2N}{H_9} \times W_9 = \frac{2 \times 0.05}{0.984} \times 137 \text{ pg} = 13.92 \text{ pg}$$

因为 FID 是一种质量-流量-灵敏度检测器，我们可以以单位时间对应的量来表达检测限：

$$DL / t = \frac{13.92 \text{ pg}}{3.6 \text{ s}} = 3.9 \text{ pg/s甲苯}$$

因为甲苯分子量中的 91.24%为碳，所以这个值相当于 3.6 pg/s C。一般情况下，FID 检测极限规定为 3~5 pg/s C，因此，测量表明被测试的检测器的最小检测能力在要求范围内。

参 考 文 献

[1] D. C. Legget, J. Chromatogr. 133, 83-90 (1977).

[2] K. Schoene and J. Steinhanses, Z. Anal. Chem. 309, 198-200 (1981).

[3] K. Schoene, K. W. Böhmer, and J. Steinhanses, Z. Anal. Chem. 319, 903-906 (1984).

[4] A. Hussam and P. W. Carr, Anal. Chem. 57, 793-801 (1985).

[5] J. E. Woodrow and J. N. Seiber, J. Chromatogr. 455, 53-65 (1988).

[6] B. Kolb, in O. Kaiser, R. E. Kaiser, H. Gunz, and W. Günther (editors): Chromatography, InCom,Düsseldorf, 1997, pp. 177-185.

[7] R. C. Weast (editor), Handbook of Chemistry and Physics, 57th ed., CRC Press, Cleveland, OH,1976-77, p. D-204.

[8] B. Kolb, CZ-Chem. Tech. 1, 87-91 (1972).

[9] B. Kolb, J. Chromatogr. 112, 287-295 (1975).

[10] J. H. Hildebrand and R. L. Scott, The Solubility of Nonelectrolytes. Dover Publications, New York,1964, p. 181.

[11] Y. G. Dobryakov, H. Asprion, G. Hasse, G. Maurer, and I. M. Balashova, Theor. Found. Chem.Engin., 31, 606-612 (1997).

[12] B. Kolb, P. Pospisil, and M. Auer, Ber. Bunsenges. Phys. Chem. 81, 1067-1070 (1977).

[13] H. Hachenberg and A. P. Schmidt, Gas Chromatographic Headspace Analysis, Heyden & Son, London, 1977, pp. 81-116.

[14] B. Kolb, in B. Kolb (editor), Applied Headspace Gas Chromatography, Heyden & Son, London, 1980, pp. 1-11.

[15] U. Weidlich, J. Berg, and J. Gmehling, J. Chem. Eng. Data 31, 313-317 (1986).

[16] I. M. Balashova, L. V. Mokrushina, and A. G. Morachevsky, International Conference CHISA-90, Prague, 1990, p. 67.

[17] I. M. Balashova, L. V. Mokrushina, and A. G. Morachevsky, Theor. Found. Chem. Engin., 30, 328-344 (1996).

[18] B. V. Ioffe and A. G. Vitenberg, Headspace Analysis and Related Methods in Gas Chromatography. Wiley, New York, 1984, pp. 234-263.

[19] K. Schoene, J. Steinhanses, and A. König, J. Chromatogr. 455, 67-75 (1988).

[20] K. Schoene and J. Steinhanses, Z. Anal. Chem. 321, 538-543 (1985).

[21] G. A. Robbins, S. Wang, and J. D. Stuart, Anal. Chem. 65, 3113-3118 (1993).

[22] L. Rohrschneider, Anal. Chem. 45, 1241-1247 (1973).

[23] D. Mackay and W. Y. Shiu, J. Phys. Chem. Ref. Data, 10, 1175-1199 (1981).

[24] J. M. Gossett, Environ. Sci. Technol. 21, 202-208 (1987).

[25] A. H. Lincoff and J. M. Gossett, in W. Brutsaert and G. H. Jirka (editors), Gas Transfer at WaterSurfaces, Reidel, Dordrecht, the Netherlands, 1984, pp. 17-25.

[26] B. Kolb, C. Welter, and C. Bichler, Chromatographia 34, 235-240 (1992).

[27] L. S. Ettre, C. Welter, and B. Kolb, Chromatographia 35, 73-84 (1993).

[28] D. Krockenberger und H. Gmerek, Z. Anal. Chem. 327, 55 (1987).

[29] J. J. Jalbert and R. Gilbert, Conference Record of the 1994 IEEE International Symposium onElectrical Insulation, Pittsburgh, PA, June 5-8, 1994, pp. 23-129.

[30] C. X. S. Chai and J. Y. Zhu, J. Chromatogr. A 799, 207-214 (1998).

[31] G. A. Robbins, S. Wang, and J. D. Stuart, Anal. Chem 65, 3113-3118 (1993).

[32] J. Peng and A. Wang, Environ. Sci. Technol. 31, 2998-3003 (1997).

[33] C. McAuliffe, Chem Technol. 1971, 46; U.S. Patent 3,759,086 (1973).

[34] X. S. Chai and J. Y. Zhu, Anal. Chem. 70, 3481-3487 (1998).

[35] X. S. Chai, Q. Luo, and J. Y. Zhu, J. Chromatogr. A 946, 177-183 (2002).

[36] A. N. Marinichev and B. V. Ioffe, J. Chromatogr. 454, 327-334 (1988).

[37] K. Schoene and J. Steinhanses, Monatsh. Chem. (Wien) 117, 1927-1939 (1986).

[38] F. F. Vincieri, G. Mazzi, N. Mulinacci, P. Pappini, and N. Gelsomini, Pharm. Act. Helv. 63, 282-286(1988).

[39] Ref. 18, pp. 242-244.

[40] Ref. 18, pp. 247-254.

[41] A. G. Vitenberg, Z. St. Dimitrova, and B. V. Ioffe, J. Chromatogr. 171, 49-54 (1979).

[42] X. S. Chai, F. J. Schork, and A. DeCinque, J. Chromatogr. A. 1070, 225-229 (2005)

[43] J. B. Pausch, J. Chromatogr. Sci. 22, 161-164 (1984).

[44] H. Hachenberg, H. Baltes, E. G. Schlosser, H. Littner, E. J. Leupold, and E. Frost, Erdö l u. Kohle -Erdgas - Petrochemie, Brennstoffchemie 36, 418-422 (1983).

[45] K. Schoene, J. Steinhanses, and W. Wienand, J. Colloid Interface Sci. 91, 595-597 (1983).

[46] K. Schoene, J. Steinhanses, and A. König, J. Chromatogr. 514, 279-286 (1990).

[47] M. Dong, A. H. DiEdwardo, and F. Zitomer, J. Chromatogr. Sci. 18, 242 (1980).

[48] L. S. Ettre (compiler), Nomenclature for Chromatography issued by the Analytical ChemistryDivision of the I.U.P.A.C. Pure Appl. Chem. 65(4), 819-872 (1993).

[49] L. S. Ettre and J. Hinshaw, Basic Relationships of Gas Chromatography, Advanstar, Cleveland, OH,1993, pp. 35-36.

样本索引：分析物、样品、溶剂和试剂

说明：

1. 条目由母体化合物按字母顺序排列；衍生物（如溴、乙基等）被视为子项。

2. 用作溶剂和置换剂或改性剂的化合物，相应页码加注后缀 s。

3. 用作试剂或是由化学反应产生的衍生物进行分析的化合物，相应页码加注后缀 r。

汞化合物，139r

罐，10，158

硅胶，285-286

硅烷，140r-141r

硅烷化，129r，140r

（果）汁，113-114，244-245，253；参见
  饮料

海产品，139

呼吸，11，157-158，223-224

琥珀酸，257r

花，121-122，137

化妆品（按摩膏），140，189-190

环己烷，28，32-33，36，183

环境应用，12

环氧乙烷（EO），63，107，154，163-165，
  197-199，201-202，210

黄油，见脂肪

黄樟，255

黄樟脑，255

挥发性有机化合物（VOC），8-9，11-12，
  151，167

挥发性有机杂质（OVI），12，129，156

茴香，71

茴香种子，118-119，252

活性炭，6，11，120-123，211-212，285-286

2-己醇，13

己基溶纤剂，234，237-239

己醛，254

甲苯，28-30，68，94，96-98，105，116，
  120，127-128，132s，139，150-152，
  159，162-163，186，205，212，218s-219s，
  222，233-237，259，276-277，285r-286r，
  290s-292s，294-295

  对氯-，98

  对异丙基-，98

  邻氯-，98

甲醇，68，96，111，116，118，120，128，
  132-133，151，187-188，213-214，242，
  255，257，267，269，275

甲醇钠，132r

2-甲基丙烷，见异丁烷

2-甲基-1,3-丁二烯，255

3-甲基-2-丁酮，255

2-甲基丁烷，见异戊烷

2-甲基-3-丁烯-2-醇，255

甲基化，130

甲基溶纤剂，162s，205，213s，229-230s

甲基叔丁基醚，9，96，275

2-甲基戊醛，254

4-甲基戊酸，256

4-甲基-2-戊酮，255

2-甲基戊烷，179-181

3-甲基戊烷，180-181

甲基乙基酮（2-丁酮，丁酮，MEK），29-30，
  120，212，222，255，272-273，278，
  282-283

甲基异丁酮，239

甲醛，136r

甲酸乙酯，131r

甲烷，136r，178，223r-224r

  二氯-，13，28，34-35，55，57-79，95，
    97，117，120，128，166，193-195，
    215-219

  二氯氟-，95

  二溴氯-，35，55，95，98

  氯硝基-，71

  三氟-，95

  三氯氟-，107，116-117

  溴二氯-，35，54-55，95，98，117，166

  2-溴-2-氯-1,1,1-三氟-，也见氟烷

2-甲氧基乙醇，参见乙基溶纤剂

减峰法 HS-GC，134r，135r

浆，13，220

酶素，139r

酒，39，167，188

聚苯乙烯，153-156，205，228-232，281

聚丙烯，153

聚丙烯腈，153

硼氢化钠，139r

啤酒，63，70，134，135，254-255

（啤酒）花，254-255

（啤酒花）颗粒，254-255；另参见聚合物
　颗粒

偏二氯乙烯，13

漂白土，220

气溶胶（气雾），8，170

气体推进剂，170，179，180-181

巧克力，132-133

氢

　氟化物，140r

　硫化物，259r，279-280

　氯化物，参见盐酸

　氰化物，130，137r，140r

　在水中，10

氢化砷，139r

氢氧化钾，146r

氢氧化钠，134r-135r，139r

氰化物，130r，137r，140r

醛，133，254，255；另见乙醛

人体，139

壬烷，139r，259r

溶剂，31s，36s-37s，155-159s

　残留，13，49，68，170-171，185，
　　193-194；另见OVI

　含水量，37s

　混合，37s

乳胶，见分散

乳酸，257r

乳液，见分散

噻唑烷，133

三氟化硼，130r

三甲基氟硅烷，140r-141r

三甲基氯硅烷，140r

三甲基胂，139r

三甲基胂氧化物，139r

三氯化硼，130r

2,4,6-三氯-1,3,5-三嗪，263-265

三乙酸甘油酯，132r-134r

杀菌剂，137r，259

沙土，220

砷巴西汀，139r

食品，10-13，138，250

手术用PVC管，197-198，202

叔丁醇，120，171，184

蔬菜，137，244-245，253

水

　分析物，140，140r，213-214，216

　基质，5，9-12，33-43，51-58，60-61，
　　68-72，88，93-97，130-132，135-138，
　　140-141，150-153，157，159，164-167，
　　169-170，172，182-185，187，197，
　　201，203，209，220-222，237-239，
　　242，250-251，253，256-258，275-277，
　　282-284；另参见分散

水果，10，137

水芹，246s

顺-1,4-聚异戊二烯，153

四氯化碳，13，34-35，38，43，55，95，
　97，116-117，166

碳水化合物，218-218

碳酸丙二醇酯（PGC），162s-163s

碳酸钾，35r，114r，130r，132r，258r

碳酸钠，133r

碳酸盐，130r，140r

汤，213-214，255

糖蜜，131

天然橡胶，153；另参见"主题词索引"
　中的隔垫

萜品油烯，246

铁氰化钾，130r

烃，13，27-28、32，34-36，38，41-43，
　50，54-55，68-69，93-97，108，114，
　116-117，127-128，132，134，159，162，
　166，177-178，185-187，209，220-223，
　252-253，263，275

　芳香-，32、69，94，97-98、105，114，

主题词索引

ASTM（美国材料与试验学会），见标准 HS-GC 方法

CEN（欧洲标准化委员会），见标准 HS-GC 方法

DIN，见标准 HS-GC 方法

EPA，见标准 HS-GC 方法，11-12，112

FDA，见标准 HS-GC 方法，12

FET，见全蒸发技术

Gram-Schmidt 色谱图，253

HS-GC 中的减峰法，134-135

IUPAC（国际纯粹与应用化学联合会），290

MHE，见多级顶空萃取

MHI，见多级顶空进样

UNIFAC 系统（通用功能组活度系数），270；另见活度系数

VDI，见标准 HS-GC 方法，13

WCC，全柱冷捕集技术，101-102，107，121

Widmark 方法，11；另见血液中酒精的检测

安全密封，49，53

保留因子（k），91，107-110

保留指数，70

泵，64，111，112，157，158，211，222

标准

  标准化，189，237

  工作，232

  内标（内部），136，155，161，176，181-184，210-214，232，236

  内标（内部），通过 MHE，199-200，205，229-232

  人工的，220

添加（加入），170，176，187-195，198，200-201，208，209，211，214，236，242-243

外标（外部），52，128，158，161，169，171，176，185-187，211，221-224，287-288

外标（外部），通过 MHE，196-202，208，211，218，220，233-235，237-239，279-281

蒸气，见全气化（TVT），外部蒸气标准

制备，161-165

标准 HS-GC 方法

  ASTM，12，48，63，64，78，125，152，157，159，161

  CEN，13

  DIN，13，159

  EPA，11，12，94，112

  FDA，12

  USP，48，85，156，210

  VDI，13

  食品技术和包装工业协会委员会，13

标准化，176-181，236-237

表面

  改性，210，214-221

  面积，5，154，285，288

  样品的特征，155，210；另见冷阱捕集，冷阱捕集器的表面性能

冰堵塞，8，112，113

玻璃

  玻璃化，99，101，152-153，155，191，210

碱度，284

渐进模式，见工作模式

搅拌器，磁力，60；见样品，搅拌

校验，289-295

校准，见标准

校准因子，177-185，232，242；另见响
应因子

解聚，154

解吸，脱附

热，5-8，66，120，122

液体，5，211-212，220-221

进样技术，另见取样技术

不分流，7，9，50，82-88，292

分流，7，9，50，82-88，292

柱上进样，84，102

进样时间，84-88，89-90，92，113

精密度，见再现性

卡尔·费休滴定法，140

开管柱，81-124；另见冷阱捕集

样品体积，84-88，290-293

直径和横截面，30

空白，49，55，116

隔垫，49，54

空气，49，54，140

水，54，140，213

样品，135，258

孔隙（多孔），5，69，152，155，215，
220-221，281，285

扩散

密闭性，49，56-57

系数，151，152，160

在基质中，151-155，160，221，233，
285-286

拉乌尔定律，23

冷阱捕集，56，58，90，96，99-122，222，
252-253

冷阱捕集器的表面性能，99，111

水分的影响，112-119

装置，99-112

冷阱装置，见冷阱捕集

冷聚焦，见冷阱捕集

冷凝，6，99，101，110

冷凝器，112，121

联用系统，252-255；另见检测器

临床材料，灭菌，63，154，198

灵敏度，顶空，8-9，24-38，71-73，170，
172，118

温度的影响，25-31，59-62，68

稀释的影响，36，155-157，167，170，
194，233

样品基质的影响，34-37，155-157

样品体积的影响，31-34，49-50，150-151，
155-157，221-222

露点，100，110-111

毛细管柱，见开管柱

酶反应，139

美国药典（USP），见标准 HS-GC 方法

密封性，31，49，51-54，56-58，204，
207

面积比，见 MHE，面积比

模式识别，121-122，250，252，255-256

摩擦因子，151

摩尔分数，23-24，266-269

摩尔体积，164-165，169，263，279

末端限流器，75

黏度，见样品，黏性

平衡

常数，108，283-284；另见分配系数

非（未）平衡，176，242-247

吸附，286

平衡加压进样，见进样技术

瓶盖，51-52

谱带宽度（带宽），89，99-100，110，290

谱带展宽，70，81，84，88-92，98，108，
111，116，120，

气体

标准制备，163-165

常数（R），76，164，262

盐，见盐析

同系物，27，37，263

微孔，7，120，155，220

微生物学，131-132，221，255-259

温度

对于传输线，76-77

对于阀，76-77

对于针，54，76-77

温度的影响，顶空灵敏度，见灵敏度，顶空

分配系数，25-31，60-61，168，209-210

平衡，151-154

释放速率，287-288

水蒸气压，25-26

蒸气压，25-27，262-266

稳定性常数，284

吸附

残留物，170-171，185，208，238

等温线，285-286

管，阱，5，96，112，120，122-123，211

能，120，155

平衡，286

系数，155，285

系统，154，210-221

在玻璃微珠上，202

在固定相，104

在小瓶的玻璃壁上，50-51，136

吸附剂，6-8，11，105-106，112，211-213，220，285-286

吸收

通过隔垫，53

通过溶剂，140

稀释

标准，161-165，290

通过 MHE，见 MHE

样品，5，84，87，155-156，166-167，170，182，184，185，187，215，228，233，238，284

指数，158

纤维（SPME），4，66-73，129-132

线性

MHE，见 MHE，线性

顶空分析，36，38-39，155，193，202，210，284

工作范围，177，289-290，291

检测器，38，208，289-293

进样时间，88

相比（β），20，24-25，29-34，49，78，150，156，167-168，169-170，172，209-210，221-222，275-278，281-282

相比变化（PRV）法，222，271，275-278，281

相对迁移率（R_f），91，106-110

相分数（Φ_S），31-32

响应因子，177，229-232，263-265，287；另见校正因子

泄漏，见气密性

悬浮法，211-214

选择性，68，71，270

血液中乙醇（酒精）的检测，10，12，60，165，181-182，183-184

压盖器，51

压力，另见蒸气压

大气压，204

对 MHE 的影响，202-204，278

控制，程序化，83，86，126，292

密闭性，56

相对，202-204，279-281，285-286

在小瓶中，30-31，42，52-53，73-79，124，129，131，203，207

蒸气，22-24，262-266，267-268

盐析，25，34-36，131，166-167

衍生化，见反应，化学

样品

裁剪（切），154，161，197

处理（制备），59，148-173

固体，152-155，159-161，210-221，285-289

搅拌，60，66，70，151，
均匀性，160，209，236
空气，见样品，气体
灭菌，154
黏性（度），8，35，151，152，155，
159，200，221
气体，149，157-158，222-224
体积，见体积，样品
通量，149，200
液体，150-152，158-159，
优先级，242
柱能力，81-82，94
样品瓶，20，48-54，160-161
开口瓶技术，57-59
破损，52；另见密封性
清洁，50
移液管，158，161，163；另见样品处理
杂质，35，129，157，162，215，266
再（重）现性，33，39-41，115-116，163，

166，176，200，207，245
噪声水平，290，294-295
诊断，258
振荡器，见样品搅拌
蒸气压，23-28，34，267-268
关于水，25-26，75，79，112，207
图表，268-269
温度的影响，25-27
指纹图谱，见模式识别
注射器
配适器，184
微量注射器，161-163
用于顶空样品进样，4，10，31，48-49，
63-73，78-79
用于固相微萃取（SPME），4-5，65-66
用于气体样品，4，10，31，48-49，63-73，
78-79，163-165，223
用于液体样品，158-159
柱的流速（率/量），84-88，290-293